U0240715

高等院校科学教育专业系列教材

总主编　林长春　蒋永贵　黄　晓

基础生物学实验

主　编：李秀明　葛荣朝

副主编：任山章　邹立军　董建新

编　委（以姓氏笔画排列）：

王银环　叶　超　付长坤　付志玺　任山章

李玖一　李秀明　吴初新　邹立军　葛荣朝

董建新　熊　雪　黎循航

西南大学出版社

SWUP　国家一级出版社　全国百佳图书出版单位

图书在版编目(CIP)数据

基础生物学实验 / 李秀明, 葛荣朝主编 . -- 重庆：
西南大学出版社, 2024.5
　　ISBN 978-7-5697-2231-4

　　Ⅰ.①基… Ⅱ.①李… ②葛… Ⅲ.①生物学—实验
Ⅳ.①Q-33

　　中国国家版本馆 CIP 数据核字(2024)第 094895 号

基础生物学实验

JICHU SHENGWUXUE SHIYAN

李秀明　葛荣朝　主编

总 策 划：杨　毅　杨景罡　曾　文
执行策划：周明琼　翟腾飞　尹清强
责任编辑：杜珍辉
责任校对：陈　欣
特约编辑：蒋云琪
装帧设计：○⌣起源
排　　版：王　兴
出版发行：西南大学出版社
　　　　　地址：重庆市北碚区天生路 2 号　邮编：400715
　　　　　市场营销部电话：023-68868624
印　　刷：重庆市国丰印务有限责任公司
成品尺寸：185 mm×260 mm
印　　张：23.75
字　　数：550 千字
版　　次：2024 年 5 月　第 1 版
印　　次：2024 年 5 月　第 1 次印刷
书　　号：ISBN 978-7-5697-2231-4
定　　价：68.00 元

编委会

序

科技是国家强盛之基。根据国家战略部署,我国要推进科技自立自强,到二○三五年,科技自立自强能力显著提升,科技实力大幅跃升,建成科技强国。党的二十大报告明确提出"教育、科技、人才是全面建设社会主义现代化国家的基础性、战略性支撑"。习近平总书记指出:"要在教育'双减'中做好科学教育加法,激发青少年好奇心、想象力、探求欲,培育具备科学家潜质、愿意献身科学研究事业的青少年群体。"

世界科技强国都十分重视中小学科学教育。我国自2017年以来,从小学一年级开始全面开设科学课,把培养学生的科学素养纳入科学课程目标。这标志着我国小学科学教育事业步入了新的发展阶段。

高素质科学教师是高质量中小学科学教育开展的中坚力量。为建设高质量科学教育、发挥科学教育的育人功能,需要培养和发展一大批高素质的专业科学教师。2022年教育部办公厅印发的《关于加强小学科学教师培养的通知》提出"从源头上加强本科及以上层次高素质专业化小学科学教师供给,提高科学教育水平,夯实创新人才培养基础"。围绕这一建设目标,进行高质量科学教师培养具有重要的现实意义。而培养高素质的科学教师,需要高质量的教材作为依托。

为此,西南大学出版社响应国家号召,以培养高素质中小学科学教师为目标,组织国内相关领域专家精心编写了这套"高等院校科学教育专业系列教材"。这套教材内容紧密对接科学前沿与社会发展需求,紧跟科技发展趋势,及时更新知识体系,反映学科专业新成果、新思想、新方法。同时,这套教材充分考虑教学实践环节的设计,通过实验指导、案例分析、项目研讨等形式,使学生在"做中学",在实践中深化理论认识,提升科研技能。另外,这套教材秉持科学精神内核,将严谨的科研方法、科学发展的历史脉络、科学家的创新故事等融入各章节之中,培养学生的专业知识与技能、科学实践能力、科学观念、科学思维、科学方法、科学态度等。

该套教材走在了时代前沿,以培养高素质科学教育师资为宗旨,融思想性、科学性、时代性、创新性、系统性、可读性为一体,可供高等院校科学教育专业、小学教育(科学方向)的大学生学习使用,也可以作为在职科学教师系统提升专业素养的继续教育教材和参考读物。

　　我相信,通过对这套教材的系统学习,大学生和科学教师们将能够领略到科学的魅力,感受到科学的力量,成为具备科学素养和创新精神的新时代高素质中小学科学教师,为加强我国中小学科学教育,推进我国科技强国建设做出应有的贡献。

中国科学院院士,中国科学院古脊椎动物与古人类研究所研究员

2024年5月

编者的话

进入21世纪,我国于2001年开启了第八次基础教育课程改革。本次课程改革的亮点之一是在小学和初中首次开设综合性课程——科学。科学课程涉及物质科学、生命科学、地球与宇宙科学等自然科学领域,这给承担科学课程教学任务的教师提出了严峻的挑战。谁来教科学课?这对以培养中小学教师为己任的高等师范院校提出了新的时代要求,同时也为其创造了发展机遇。时代呼唤高校设置科学教育专业以培养专业化的高素质综合科学师资。在这一时代背景下,重庆师范大学在全国率先申报科学教育本科专业,并于2001年获得教育部批准,2002年正式招生。此后,全国先后有不少高等院校设置了科学教育专业。截至2024年4月,教育部批准设置科学教育本科专业的高等院校达到99所,覆盖全国31个省(区、市)。20余年来,高校对科学教育专业人才培养进行了不少的探索与实践,为基础教育科学课程改革培养了大批高素质专业化的师资队伍,为推进科学课程的有效实施作出了应有的贡献。但长期以来,科学教育专业人才培养存在一个非常大的困境,就是科学教育专业使用的教材均为物理、化学、生物、地理等专业本科课程教材,缺乏完整系统的科学教育专业教材,导致科学教育专业人才培养的教材缺乏针对性、实用性。

教材是课程实施的重要载体,是高等院校专业建设最基本和最重要的资源之一。2022年1月16日,由重庆师范大学科技教育与传播研究中心主办、西南大学出版社承办的"新文科背景下融合STEM教育理念的科学教育专业课程体系及教材建设研讨会"在西南大学出版社召开。来自西南大学、重庆师范大学、浙江师范大学、河北师范大学、杭州师范大学、湖南第一师范学院等近30所高等院校80余名科学教育专业的专家、学者,以及西南大学出版社领导和编辑参加了线上线下研讨。与会者基于高等教育内涵式发展、新文科建设、科学教育专业发展需求,共同探讨了科学教育专业课程体系,专业教材建设规划,教材编写的指导思想、理念、原则和要求等问题。在此基础上，成立系列教材编委会。在教材编写过程中，我们力求体现以下特点：

第一，科学性与思想性结合。科学性要求教材内容的层次性、系统性符合学科逻辑；内容准确无误、图表规范、表述清晰、文字简练、资料可靠、案例典型。思想性着力体现"课程思政"，在传授科学理论知识的同时，注意科学思想、科学精神、科学态度的渗透。

第二，时代性与创新性结合。教材尽可能反映21世纪国内外科技最新发展、高等教育改革趋势、科学教育改革发展、科学教师教育发展趋势，以及我国新文科建设的新理念、新成果。力求教材体系结构创新、内容选取创新、呈现方式创新。体现跨学科融合，充分体现STEM教育理念，实现跨学科学习。

第三，基础性与发展性结合。关注科学教育专业学生的专业核心素养形成和科学教学技能训练，包括专业知识与技能、科学实践能力、跨学科整合能力、科学观念、科学思维、科学方法等。同时，关注该专业大学生的可持续发展，激发其好奇心和求知欲，为其将来进一步学习深造奠定基础。

本系列教材编写期间，恰逢我国为推进科学教育改革发展和加强科学教师培养先后出台了系列文件。比如，2021年6月国务院印发的《全民科学素质行动规划纲要（2021—2035年）》在"青少年科学素质提升行动"中强调，实施教师科学素质提升工程，将科学教育和创新人才培养作为重要内容，推动高等师范院校和综合性大学开设科学教育本科专业，扩大招生规模。2022年4月，教育部颁布《义务教育科学课程标准（2022年版）》，科学课程目标、课程理念和课程内容的改革对中小学科学教师的专业素质提出了新的挑战。2022年5月，教育部办公厅发布《关于加强小学科学教师培养的通知》，要求建强一批培养小学科学教师的师范类专业，建强科学教育专业，扩大招生规模，从源头上加强本科及以上层次高素质专业化小学科学教师供给，提高科学教育水平，夯实创新人才培养基础。2023年5月，教育部等十八部门发布《关于加强新时代中小学科学教育工作的意见》，强调加强师资队伍建设，增加并建强一批培养中小学科学类课程教师的师范类专业，从源头上加强高素质专业化科学类课程教师供给。

当今世界科学技术日新月异，同时也正经历百年未有之大变局。党的二十大报告明确提出"教育、科技、人才是全面建设社会主义现代化国家的基础性、战略性支撑"。2023年2月，习近平总书记在二十届中共中央政治局第三次集体学习时指出"要在教育'双减'中做好科学教育加法"，为加强我国新时代科学教育提出了根本遵循。世界发达国家的经验表明,科学教育是提升国家竞争力、培养创新人才、提高全民科学素质的重要基础。高素质、专业化的中小学科学教师是推动科学教育高质量发展的关键。当前,高等院校应该把培养高素质中小学科学教师作为重要的使命担当,加强在中小学科学教育师资职前培养和职后培训方面的能力建设,保障中小学科学教师高质量供给。没有高质量的教材就没有高质量的科学教师培养。因此,编写出版高等院校科学教育专业教材是解决当前我国科学教育专业人才培养问题的紧迫需要,是科学教育专业发展的根本要求,具有重要的现实意义。

该套教材在编写过程中得到了我国古生物学家、中国科学院周忠和院士的关心与鼓励,在此表示衷心的感谢和崇高的敬意!同时对西南大学领导和西南大学出版社的高度重视和支持表示诚挚的感谢!对编写过程中我们引用过的相关著述的作者表示真诚的谢意!由于系列教材编写的工作量巨大,编写的时间紧,加之编者的水平有限,教材难免存在一些不足,敬请广大的读者朋友批评指正。

林长春

于重庆师范大学师大苑

2024年5月20日

前 言

当今世界,科技发展日新月异。科技的发展和创新关键在高水平科技人才,高水平科技人才培养关键在高质量教育。青少年是祖国的未来,加强青少年科学教育,有助于让年轻一代持续保持对科学的兴趣和好奇心,发挥每一个孩子的潜能,为国家未来发展提供优秀人才。为了贯彻党的二十大关于"教育、科技、人才"三大基础性、战略性支撑的指导思想,落实《国务院关于印发全民科学素质行动规划纲要(2021—2035年)的通知》(国发〔2021〕9号)、《教育部办公厅关于加强小学科学教师培养的通知》(教师厅函〔2022〕10号),以及《教育部等十八部门关于加强新时代中小学科学教育工作的意见》(教监管〔2023〕2号)等文件中关于加强中小学科学教育和科学教育师资队伍建设的重要精神,西南大学出版社组织专家学者,精心编写了这套主要适用于职前科学教育师资培养和职后科学教育师资培训的系列教材,《基础生物学实验》是该系列教材中的一本。

本教材内容和编写主要特点包括:第一,本教材在实验内容选择上与《义务教育科学课程标准》(2022年版)中的生命科学领域知识紧密结合,实验目的要求不限于生命科学领域的相关科学观念,还融入科学思维、探究实践和态度责任等目标。第二,本教材在传统的技能类实验和基础类实验的基础上增加了综合类实验和设计类实验,旨在培养学生的跨学科综合实践能力和探究能力,加强对学生科学方法、科学思维和科学实验设计能力的培养。第三,本教材具有鲜明的时代特征,推荐阅读和知识拓展板块涵盖生命科学领域发展研究与应用新成果,特别是知识拓展板块融入了相关科技人物和历史,有利于学生课后拓展学习。第四,本教材包含了常用生物实验仪器使用、实验报告撰写、实验室管理、实验试剂配制和实验器皿清洗等与生物学实验开展相关的内容,不仅对学生的规范实验操作具有促进作用,而且对教师的实验教学和实验员的管理工作也具有一定的指导意义和借鉴价值。

本教材由李秀明、葛荣朝担任主编,任山章、邹立军和董建新担任副主编。全国8所高等院校专家联合编写。具体分工如下:李秀明(重庆师范大学)第一章绪论,第二章第三节和第四节,第五章实验七;黎循航(豫章师范学院)第二章第一节,第四章实验一,第五章实验一;王银环(重庆师范大学)第二章第二节,第三章实验一和六,第四章实验八;李玖一(四川师范大学)第二章第五节,第四章实验十五,附录一和二;葛荣朝(河北师范大学)第四章实验十八和十九,第五章实验四和五,第六章实验二;叶超(乐山师范学院)第三章实验二和三,第四章实验七,第五章实验三;付志玺(四川师范大学)第三章实验四和五,第四章实验二;邹立军(湖南第一师范学院)第三章实验七,第四章实验十六和十七,第六章实验四、六和七;董建新(河北民族师范学院)第四章实验三至六;熊雪(河北民族师范学院)第五章实验二和六;吴初新(豫章师范学院)第四章实验九至十;付长坤(四川师范大学)第四章实验十一至十四;任山章(杭州师范大学)第六章实验一、三、五、八、九和十。

西南大学出版社杜珍辉编辑为本教材的出版付出了艰辛的劳动,值教材出版之际,深表谢意!

由于编者水平有限,教材中难免有不当和遗漏之处,敬请有关专家学者以及广大读者批评指正,以便修订完善。

编者

2024年4月

目 录

第一章

绪论

　　古今中外，人类对理论和实践的关系以及实践的重要性都有充分认识。意大利科学家伽利略也曾说"一切推理都必须从观察与实验得来"，说明观察是为了看到外表特征来分析本质，实验则是为了验证推理的正确性。推理不能毫无依据，必须以观察和实验为依据。南宋诗人陆游在其《冬夜读书示子聿》诗中写道"纸上得来终觉浅，绝知此事要躬行"，告诫学子们从书本上得到的知识终归是浅显的，如果要想认识事物的根本或道理的本质，就得自己亲身实践与探索发现。我国近代教育家陶行知先生也曾说"行是知之始，知是行之成"，阐述了实践和认知的关系，知行合一，实践是认知的开始，而认知又是对实践的升华。实践是获取认知的必要途径，只有实践才能出真知。

　　我国高等教育课程根据其性质大致可以分为理论课程和实践课程两类。实验课程是当代大学生巩固和验证理论知识的重要途径，同时也是锻炼学生动手操作能力和创新能力的重要手段，在培养大学生综合能力过程中具有不容忽视的重要作用。

一、基础生物学实验性质和目的

(一)实验性质

　　"基础生物学实验"课程是生命科学领域一门重要的实验实践课程。由于其内容的基础性和广泛性等特点,国内部分高校将其作为一门集知识性、安全性、趣味性于一体的通识教育课程,为受教育者提供生物学最核心、最基础的知识和价值观[①]。对于科学教育专业而言,"基础生物学实验"是一门专业必修实验课程,是学生实践的重要环节,其实验内容涉及植物学、动物学、微生物学、细胞生物学、遗传学、进化生物学、生态学等生命科学各个领域。

　　通过"基础生物学实验"基础类、综合类和设计类等具体的实验操作,学生将进一步掌握生命科学领域的基本知识、基本概念、基本规律和基本原理,形成完整的生命科学领域系统知识体系,获得生命科学从微观到宏观的规律性认知;学生的基本思维方法将得到进一步训练,有利于学生独立思维习惯与创新思维能力的培养;同时,学生的基本生物学实验技能与自主探究实践能力能够得到提高;学生能树立严谨的科学态度,形成正确的价值观和社会责任感。基础生物学实验的开展能够为学生后续课程的学习、科研工作的开展,以及未来从事职业的发展奠定良好的基础。

(二)实验目的

　　实验教学是连接理论和实践的重要环节,不仅有助于学生理解理论课学习的重点、难点知识,而且能锻炼学生的实践操作能力,是培养学生创新能力的重要途径和手段[②]。"基础生物学实验"承担着传授生物学基础知识和基本实验操作技能的任务,教学目的和要求主要是生命科学基础知识的传授、基本技能的训练与素质的培养[③]。同时,在"基础生物学实验"教学过程中,应当贴合实际,厚植爱国主义情怀;与时俱进,关注最新科研动态,将知识的传授、能力的培养与思政融合起来,探索一种适合"基础生物学实验"课程思政教学改革的新模式,进一步落实立德树人的根本任务[④]。

　　教育部《义务教育科学课程标准》(2022年版)中指出,科学课程要培养的学生核心素养,主要是指学生在学习科学课程的过程中,逐步形成的适应个人终身发展和社会发展所需要的正确价值观、必备品格和关键能力,是科学课程育人价值的集中体现,包括科学观

① 门中华,辛广伟,贺新强.通识教育中"普通生物学实验"的开设现状及分析[J].高校生物学教学研究(电子版),2020,10(2):51-56.

② 张庆忠,王俊,卢前赢,等.某医高专临床、检验专业生物化学教改及成绩分析[J].黔南民族医专学报,2018,31(3):225-227.

③ 彭玲,余汉兵,吕俊琴.普通生物学实验四大技术的构建与高素质人才培养[J].高校生物学教学研究(电子版),2012,2(2):48-51.

④ 戴岳.植物生物学实验的改革和探索[J].教育教学论坛,2020(37):391-392.

念、科学思维、探究实践、态度责任等方面。"基础生物学实验"是未来科学教师职前培养和职后培训的重要实践课程之一,其主要目标包括以下几个方面。

1. 掌握生命科学领域基本知识,形成正确的生命科学观念

通过实验验证进一步理解生命科学领域的相关基本知识和基本理论,加深对相关生物学理论知识的理解,促进理论与实践结合能力的提高;掌握生命科学发生发展的一般规律,形成正确的生命科学基本观念;了解一定的生命科学领域前沿知识和最新研究成果;具备应用生命科学相关理论知识综合分析和解决小学科学教学、科学实践活动及实际生活中相关问题的基本能力。

2. 掌握基本的科学思维方法,具有一定的科学思维能力

掌握分析与综合、比较与分类、抽象与概括、归纳与演绎等基本的科学思维方法;具有对已有信息、事实和证据进行分析、推理和论证的能力;具有提出问题、分析问题和解决问题的能力;具有独立思考、质疑批判以及创新思维能力。

3. 掌握基本的生命科学研究技术和方法,具有自主进行生命科学探究实践的能力

通过实验操作,掌握生命科学研究的基本方法,如观察、实验、测量和推理等;掌握相关实验仪器设备使用技能以及实验操作技术;具有良好的科研记录习惯和能力以及对实验数据的分析处理能力,能够通过实验报告呈现实验结果并得出结论[1]。熟悉生命科学探究过程中提出问题、做出假设、制订计划、搜集证据、处理信息、得出结论、表达交流和反思评价等主要环节,掌握生命科学探究实验的设计和开展方法,能够反思实验过程和结果,具有一定的自主探究实践能力;通过实验培养分析能力及实验设计能力,培养学生良好的科研素养。

4. 树立严谨的科学态度,具有正确的价值观和社会责任感

通过实验实践,培养学生对生命科学的研究兴趣和探究热情,激发学生的研究潜能;具有尊重科学、实事求是、反对迷信、追求创新的科学态度;具备较强的团队合作意识与能力,尊重他人的想法,善于沟通和表达;增强热爱自然、敬畏生命以及辩证唯物主义思想观念,树立保护环境、节约资源的思想意识;遵守生物伦理道德,具有自觉推动生态文明建设和可持续发展的历史使命感和社会责任感。

二、基础生物学实验的分类

基础生物学实验依据不同的分类标准可以分为不同的类型。根据实验内容所涉及的学科内容可以将基础生物学实验分为植物学实验、动物学实验、微生物学实验、遗

---

[1] 汤海峰,刘颖,孟威,等."生物学基础实验"国家级精品资源共享课建设的探索[J].高校生物学教学研究(电子版),2014,4(1):7-11.

传学实验、细胞生物学实验、生物化学实验、免疫学实验、分子生物学实验等。根据实验内容的研究层次将基础生物学实验分为宏观（个体）水平实验、细胞水平实验和分子水平实验。根据培养学生能力目标的不同可以将基础生物学实验分为基础性实验、综合性实验和设计性实验[①]。综合性实验是多个相关单一实验的综合，不仅能够丰富教学内容，有利于提高学生的学习积极性，更有益于学生对所学知识全面深刻的理解。设计性实验是学生通过查阅文献资料自行设计、自主完成的综合性实验，不仅有助于学生更好地理解专业理论知识，而且有助于培养学生的团队协作能力、自主创新意识和综合分析能力。

三、基础生物学实验的教学模式和方法

传统的基础生物学实验教学中通常是先由教师讲解实验目的、原理、方法及注意事项，然后由学生按照实验要求和步骤进行实验操作，教师进行现场指导和监督。这种实验教学模式虽然可以训练学生的基本实验技能，但是教师往往由于讲解内容和对学生的限制过多而成为教学中心。学生由于主动思维较少而容易失去其主体地位，造成被动地接收知识，机械地按照教师示范完成实验，对实验步骤没有进行积极思考，学习兴趣不高，课堂效率低下等问题[②]。

一些高校利用翻转课堂教学模式发挥实验教学过程中学生的主体性。实验课前，教师将与实验内容相关的微课、教学课件及相关素材上传到移动教学平台，分享给学生，方便学生利用碎片化时间进行预习。同时针对实验中的重点、易错点设计前测试题，要求学生完成预习测试。学生通过预习、查阅资料及复习相关理论知识，充分理解实验目的及原理，并提前熟悉实验操作。教师则通过分析预习测试的数据，了解学生预习情况，有针对性地完成实验教学设计，而不是面面俱到地讲解，占据过多实验课时间。师生也可利用教学平台进行教学互动，教师在线答疑，解决学生在预习中遇到的各种问题，提高实验的成功率。

也有高校在传统的课堂直接讲授和演示外，采用"PBL"（problem-based learning）实验教学方法，即课前提出问题，学生课下查阅资料预习，课上通过讨论和实验解答课前的问题，将学生对问题的解答与实验成绩相结合。一些综合性较强的实验项目，涉及的知识点多，对于这类实验这种教学方式可节省大量的实验课时[③]。

还有高校在基础生物学实验教学中使用"项目导向"的教学方法，把相关实验组合成一个模拟科研项目的综合实验。要求学生充分发挥主动精神，积极解决遇到的问题，并且

① 熊大胜,罗玉双,王文龙,等.生物学实验课程体系改革与实践[J].实验技术与管理,2006,23(8):98-99.
② 王怀颖,靳祎.基于创新能力培养的实验教学改革的探索——以"生物化学与分子生物学"为例[J].教育教学论坛,2022(2):69-72.
③ 门中华,辛广伟,贺新强.通识教育中"普通生物学实验"的开设现状及分析[J].高校生物学教学研究(电子版),2020,10(2):51-56.

鼓励学生在条件允许的前提下,尝试对实验进行合理的改进。这种教学方法不仅可以加强学生对于相应实验技术的整体掌握,加深学生对于理论课的理解,同时还可以训练学生的科学思维和科学探索能力,并且可以锻炼学生解决实际问题的能力[1]。

一些生物学实验不能在现有实验条件下获得良好的实验效果;一些生物学实验内容涉及危险生化物品,对师生安全形成威胁;一些生物学实验的开展还可能受到天气和地理环境的限制。因此,在新时代高等教育内涵式发展的背景下,为适应新时代技术革命发展潮流,虚拟仿真实验应运而生。虚拟仿真实验有着成本低、效率高、功能全等优势而受到了越来越多的关注。因此,在基础生物学实验教学中使用虚拟仿真技术有利于培养学生的学习兴趣和动力,显著提高学生学习效果[2]。

四、基础生物学实验的教学评价

传统的基础生物学实验考核通常以实验报告作为实验课成绩的主要依据,不能考查学生在实验过程中的具体表现。部分学生并没有认真做实验,只是等着抄其他同学的实验报告,实验成绩却和认真做实验的同学差异不大,甚至因为书写工整得分更高。这种考核方式削弱了学生的学习动机,造成学生学习积极性下降[3]。可以实施线上评价和线下评价相结合,过程评价和终结评价相结合,量性评价和质性评价相结合,教师评价和学生评价相结合的多元化实验教学评价体系,以调动学生学习的积极性[4]。

线上评价和线下评价相结合保证评价的全面性。线上评价可以通过雨课堂和超星学习通等网络教学平台,考核学生观看课件和视频、讨论发言、单元小测和作业情况。线下评价考核实验报告、实验讲解及动手操作能力三方面。线上评价和线下评价相结合能够客观反映学生实验前、实验中和实验后的表现和学习情况,促进实验教学质量的提高[2]。

过程评价和终结评价相结合。过程评价主要包括平时实验课堂教学中的预习情况、课堂表现、实验报告和课后作业等。终结评价主要是指期末的纸笔测试以及实验设计和操作考核等。过程评价和终结评价相结合有利于反映学生平时实验课堂表现和期末学习效果,促进实验教学质量的提高。

量性评价和质性评价相结合。量性评价主要包括实验教学中的预习作业、实验报告、课后作业、纸笔测试等方面。质性评价主要包括学生的课堂表现、期末的实验设计和操作

① 杨冬,骆静,尹燕霞,等.项目导向的教学方法在生物化学与分子生物学实验课程中的实践[J].高校生物学教学研究(电子版),2021,11(6):40-45.

② 尹云霄,庄国郏,周晶,等.生物学虚拟仿真实验的在线教学实践——以鳌虾外形观察及内部解剖虚拟仿真实验为例[J].高校生物学教学研究(电子版),2021,11(6):52-55.

③ 王怀颖,靳祎.基于创新能力培养的实验教学改革的探索——以"生物化学与分子生物学"为例[J].教育教学论坛,2022(2):69-72.

④ 胡兴昌,顾怡,苏晶檩.科学教育专业基础生物学实验教学体系规范建设研究[J].生物学教学,2012,37(4):16-19.

考核等方面。量性评价和质性评价相结合有利于更加清晰地反映学生的实验学习过程与效果,促进实验教学质量的提高。

　　教师评价和学生评价相结合。教师评价主要指教师对学生在实验过程中的表现和学习效果进行的评价。学生评价是指学生自我评价和相互评价,这有利于培养学生实验学习的主体意识,有利于学生之间更好的监督与促进,弥补教师对学生评价的疏漏,促进实验教学质量的提高。

第二章

实验基础知识

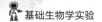

第一节 常用生物学实验仪器的使用规范

生命科学是实验性比较强的学科,观察和实验为生命科学带来了如今辉煌的成就。多年的实践教学让我们深深体会到生物学实验仪器的应用对生命科学的作用不容小觑,生物学实验仪器的正确使用和维护可以确保检测工作正常进行,因而须制定常用生物学实验仪器的使用规范。

一、常用生物学实验仪器介绍

(一)电子天平

1. 使用方法

(1)登记:使用之前,做好使用登记。

(2)调水平:电子天平在工作台上保持平稳、牢固。调整地脚螺栓高度,使水平仪内空气气泡正好位于圆环中央。

(3)开机:插上电源并接通电源(220 V/50 Hz),显示屏右下方显示0,表示仪器处于待机状态,按开关键开机。

(4)预热:天平通电后,应进行预热,时间应不短于30 min。

(5)校正:天平预热后,在使用之前应该进行校正。

①按"TARE"键去皮清零,使天平显示为"0"。

②按校准键,天平显示为"C"。

③加载校准砝码,将相应数值的校准砝码放在秤盘上。

④经过几秒钟后,天平显示校准砝码数值,并发出嘟的一声,校准完毕,天平显示为"g"。取下砝码可进行正常工作。

(6)称量:放置样品进行称量。按去皮键"TARE"去皮清零,去皮时容器和待称物的总质量不可超过天平的最大量程。

(7)关机:称量完毕,按"I/O"键,保持待机状态,盖上防尘罩(长期不使用拔去电源)。

2. 注意事项

(1)称量时,当显示屏上出现稳定的"g"时,记录质量数据。

(2)天平置于稳定的工作台上,避免震动、气流和阳光照射。

（3）使用前，调整水平仪气泡至中间位置，否则读数不准。

（4）加载样品质量在称量范围内，避免损坏天平。

（5）易挥发和具有腐蚀性物品需盛放于密闭容器中，防止腐蚀和损坏电子天平。若有液体滴于秤盘上，立即用吸水纸吸干，不可用抹布等粗糙物擦拭。

（6）保持天平内外清洁，每次使用后，称量废弃物及时用刷子小心去除，并对天平外部周围区域进行清理。

（7）使用前与使用后在"仪器设备使用登记簿"上做好登记。

（二）离心机

1. 操作步骤

（1）选择合适的转头：根据离心机（图2-1）型号、转速、容量等选择合适的转头。

（2）开机：打开离心机电源开关，进入待机状态。

（3）平衡离心管及内容物：离心前将离心管及内容物在天平上精确称量，使平衡时质量之差不超过离心机规定的范围。

（4）装载溶液适量：离心管所盛液体不能超过离心管总体积的2/3。

（5）对称装载：离心管必须对称地装在转头中，使负载均匀。

（6）设置参数并启动：设置转速、温度、时间。放下离心机盖门，启动离心机。

（7）当转子停转后，打开盖门取出离心管。

（8）操作完毕，关闭电源并做好记录。

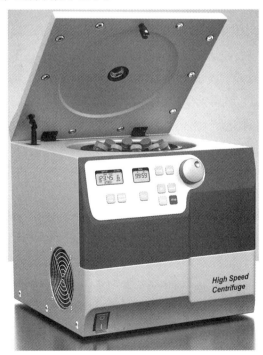

图2-1　离心机

2. 注意事项

（1）严禁运转时打开上盖。

（2）严禁不平衡运转。

（3）运行过程出现异常情况,必须立即停机。

（4）使用后清洁离心机腔体和转头,并擦干腔内冷凝水。

（三）高压灭菌锅

1. 操作步骤

（1）加水:使用前必须检查,灭菌锅(图2-2)外桶底部水的高度要超过电热管,即高于最低水位,低于最高水位。

（2）装锅:将待灭菌物品放入内桶。试剂需要用牛皮纸将瓶口包扎上,防止瓶口污染,器材应用牛皮纸包裹住,平放,包裹不应过大,不应过紧。严禁堵塞安全阀的出气孔。

（3）关门:按顺时针方向转动紧锁手柄至红箭头处,使撑挡进入门圈内。然后旋动八角转盘,使门和垫圈密合,以灭菌时不漏气为度,不宜太紧,以免损坏垫圈。

（4）灭菌:设置灭菌温度和灭菌时间,启动灭菌程序。放气阀应该处于打开状态,安全阀是常闭状态。水沸腾后,保持放气阀喷气5 min。关闭放气阀,当表的温度升至灭菌温度时,开始计算灭菌时间,维持温度至灭菌完毕,关闭电源。

（5）出锅:灭菌完毕后,按灭菌物品性质和要求,决定灭菌室的蒸汽采用自然冷却或"慢排""快排"。灭菌室内压力下降至"0",缓慢打开锅门,取出灭菌物品。

（6）连续操作:如灭菌物品较多需连续操作,应先检查水位。有足够水量时,可连续使用。如需加水,应把总阀调至"全排",打开进水阀加水后继续操作。

图2-2　高压灭菌锅

2. 注意事项

（1）待灭菌的物品放置不宜过紧;液体装量不超过容器容积的3/4。用玻璃纸、纱布等包扎瓶口,不能使用未打孔的橡胶塞或软木塞。

（2）升温过程中必须将冷空气充分排除,否则达不到灭菌温度,影响灭菌效果。

（3）液体物品灭菌完毕后,不可放气减压,须等灭菌锅内压力降至"0"后才可开盖。

（4）灭菌锅建议使用蒸馏水并定期换水,长期停用要将水排空。

(四)超净工作台

1. 操作步骤

(1)使用场所:无阳光直射、清洁无尘的无菌操作区。

(2)使用前准备工作:擦净超净工作台(图2-3)工作区域各部位的尘埃,开启紫外灯照射30 min,然后使工作台预工作10 min,消除工作区域的臭氧。

(3)风速设置:工作台保持平均风速在0.32—0.48 m/s。

(4)消毒:清理工作台面,收集各废弃物,关闭风机和照明开关,断开电源,用清洁剂及消毒剂擦拭消毒。

图2-3　超净工作台

2. 注意事项

(1)新安装的或长期未使用的工作台,需对工作台和周围环境进行清洁工作,再采用药物灭菌法或紫外线灭菌法进行灭菌处理。

(2)操作者需穿着洁净工作服、工作鞋,保证工作区洁净卫生。

(3)工作台不能摆放与操作无关的用品。

(4)定期清洗预过滤网,保持过滤器的净化效果。

(5)不能进行人体致病菌和对人体造成危害的微生物制剂的操作。

(五)干燥箱

1. 操作步骤

(1)样品放置:把需干燥处理的物品均匀放在样品架上,关好干燥箱(图2-4)箱门。

(2)开机:打开电源开关,调节风门大小,设定温度和干燥时间。

(3)关机:干燥结束后,关闭电源开关,戴隔热手套取出物品。

2. 注意事项

(1)干燥箱放置在室内干燥的水平处,应距墙体或其他设备15 cm以

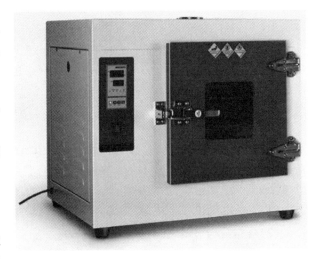

图2-4　干燥箱

上,周围不能放易燃易爆的物品。

(2)必须有相匹配的电源,有良好的接地线。

(3)干燥箱上方严禁放置物品。

(4)温度设置不可超过额定温度。

(5)高温烘烤时应降温(60 ℃以下)后才能打开箱门取出物品。

(6)离开实验室时要切断电源。

(六)生化培养箱

1. 操作步骤

(1)开机:检查电源是否符合要求,打开电源开关。

(2)温度设定:按参数选择键进入温度设定界面进行设定。

(3)时间设定:按参数选择键进入时间设定界面进行设定。

(4)运行:设定完成后,按写入键退出设定状态,参数被保存,参数设定完成后约20 s,培养箱(图2-5)进入运行状态。

图2-5　生化培养箱

2. 注意事项

(1)设备远离电磁干扰源,电源有良好的接地线。

(2)培养箱与墙壁之间距离大于10 cm。

(3)培养箱不适用于含易挥发化学溶剂、低浓度爆炸气体和低燃点气体的物品以及有毒物品的培养。

(4)使用完毕要及时清理培养箱内外,防止污染。

(七)754紫外-可见分光光度计

1. 操作步骤

(1)开机:插上电源,打开开关,打开分光光度计(图2-6)试样室盖,按"A/T/C/F"键,选择"T%"状态,选择测量所需波长,预热30 min。

(2)调零:测量前需调节仪器的零点,保持"T%"状态,当关上试样室盖时,屏幕应显示"100.0",如否,按"OA/100%"键;打开试样室盖,屏幕应显示"000.0",如否,按"0%"键,重复2—3次,仪器本身的零点调好后,可以开始测量。

(3)装样:用参比液润洗一个比色皿,装样到比色皿的3/4处,用吸水纸吸干比色皿外部所沾的液体,将比色皿的光面对准光路放入比色皿架,用同样的方法将所测样品装到其余的比色皿中并放入比色皿架。

(4)测量:将装有参比液的比色皿拉入光路,关上试样室盖,按"A/T/C/F"键,调到"Abs",按"OA/100%"键,屏幕显示"0.000",将其余测试样品一一拉入光路,记下测量数值即可。

(5)关机:测量完毕,将比色皿清洗干净(可用乙醇清洗),擦干,放回盒子,关上电源开关,拔下电源,罩上仪器罩。

本操作要点只针对测量吸光度。

图2-6 754紫外-可见分光光度计

2. 注意事项

(1)开关试样室盖时动作要轻缓。
(2)不要在仪器上方倾倒测试样品,以免样品污染仪器表面,损坏仪器。
(3)比色皿外部所沾样品擦拭干净后才能放进比色皿架,否则会腐蚀仪器。
(4)使用完毕用防尘罩罩住仪器,避免积灰和沾污。

(八)数显恒温水浴锅

1. 操作步骤

(1)加水:加水于锅(图2-7)内,所加水位必须高于电热管。

(2)开机:接通电源。

(3)温度设定:按"SET"键可设定或查看温度设定值,按"△""▽"键,将温度设定到预定温度,再次按"SET"键,仪表回到正常工作状态。温度设定完毕后,加热开始,温度达到设定值时,进入恒温状态。

(4)关机:工作完毕,将温控旋钮、增减器置于最小值,切断电源。

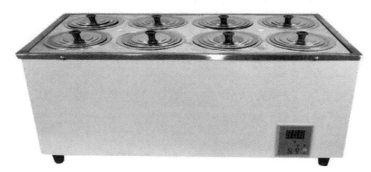

图2-7　电热数显恒温水浴锅

2. 注意事项

(1)电热数显恒温水浴锅使用时必须将三眼插座有效接地线。

(2)电热数显恒温水浴锅使用时必须先加适量的洁净自来水于锅内。

(3)加水不可太多,避免沸腾时水溢出锅外。

(九)旋转蒸发仪

1. 操作步骤

(1)按说明书组装旋转蒸发仪(图2-8)的各部件,确保仪器稳固,装上接收瓶,用卡口卡牢,打开冷凝水开关。

(2)圆底烧瓶中加入待蒸馏液体,不超过原瓶高度的2/3。装好烧瓶,用卡口卡牢。

(3)打开循环水泵电源,持续抽真空,用升降控制开关将烧瓶置于水浴内。

(4)打开旋转蒸发仪的电源,慢慢往右旋转速旋钮,调整至稳定的预定转速。

(5)根据烧瓶内待蒸馏液体的沸点设定加热温度,启动加热,控制水浴温度。

图2-8　旋转蒸发仪

（6）在设定温度下,持续旋转蒸发。

（7）蒸发完毕后,用升降控制开关升高烧瓶,使之离开水浴,关闭转速旋钮,停止旋转。

（8）打开真空活塞,使蒸馏烧瓶与大气连通,取下烧瓶,关闭水泵。

2. 注意事项

（1）旋转蒸发仪使用时,必须先减压,然后启动电机转动蒸馏烧瓶,蒸馏完毕,必须先停电机,再连通大气,防止蒸馏烧瓶在转动中脱落。

（2）避免产生水垢,水浴锅内注入蒸馏水,水位必须高于加热管,禁止无水通电。

（3）旋转蒸发仪的玻璃部件需轻拿轻放,使用前应洗干净,擦干或烘干。

（4）各磨口、密封面、密封圈及接头安装时需涂一层真空硅脂,并检查皮管是否老化漏气,玻璃件是否有裂缝、碎裂。

（5）真空度达不到0.08 MPa时,需检查并更换密封圈,避免机器损坏。

（6）使用过程中仪器表面需避免沾染有机溶剂。

（十）电子数显测高仪

1. 操作步骤

（1）将驱动轮固定钮松开。

（2）安装测臂和测针并紧固。

（3）将测头移动(摇)到最高处并稍用力,感觉侧头已经打滑。此时侧头找拐点的弹簧装置已经松开(用手移动测头上下方向都有伸缩余地),测高仪(图2-9)已进入正常使用状态。

（4）测量:

①单向测量不经过标准校验规校正侧头。开机按$\frac{"ON"}{"OFF"}$出现"SET1",第一次归零;再归零按"F2"。

②双向测量。开机按$\frac{"ON"}{"OFF"}$出现"SET1",按"F2"出现"6.350",将测针放入6.35 mm标准校验规中,上下各触测两次后,出现"SET2",即为双向测量。

图2-9 电子数显测高仪

③测量圆孔。在"SET2"模式下,在基准面上归零,将侧头放入孔内,偏移中心点少许,将驱动轮向下施压,停留1 s。移动工件通过最低点,会听见哔的一声。经过最低点,往复多次可以提高准确性,将驱动轮松开,向上测量,重复以上步骤。松开驱动轮,按"F3"即可得直径。

④测量垂直度。将杠杆表固定于测臂上,即可测量垂直度。需配置杠杆表夹持块和杠杆表。

（5）系统设置。在关机状态下，按住"F1"键再按一下键后松开，显示进入设定状态（SET）。按"F1"调整触测声音的大小；按"F4"确认当前的设定。按"F2"设置自动开关的功能；按"F4"确认当前的设定。按"F3"设置显示分辨率；按"F4"确认当前的设定。

2. 注意事项

（1）操作人员设置测高仪之前，须仔细阅读安全说明和后续操作程序。

（2）测高仪操作中如出现故障，须立即停止操作。

（3）测高仪只用于说明书中描述的测量项目。必须放置在操作位置附近。

（4）确保工作电压与本地电压相匹配，电源必须有接地线。

（5）清洁测高仪前，拔下电源插头，不要使用任何对塑料部件有害的洗剂。

（6）不要将测高仪快速移动到工作平台的边缘。

（十一）全球定位系统（Global Positioning System，GPS）

1. 操作步骤

（1）全球定位系统（图2-10）仪器与配件的静态设备连接。

①放松三脚架的固定螺丝，三腿放置于水平高度并紧固螺丝，安置基座，对中目标后整平，在基座上安置接收机并锁紧，固定好天线。

②检查基座水平、对中，调整基座角螺旋、移动基座使其精确对中、整平。

③将量高尺插入基座的插孔，测量并记录天线高。

④用天线电缆连接接收机和GPS天线。

⑤给接收机安装电池并用电源线连接外接电瓶。

⑥插入PC卡。

⑦开机进行参数设置。

（2）RTK（实时动态差分）基准站设备连接。

①放松三脚架的固定螺丝，三腿放置于水平高度并紧固螺丝，安置基座，对中目标后整平，在基座上安置接收机并锁紧，固定好天线。

图2-10　全球定位系统

②检查基座水平、对中，调整基座角螺旋、移动基座使其精确对中、整平。

③将量高尺插入基座的插孔，测量并记录天线高。

④用天线电缆连接接收机和GPS天线。

⑤连接手簿与接收机。

⑥插入PC卡。

⑦将电台天线安置在天线连接线上的螺扣上,使之接触良好。把电台天线与天线连接线固定在支撑杆上。

⑧用电台连接线一端与电台的通信发射口相连接,一端与电台发射天线相连接。

⑨用Y型电缆线一端与接收机的通信口相连,一端与电台数据口相连,电源连接头(鳄鱼夹)一端与外接工作电源相连。

⑩给接收机安装电池并用电源线连接外接电瓶。

⑪进行施测前参数设置。

(3)参数设置。

①新建或选择作业。

②手簿与主机的蓝牙连接。

③连接电台。

④开始基站测量。

2. 注意事项

(1)使用前,认真阅读使用手册,熟悉仪器性能,理解和掌握仪器的操作流程。

(2)严格遵守操作流程,确保测量值正确无误。

(3)正确使用电池和充电器。

(4)将仪器架设在三角架上时,务必固紧三角基座制动杆和中心螺旋,以免仪器跌落。

(5)注意防水,防止仪器受到强烈的冲击或震动。

(6)使用前检查主机、天线及仪器各部件是否完好,电池电量是否足够。

(7)检查脚架、基座等是否松动脱落或短缺。

(8)须确定测高尺是否完好及精度是否达标。

(9)检查仪器外接电源线的正负极与电瓶极柱安装的一致性,确保仪器配件(包括各种连接线)连接正确。

(10)检查仪器内部参数与其他仪器设置的一致性,检查仪器与电台通信参数的一致性。

(11)一个时段观测过程中严禁以下操作:关闭接收机重新启动;进行自测试;改变接收机预设参数,改变天线位置;按关闭和删除文件功能键;等等。

(12)GPS接收机在采集数据时,其仰角15°范围内不得有任何障碍物;周围50 m范围内不得有高压输电线和大的水面、湖泊,防止产生多路径效应。

(13)在观测过程中,不应靠近接收机使用手机、对讲机,其距离应保持在10 m以上,以防止降低观测精度。

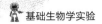

二、思考题

(1)高压灭菌锅使用的注意事项有哪些?

(2)什么是光谱分析法?

(3)旋转蒸发仪的工作原理是什么?

三、参考文献

[1] 聂永心.现代生物仪器分析[M].北京:化学工业出版社,2014.

[2] 张淑华.现代生物仪器设备分析技术[M].北京:北京理工大学出版社,2017.

[3] 郑蔚虹,张乔,薛永国.生物仪器及使用[M].北京:化学工业出版社,2018.

[4] 郑加柱,王永弟,石杏喜,等.GPS测量原理及应用[M].北京:科学出版社,2014.

第二节　生物学实验记录与报告

实验记录与实验报告记录着学生完成实验的详细过程,呈现了获得的主要结果以及学生对于结果与现象的思考总结,对两者的书写是实验教学中学生须完成的重要工作。实验记录与实验报告凝结着实验者的辛勤与付出,不论实验成功或是失败,都是实验者的宝贵财富。实验者可以从详细的记录中发现问题、总结经验教训,亦可寻找规律、提炼重要结论。此外,实验记录中的原始数据能够作为科学研究原创性的重要证据,也为后期重复实验提供参考。实验记录和实验报告还能够培养学生诚实、严谨的科研作风,严密的逻辑思维能力。因此,认真、详尽地完成实验记录和实验报告,是科学研究的重要基本任务,也是科研成功的关键。

一、实验记录

(一)实验记录的内涵

实验记录是实验者在科学研究过程中所记录的关于科学实验计划、步骤、结果以及分析等的各种文字、图表、数据等的唯一原始资料。实验记录有原始性、客观真实性和全面准确性等要点。一份完整、规范的实验记录具有可溯源性,能够反映实验的实时条件,增加实验的真实性和可重复性,同时,对研究人员理顺科研思路、发现学术问题、寻找科学规律、完成项目工作总结和申报科研成果等具有非常重要的作用。

(二)实验记录的撰写要求

(1)实验记录须记载于正式实验记录本上,实验记录本应有连续页码编号,不得缺页或挖补。

(2)字迹工整,采用规范的专业术语、计量单位及外文符号,英文缩写第一次出现时须注明全称及中文释名。使用蓝色或黑色钢笔、碳素笔记录,不得使用铅笔或易褪色的笔(如油笔等)记录。

(3)实验记录需修改时,采用画线方式画掉原书写内容,但须保证仍可辨认,然后在修改处签字,避免随意涂抹或完全涂黑。空白处可标记"废"字或打"×"。

(4)实验记录应如实记录实际所做的实验;实验结果、图、表等均应直接记录在实验记录本中,涉及颜色对比的结果或难以描述的实验现象可以打印裁剪出照片,贴在相应位置。

（5）对于科研人员来说，实验记录本是发表论文和实验室科技档案管理的必备文件，不得随意处置或丢弃。

（三）实验记录的主要内容

（1）实验记录本封面需要填写课程或实验项目名称、起止时间、记录者信息等。

（2）实验记录本的前十页可作为空白页保留。首页一般作为目录页，可在实验开始后陆续填写，或在实验结束时统一填写；其他空白页根据需要填写其他内容。

（3）实验日期和时间：应记录于每次实验的第一行或者实验记录本的左上角或右上角，须包括本次实验进行的具体年、月、日、时；还可根据需要记录实验条件如天气、温度、湿度等。

（4）实验内容和目的：简要介绍本次实验具体要研究的内容以及拟解决的问题。

（5）实验仪器：详细记录本次实验使用的仪器设备，包括名称、型号、厂家、参数等。

（6）实验试剂：记录所用药品试剂的名称、批号、厂家、含量、浓度、保存条件，以及配制的成分、比例等。

（7）实验材料：包括实验动物、植物、微生物等实验材料的名称、来源、数量等信息。

（8）实验步骤：详细描述实验的所有操作步骤，不放过任何一个细节。

（9）实验结果：记录收集的所有原始数据、可视图以及对实验结果的整理；对于记录在电脑等载体中的实验结果，应该记录储存位置。

（10）实验备注：对于实验的异常、新发现和补充材料等应做及时的备注。

（11）实验小结：简短的实验结果总结和解释，包括主要结论、存在问题、改进方法和实验体会等。

二、实验报告

（一）实验报告的内涵

实验报告是实验者在实验后对实验内容、过程和结果的总结，还包括实验中出现的问题以及相应的分析思考等。一份完整、准确描述的实验报告可以反映学生对实验理论知识的掌握程度、对实验操作的熟悉程度和对实验现象的理解程度，还能培养学生今后撰写科研论文的基本能力。

与实验记录不同，实验报告的形式多样，可以是一篇实验心得，也可以是一篇学术论文，或者是按照实验指导教师的要求所撰写的任何形式的关于实验的总结报告。不同学校、不同类型的实验，对实验报告形式的要求不尽相同，学生应按照各自学校的规范和实验指导教师的具体要求进行实验报告的撰写[①]。以下将介绍生物学验证性实验和探究性实验两类实验报告的主要内容与撰写要点。

(二)验证性实验报告的主要内容与撰写要点

(1)实验内容:本次实验主要的实验任务和工作,学生必须提前进行思考和理解。

(2)实验目的:通过本次实验要求掌握的实验基础知识、实验流程与实验操作技能,以及需要形成的责任态度。

(3)实验原理:指导本次实验的理论依据,这些理论知识支撑着实验的开展并将在实验中进行验证和拓展。

(4)实验材料、试剂与仪器:实验中需要用到的所有生物材料、操作用具与器材、仪器设备(包括型号和参数等)以及化学试剂和药品,学生须提前知晓并熟悉其用途和使用方法。

(5)实验步骤:详细的实验操作流程,包括如何选材、分组、编号,如何操纵变量、控制无关变量,如何培养、观察、统计结果等,书写要完整,要有条理性和逻辑性。可以是文字描述,也可以画流程图并标注每个流程的实验细节。

(6)实验结果:记录实验过程中所有的实验现象和实验数据,尤其是不同实验环境、不同操纵组和对照组的结果,实验失败或出错、异常实验结果,都要完整地记录下来。根据不同需求,实验结果的呈现可以是文字描述,也可以列表格,还可以绘图(包括生物绘图、柱状图等统计图)。

(7)分析讨论:综合分析不同实验环境、不同实验处理下收集到的所有实验数据和观察到的实验现象,并根据实验原理和理论知识分析解释其原因,最终得出结论。此外,还可以对实验成功或失败的因素进行思考分析,总结实验的注意事项,提炼实验成败的关键。

(三)探究性实验报告的主要内容与撰写要点

探究性实验是实验者在不知道实验结果的前提下,通过自己查阅资料、设计并完成实验、分析得出结论,从而形成科学概念的一种认知活动,是一种问题导向的实验,更看重学生获取知识的过程而非知识本身,需要学生在开始实验前对结论做出假设。其实验报告一般包括以下内容。

(1)实验课题:本次探究实验项目的具体名称,如"……的探究""……的实验""探究……的影响"等。

(2)实验原理:同验证性实验报告。

(3)实验目的:通过本次实验要探究的具体科学问题。

(4)实验假设:对本次实验所提出的科学问题给出猜测性的答案,用来说明某种现象,但未经证实的论题。

---

① 康胜利,刘明生,魏娜,等.实验记录是学生培养逻辑思维能力的重要手段[J].药学教育,2011,27(1):61-63.

（5）实验材料、试剂与仪器：同验证性实验报告。

（6）实验步骤：同验证性实验报告。

（7）实验结果：同验证性实验报告。

（8）结论：根据实验结果得出的实验课题结论。

（9）分析讨论：根据所得出的结论，深入分析讨论其与实验假设相符或者相反的原因，反思实验设计或实验过程的成败关键和存在的问题等。

三、生物绘图

生物绘图是在对实验对象进行深入观察和充分了解后，通过手绘的方式形象地描述生物外形、结构和行为等特征的一种重要科学记录方法，是解剖和观察等基础实验结果的主要呈现方式，在发表科研论文时，也常需要绘制一些形态结构示意图。

（一）生物绘图的原则

（1）科学性和真实性：生物绘图的大小、比例应准确真实地表现所观察对象的特征，不能为了艺术上的美感而作夸张性的表现，如果是细胞或组织图，还应具有代表性，反映所观察细胞或组织的整体特征。

（2）采用"点线法"：生物绘图应使用圆点表示阴影，以表现各结构的颜色深浅、质地或折光的差别，从而表现出立体感；用线条来表现整体的轮廓，以及区分各结构的边界。线条要求长短搭配、粗细适宜、流畅连贯、光滑圆润；圆点要求圆滑光洁、大小合适、排列协调、疏密得当。

（3）标注准确、完整：绘好图之后须标注图序、图名（或称图题）和图注，标注应使用科学术语，并尽可能完整地标注所有结构。

（4）图纸整洁、字迹清晰。

（二）生物绘图的步骤与要求

（1）用具准备：生物绘图要求用铅笔绘制，需准备HB、2H（或3H）铅笔各一支（或至少一支2H铅笔），不能使用钢笔、圆珠笔、签字笔、自动铅笔等其他笔；此外，根据需要，准备橡皮擦、铅笔刀和直尺等。

（2）构图：在绘图前根据实验报告的空白大小和图的数量来确定绘图的位置和大小，并预留图名和图注的空间。绘图尽可能填满空白位置以更充分地表现所绘生物对象的结构特点。

（3）绘草图：在纸上安排好的位置，用削好的HB铅笔轻轻地勾画出图形的整体和主要结构的轮廓，要求落笔轻盈、线条简洁。

（4）定稿：对草图进行检查修正后即可绘出成图，一般用2H或3H硬铅笔清晰流畅地将草图轮廓描画出来，再按照要求画出衬阴圆点。

（5）标注：最后一步是进行标注，在图的正下方标注图序与图名，表明是本报告第几个图以及图的内容是什么，如果是显微镜下观察到的，还应注明放大倍数，如："图1　洋葱的叶下表皮结构（10×40倍）"。图注是在图上标注的各个结构的名称，一般用平行的横线引向图的右侧，末端对齐，然后用正楷标注文字。必要时也可以标注于图的左侧，或者用折线，禁止用弧线、曲线、箭头线和交叉线。

四、思考题

（1）在计算机如此发达的今天，为什么我们还要用手写的实验记录本？
（2）生物绘图的步骤与要求是什么？为什么要进行标注？

五、参考文献

［1］谭大志，张真，刘雪飞，等.浅议实验记录［J］.实验室科学，2021，15（6）：206-208.

［2］胡忆，孙俊，陈光学，等.规范科研实验记录加强项目管理［J］.昆明医学院学报，2007（S1）：208-209.

［3］张艳玲.实验报告在培养工科大学生综合能力中的重要作用［J］.教育教学论坛，2020（30）：376-378.

［4］谢志雄，黄诗笺，戴余军，等.基础生物学实验［M］.武汉：武汉大学出版社，2015.

［5］姚家玲.植物学实验［M］.3版.北京：高等教育出版社，2017.

第三节　生物实验室规则

高校生物实验室是开展生物学实践教学和科学研究的重要基地,是培养学生实践操作能力、科学思维能力、创新探究能力的必要场所[1],是培养学生严谨科学态度、生命科学观念和社会责任感的实践平台。因此,加强高校生物实验室规章制度建设是提升实验教学水平和高校人才培养质量的必然要求。

根据生物实验室的特点,将生物实验室的安全隐患分为生物安全、化学品使用安全、实验设备使用安全和消防安全四类[1]。为了防止生物实验室火灾、危险化学品爆炸和中毒事件、生物安全事故以及实验设备事故的发生,提高生物实验室安全管理水平刻不容缓。因此,加强高校生物实验室规章制度建设是保障师生人身安全的必然要求[2][3]。

一、生物实验室管理规则具体内容

高校生物实验室管理规则通常包括以下内容。

(一)生物实验开始前

(1)任课教师在实验开始前应熟悉实验内容,指导学生预习。

(2)任课教师在实验开始前应检查实验场地和实验设备,准备好实验所需器材。

(3)学生在实验开始前要认真预习实验内容。在实验管理人员的指导下熟悉实验室的水电开关及其他安全措施。不得携带与实验无关物品进入实验室。

(4)学生在实验开始前要按指定的座位就坐,保持安静,认真听教师讲解实验目的、步骤、操作方法和注意事项。未经教师允许,不得随意乱动实验仪器、药品及其他实验材料,不得擅自拆卸仪器和设备。

(5)学生应按教师的要求,检查仪器、药品及有关实验材料是否齐全和完好,如有缺损及时报告。未经任课教师批准,不得进行实验。

---

① 孙书洪,李华,亓树艳,等."双一流"建设背景下高校生物实验室安全管理现状与对策[J].实验室研究与探索,2018,37(11):298-302.

② 袁继红,李香花,朱意,等.高校生化与分子生物学实验室建设与管理的实践[J].中国现代教育装备,2011(11):73-75.

③ 何晓红,常平安,谢永芳,等.分子生物学实验基地建设及教学改革[J].广东化工,2012,39(16):159.

(二)生物实验过程中

(1)任课教师和实验管理人员在实验过程中应指导和协助学生进行实验操作,处理突发事件。

(2)学生在实验过程中应按照规定的实验内容进行实验,遵守实验操作规程,仔细观察实验现象,认真做好实验记录,根据实验过程分析实验结果,撰写实验报告。

(3)学生在实验过程中应尽量保持桌面、地面、水槽、仪器整洁。要爱护仪器设备,注意人身安全,节约实验材料,避免水电浪费。

(4)学生在实验过程中应遵守实验动物伦理规范,不得虐待实验动物。

(5)学生在实验过程中应严格遵守实验操作安全规则,腐蚀性药品和有毒有害药品要谨慎使用。

(6)学生在实验过程中若遇突发情况应立即报告任课教师和实验管理人员,并及时采取适当措施,防止安全事故的发生和扩大。

(三)生物实验结束后

(1)学生在实验结束后应按要求整理好仪器、药品以及其他实验材料。仪器设备若有损坏或丢失,要及时报告任课教师或实验管理人员,并做好登记。实验室所用仪器、药品不得带出实验室。

(2)学生在实验结束后应在任课教师和实验管理人员的指导下妥善处理实验对象,有毒有害或腐蚀性废弃物、污水等要妥善集中处理。

(3)学生在实验结束后应在实验管理人员的指导下做好实验室清洁,检查水电开关,关好实验室门窗。

(4)学生在实验结束后应完成实验报告并交给任课教师审阅。

(5)任课教师、实验管理人员和学生课代表应按照要求填写实验登记表。

(6)学生在实验结束后需要经任课教师允许后,方可离开实验教室。

二、生物实验室管理配套制度

高校生物实验室是高校培养人才、科学研究和服务社会的重要基地,是生物学科实践教学的主要平台。生物学科具有其独特之处,因此,生物实验室的管理也与其他学科实验室有所不同,生物实验室的安全与高效管理是生物教学科研工作正常开展的前提[1]。为了更好地发挥生物实验室的育人功能,切实保护实验人员生命和实验室财产安全,完善的配套管理制度也必不可少。比如《生物实验室管理人员岗位职责》《生物实验室学生实验守则》《生物实验课程运行管理制度》《生物实验室清洁卫生管理制度》《生物实验室仪器设备

管理制度》《生物实验室仪器设备损坏丢失赔偿制度》《生物实验室低值易耗品管理制度》《生物实验室开放管理制度》《生物实验室生物伦理培训和实施制度》《生物实验室安全培训制度》《"生物实验室安全承诺书"制度》《生物实验室安全巡查制度》《生物实验室危险化学品安全管理制度》《生物实验室废弃物安全管理制度》《生物实验室消防安全管理制度》《生物实验室安全用电管理制度》《生物实验用活体材料管理制度》《生物实验室突发事故处置预案》等。

三、思考题

（1）生物实验室安全涉及哪些方面？

（2）生物实验室管理过程中学生应当发挥哪些作用？

（3）通过收集资料，制定生物实验室管理配套制度。

四、推荐阅读

［1］巴克 K.生物实验室管理手册［M］.王维荣,译.2版.北京:科学出版社,2014.

［2］丘丰,张红.实验室生物安全基本要求与操作指南［M］.北京:科学技术文献出版社,2020.

第四节　开放实验实施细则

高校生物实验室按照其功能主要可以分为两种类型。一类是教学类生物实验室,其主要功能是满足本科生实验教学的需求。这类生物实验室配备的仪器设备相对较小且便宜,仅能满足基本教学实验需求。本科生通常按照教师要求完成一些验证性的实验内容,其利用生物实验室参与科研和进行创新性活动非常少,学生的积极性和主动性不能充分得到调动,这限制了学生综合素质的提升[①]。另一类是科研类生物实验室,其主要功能是满足研究生和教师的科研需求。这类生物实验室基本按照课题组设置,不同实验室之间的交流相对较少,导致实验室资源无法共享,同时这类实验室对本科生的开放力度还不足[②]。

生物实验室作为教师进行实验教学和学生进行实验操作的主要场所,其功能已从课堂实验教学延伸到课外开放实验。开放实验不仅有利于提高实验室场地的使用率和实验设备的利用率,加强不同专业、不同学科、不同学生、不同教师之间的相互交流,同时能够提高学生的实践操作能力和科研创新能力,从而更好地实现研究型与创新型人才培养的目标[③]。

生物实验室的开放管理主要体现在以下几个方面。

(1)时间的开放性:生物开放实验室的开放时间可以根据申请者的特殊需求进行灵活调整,具有较强的灵活性。

(2)资源的开放性:生物开放实验室的实验场地、实验仪器和实验设备可供申请者在规定的时间段自主使用,开展相关实验研究。

(3)人员的开放性:生物开放实验室可以面向本校学生和教师开放,同时也可以面向校外科研人员开放。

(4)项目的开放性:生物开放实验室承接的实验项目可以是学生自主设计的项目,也可以是教师或科研人员根据自身科研情况设计的实验项目。

---

① 楚建周,姚晓芹.高校生物教学实验室的开放问题与管理对策[J].实验技术与管理,2019,36(6):293-296.
② 王梅,刘云.地方高校开放式生物实验室管理模式研究[J].广东化工,2020,47(14):184-185.
③ 陈笑霞,张雁,张碧鱼,等."现代生物科学与技术综合实验"开放性实验管理[J].实验室科学,2017,20(4):197.

一、开放实验实施细则

（一）开放实验开始前

（1）开放实验开始前，实验项目可以由教师根据自身科研情况并结合实验室条件进行确定，也可由实验人员根据自身兴趣确定选题和实验方案，经指导教师审核后确定。

（2）开放实验开始前，实验人员必须向实验室管理部门提交纸质申请书或通过网络平台提交预约申请，同时提交完整的实验设计方案，包括实验目的、实验流程、实验仪器、实验耗材和实验周期等。经实验室管理人员审核通过方可进入实验室开展实验。

（3）开放实验开始前，实验室管理人员提前准备所需实验耗材和仪器设备，协调好实验开展时间。

（4）开放实验开始前，实验人员需接受实验室管理人员有关实验室安全的培训，经考核通过后方可进行实验。

（5）开放实验开始前，实验人员需接受实验室管理人员有关实验室仪器设备使用的培训，经考核通过后方可进行实验。

（二）开放实验过程中

（1）在开放实验过程中，指导教师和实验室管理人员需要对实验人员的实验过程进行随时监督和管理，及时给予指导，避免错误操作。对于违反实验室规定者，教师有权提出批评，对不接受批评、不改正者，应不允许其继续使用仪器设备或实验室。

（2）在开放实验过程中，实验人员必须严格遵守实验室各项管理规定，注意水电和防火安全，保持室内的清洁卫生。特别注意涉及生物安全的操作、各类危险化学品和贵重仪器设备的使用。

（3）在开放实验过程中，实验人员不能将仪器设备私自带出实验室或者外借他人。

（三）开放实验结束后

（1）在开放实验结束后，实验人员要及时整理好实验物品，做好实验室清洁。

（2）在开放实验结束后，实验人员必须做好仪器设备使用登记，由实验室管理人员检查仪器设备的使用及易耗品的损耗等情况，使用者签名后方可离开，如有损坏等情况需及时上报。

（3）在开放实验结束后，实验人员需提交实验报告和实验数据等相关资料，并签署《生物开放实验室研究成果共享承诺书》。

二、生物开放实验室管理配套制度

生物实验室开放后可能出现实验室安全隐患增加、实验室运行成本增加、实验室管理难度增加和实验队伍积极性不高等问题[①]。因此，除了执行生物实验室一般管理制度外，生物开放实验室配套管理制度建设也必不可少。例如《生物实验室开放申请和预约制度》《生物开放实验室管理人员岗位职责》《生物开放实验室实验人员守则》《生物开放实验室仪器设备管理制度》《生物开放实验室仪器设备使用培训与考核制度》《生物开放实验室安全培训制度》《生物开放实验室安全事故处理预案》《生物开放实验室成果管理制度》《生物开放实验室成果奖励制度》《生物开放实验室经费使用制度》等。

三、思考题

（1）生物实验室开放过程中如何提高仪器设备的使用效率？

（2）如何调动专任教师、实验室管理员和学生参与生物开放实验室工作？

（3）通过收集资料，制定生物开放实验室管理配套制度。

四、推荐阅读

[1] 魏利青,徐琴,张丽娜,等.开放实验室大型科研仪器共享服务体系的构建[M].北京:中国农业出版社,2016.

[2] 王梅,刘云.地方高校开放式生物实验室管理模式研究[J].广东化工,2020,47（14）:184-185.

---

① 楚建周,姚晓芹.高校生物教学实验室的开放问题与管理对策[J].实验技术与管理,2019,36(6):293-296.

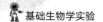

第五节　生物实验室意外事故处理

保障实验室的安全、预防事故的发生是各级学校实验室建设与管理不可或缺的部分。它关系到实验教学和科学研究能否顺利进行,公有财产能否免受损失,师生生命健康能否得到有效保障。近年来,学校和科研机构因学生及工作人员实验操作不当,设备管理、应急处置错误等原因发生的爆炸、火灾事故屡见不鲜,造成严重的人员伤亡以及科研材料/资料烧毁。大多数的实验室意外事故都可以扼杀在萌芽阶段,进而避免重大人员伤亡和财产损失。因此掌握实验室意外事故的应急处理办法对于实验人员而言极为必要。本节将介绍生物实验室常见意外事故的紧急处置方案。

一、危险化学品泄漏事故处置措施

(一)紧急处理

(1)当泄漏物为易燃易爆的气体时,事故中心区应严禁火种、切断电源,立即在边界设置警戒线,然后迅速开窗通风。若事故发展较快,应立即通知临近实验室或整座建筑人员撤离至上风区。所有参加救助的车辆等动力工具必须配备火星熄灭装置,以防止在救助过程中产生火花,从而引发火灾事故。

(2)如果泄漏物为有毒气体,人员应立即撤离,再由穿专用防护服、戴隔绝式空气面具人员打开窗户通风,如安装有机械排气装置,应立即启动将有毒气体排出,同时打开门窗使新鲜空气进入实验室。立即在事故中心区边界设置警戒线。根据事故情况和事故发展,安排事故波及区人员的撤离。若吸入毒气造成中毒,应立即抢救,将中毒者移至空气良好处使之能呼吸新鲜空气,同时立即送医治疗。

(3)现场指挥人员应密切注意危险化学品泄漏动态和清除方案的实施情况,制止在危险条件下进行的应急救援。

(4)禁止无关人员进入泄漏现场。

(5)进入现场救援人员必须配备必要的个人防护器具。

(6)应急处理时严禁单独行动,必要时用水枪、沙土掩护。

(二)泄漏源控制

(1)堵漏:采用合适的材料和技术手段堵住泄漏处。

（2）围堰堵截与引渡：筑堤堵截泄漏液体或者将其引流到安全地点。

（3）稀释与扩散：向有害物气云喷射雾状水，加速气体向高空扩散。

（4）收容（集）与吸收：对于大型泄漏，可选择用隔膜泵将泄漏出的物料抽入容器内或槽车内；当泄漏量小时，可用沙子、吸附材料、中和材料等吸收中和。

二、实验室火灾紧急处置措施

实验中一旦发生火灾，切不可惊慌，需保持镇静，立即切断室内一切火源和电源。然后根据具体情况正确地进行抢救和灭火。常用方法如下：

（1）可燃液体着火：立即移除着火中心区域周围的一切可燃物质，关闭通风设施，防止火势扩大。若着火面积较小，可用抹布、湿布、铁片或沙土覆盖，隔绝空气使之熄灭。覆盖时动作要轻，避免碰坏或打翻盛装可燃溶剂的玻璃器皿，导致更多的溶剂流出而扩大着火面。

（2）酒精及其他可溶于水的液体着火：可用水灭火。

（3）汽油、乙醚、甲苯等有机溶剂着火：应用灭火毯或沙土扑灭。切忌用水灭火，否则会扩大燃烧面积。

（4）可燃性金属（如锂、钠、钾、镁）着火：用沙土覆盖灭火，切忌用水灭火，因为有可能会产生氢气发生爆炸。也不要使用干粉灭火器及二氧化碳灭火器。

（5）导线和电器外壳着火：不能用水及二氧化碳灭火器，应先切断电源，再用干粉灭火器或覆盖法灭火。

（6）衣服烧着时切忌奔走，可躺在地上滚动灭火。

（7）易燃、液化气体类火灾，首先切断电源，开门窗通风，起火初期首先控制气体泄漏，然后使用灭火毯遮盖扑灭。如无法控制气体泄漏，当容器内容物储存量低于爆炸极限时，使用干粉灭火器扑救，火焰消失后使用灭火器让周边环境降温至室温以免气体重新燃烧或爆炸，避免大量可燃气体泄漏出来与空气混合后发生爆炸。

（8）对氧化剂的灭火比较复杂，必须慎重考虑安全问题，使用者务必熟知该类物品的安全操作知识和理化性质，制定预案，以备险情发生时采取适当措施。着火时，须迅速查明着火或反应的氧化剂和有机过氧化物以及其他燃烧物的品名、数量、主要危险特性、燃烧范围、火势蔓延途径、能否用水或泡沫扑救。能用水或泡沫扑救时，应尽一切可能阻止火势蔓延，使着火区孤立，限制燃烧范围，同时应积极抢救受伤和被困人员。不能用水、泡沫、二氧化碳扑灭时，应用干粉或用干燥的沙土覆盖。应先从着火区域四周尤其是下风口等火势主要蔓延方向覆盖，形成孤立火势的隔离带，然后逐步向着火点进逼。

三、化学意外烧伤急救方法

(一)强酸类

强酸灼伤以硫酸、盐酸、硝酸灼伤最为常见,此外还有氢氟酸、高氯酸和铬酸、石炭酸等灼伤。硝酸灼伤创面有黄色痂;硫酸灼伤创面有黑色或棕黑色痂;盐酸或石炭酸灼伤创面有白色或灰黄色痂。除皮肤灼伤外,呼吸道吸入这些酸类的挥发气、雾(如硫酸雾、铬酸雾),还可引起上呼吸道的剧烈刺激,严重者可发生化学性支气管炎、肺炎和肺水肿等。强酸灼伤后急救措施如下:

(1)立即脱离事故点,除去污染的工作服、内衣、鞋袜等。

(2)迅速用大量水流连续冲洗创面,至少冲洗15 min,特别是对于硫酸灼伤,更要用大量水快速冲洗,除了冲去和稀释硫酸外,还可散去硫酸与水接触后产生的热量。

(3)初步冲洗后,用5%小苏打水(碳酸氢钠溶液)中和创面上的酸性物质,然后再用水冲洗10—20 min。要特别注意对眼部进行彻底冲洗,无论溅入眼内的硫酸浓度如何和硫酸量的多少,必须用大量的流水(没有高压力),在眼睑撑开或眼睑翻开的情况下连续冲洗15 min,要把眼睑和眼球的所有地方全部用水仔细冲洗,冲洗后立即送医院。伤员也可将面部浸入水中自己清洗。

(4)清理创面,去除其他污染物,覆盖消毒纱布后送医治疗。

(5)吸入硫酸蒸气时的处理:当吸入大量的发烟硫酸或高温硫酸所产生的烟雾或蒸气时,要立即离开污染现场。雾化吸入5%碳酸氢钠溶液或生理盐水。如已昏迷和发生呼吸困难,要立即使其仰卧,并迅速送往医院急救。

(6)误服酸时的处理方法:可先饮用清水,再口服牛乳、蛋白或花生油约200 mL。不宜口服碳酸氢钠,以免产生二氧化碳而增加胃穿孔风险。大量口服强酸和现场急救不及时者都应立即送医院救治。

(二)强碱类

强碱类化学品包括苛性碱(氢氧化钾、氢氧化钠)、生石灰(氧化钙)等。强碱对组织的破坏力比强酸更大,因其渗透性较强,深入组织使细胞脱水,溶解组织蛋白,形成强碱蛋白化合物而使伤面加深。强碱灼伤后急救措施如下:

(1)立即脱离事故点,除去污染的工作服、内衣、鞋袜等。

(2)如强碱为固体颗粒,用耐腐蚀物品去除皮肤上残留碱,随后用大量清水彻底冲洗伤处;如果是碱性溶液造成的灼伤,直接用大量清水彻底冲洗伤处,至少需冲洗30 min,直到创面无肥皂样滑腻感为止。

(3)充分冲洗后,用5%硼酸溶液温敷10—20 min,再用清水冲洗中和,不要用其他酸性溶液冲洗,以免放热导致灼伤近一步加重。经过清洗后的创面用清洁棉布简单包扎。如果情况严重,及时送医治疗。

（4）若发生眼睛灼伤，立即用大量清水冲洗，伤员也可以将头部浸入水中，睁大眼睛，转动头部或转动眼球进行清洗，至少清洗30 min。然后用生理盐水冲洗，之后可滴入可的松与抗生素预防感染。

（5）生石灰灼伤处理：需立即清扫去除沾在皮肤表面的生石灰，然后用大量清水冲洗伤部，切勿直接将沾有生石灰的部位浸入水中，以免生石灰遇水发生化学反应加重伤势，经过清洗后的创面用清洁棉布简单包扎。若伤势严重，及时送医治疗。

四、液氮冻伤急救方法

液氮冻伤又称冷烧伤，其治疗方法与热烫伤类似，若冷烧伤严重，应迅速与当地医院联系。对于伤处，不得用热水或采用其他加热方式进行解冻，不得搓揉或按摩冻伤处。未经医生同意，不得擅自让伤员吃任何药品。

（一）液氮接触皮肤发生冻伤的紧急处理措施

（1）应迅速脱去病人身上沾有液体的衣服、鞋子、袜子等衣物，松开其身上可能阻碍冻伤处血液循环的衣物。

（2）将病人转移到暖和的地方（室温），用干净自来水或干净微温水对受冻处连续冲洗。解冻必须连续进行，直到受冻的皮肤由苍白色转变为粉红色。

（3）解冻后，用消过毒、无粘性的布覆盖受冻处。若出现严重冻伤和冷烧伤，急救后应立即将病人送到当地医院，并告诉医务人员该伤情是由于接触到液氮引起的。

（二）其他部位接触液氮紧急处理措施

（1）眼睛接触：眼睛接触到液氮后，应立即翻开病人眼皮，用干净自来水或干净微温水轻轻冲洗眼睛至少15 min。立即就医。

（2）口鼻吸入：迅速脱离现场，并将病人转移到空气新鲜的地方。保持呼吸道通畅。如呼吸困难，给输氧。如呼吸停止，立即进行人工呼吸。立即就医。

（3）误食：误吞液氮后果极为严重，有生命危险，需要立即送医急救。

五、皮肤污染及锐器伤紧急处置措施

（1）用洗手液和流动的水清洗污染的皮肤，并用碘伏反复擦拭消毒；眼睛污染用洗眼液（生理盐水）冲洗黏膜；衣物污染时，立即脱掉被污染的衣物，如果是一次性衣服，马上重新更换，如果污染到里层衣物，需要把里层污染的衣物用有效氯含量为500 mg/L的次氯酸钠消毒液浸泡半个小时。

（2）如有伤口，需立即从近心端向远心端将伤口周围的血液挤出，用流水冲洗2—3 min；禁止进行伤口的局部挤压。

（3）受伤部位的伤口冲洗后，应当用皮肤表面消毒液如75%的酒精或者0.5%的碘伏消毒伤口；必要时撒上消炎粉或敷消炎膏，并用绷带包扎。24 h内留取基础血样(3 mL，普管)备查。被暴露的黏膜，应当反复用生理盐水冲洗干净。若伤口过大，则先用酒精在伤口周围清洗消毒，再用纱布按住伤口压迫止血，并立即到医院治疗。

六、含病原微生物液体泼洒紧急处置措施

（1）立即告知实验室生物安全负责人发生污染的区域，启动生物安全应急预案，在污染发生区域放置病原微生物危险警示牌。

（2）由当事人迅速用吸水纸覆盖暴露地面，吸取含有病原微生物的暴露液体，然后喷洒有效氯含量为2 000 mg/L的次氯酸钠消毒液，再在污染的区域覆盖上有效氯含量为2 000 mg/L的次氯酸钠消毒液消毒30 min。

（3）佩戴好个人防护器具(防护服、双层手套等)，用垃圾清理用具先清理打破或打散的试管、培养皿或碎玻璃于铁质容器中，再由有使用高压灭菌锅资质的工作人员高压灭菌后，作为感染性废弃物处理。

（4）然后再用2 000 mg/L含氯消毒液浸泡过的抹布自外向内擦拭污染区域，作用30 min。随后用清水拖布擦拭污染区两次待干。

（5）使用过的垃圾清洁用具全部当感染性垃圾处理，不可再次使用，防止二次污染。

（6）等实验全部结束后，用可移动紫外消毒车在距离地面60—90 cm处消毒60 min以上。

七、触电事故急救办法

抢救触电者，首先谨记注意自身安全，避免在抢救时发生次生事故。发现触电事故的任何人员都应当在第一时间抢救触电者，必要时在场人员要拨打120救援电话。

(一)触电解脱方法

（1）切断电源。

（2）若一时无法切断电源，可用干燥的木棒、木板、塑料棍、绝缘绳等绝缘材料解脱触电者。

（3）用绝缘工具切断带电导线。

（4）抓住触电者干燥而不贴身的衣服，将其拖开，切记要避免碰到金属物体和触电者身体裸露部位。

（5）尽量避免触电者解脱后摔倒受伤。

(二)现场急救方法

(1)触电者神志清醒,让其就地休息。

(2)触电者呼吸、心跳尚存,神志不清,应仰卧,周围保持空气流通,注意保暖。

(3)触电者呼吸停止,则用口对口进行人工呼吸;触电者心脏停止跳动,用体外人工心脏挤压维持血液循环;若呼吸、心脏全停,则两种方法交替进行,按压的频率是100—120次/min,每30次人工呼吸2次。

(4)触电事故发生后,单位应立即在现场设置警戒线,维护抢救现场的正常秩序,警戒人员应当引导医务人员快速进入事故现场。

(5)事故现场警戒线必须等医务人员将触电者带离现场,赴医院救治,事故调查和排险抢修工作完成以及现场已无事故隐患时,方可解除。

八、思考题

(1)当易燃易爆气体发生泄漏时,我们最先采取的措施有哪些?

(2)腐蚀性试剂沾染到手部皮肤,应该采取哪些紧急处理措施?

(3)二甲苯、金属镁、黄磷、浓硫酸引发火灾时,分别应该如何灭火?

九、参考文献

[1] 范宪周,孟宪敏.医学与生物学实验室安全技术指南[M].北京:北京大学医学出版社,2010.

[2] 路建美,黄志斌.高等学校实验室环境健康与安全[M].南京:南京大学出版社,2013.

[3] 于敏,皮之军,李建海.实验室生物安全隐患及事故预防[J].实验技术与管理,2012,29(10):207-209.

[4] 鲍敏秦,张原,张双才.高校化学实验室安全问题及管理对策探究[J].实验技术与管理,2012,29(1):188-191.

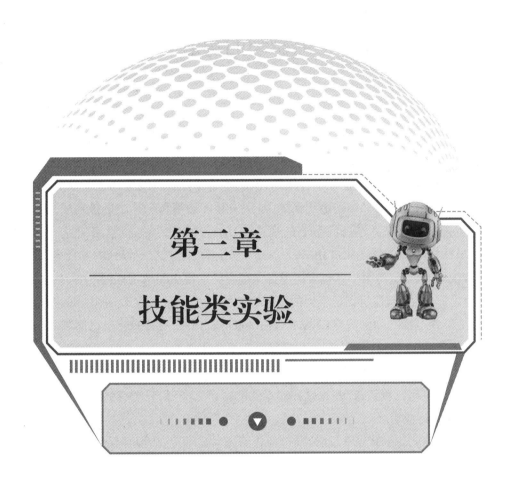

第三章

技能类实验

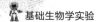

实验一　显微镜的构造与使用

你知道细胞是什么样的吗？你知道菜粉蝶的"粉"其实是翅膀上的鳞片吗？你见过叶片上的毛吗？其实这些难以用肉眼看到的生物结构都可以借助显微镜观察到。

显微镜最初是谁发明的已经不得而知，但最早的复合显微镜是16世纪末荷兰眼镜商詹森(Z. Janssen, 1580—1638)制造出来的，是用一片凹透镜和一片凸透镜制成，制作水平非常低，也没有被用来做过任何重要的观察。1665年1月，英国科学家胡克(R. Hooke, 1635—1703)发表了《显微图集》(*Micrographia*)，描绘了他通过自己设计的复合显微镜观察到的各种微小事物，这是第一本包含通过显微镜看到的昆虫和植物插图的书，生物学名词"细胞"也由此诞生，但是胡克观察到的软木塞的"细胞"实际上是死细胞的细胞壁。1674年，荷兰亚麻织品商人列文虎克(A. van Leeuwenhoek, 1632—1723)将自己磨制的透镜，装配在放大倍率达300倍的显微镜上，并观察到了原生生物，这是人类第一次观察到完整的活细胞。列文虎克的一生致力于在微观世界中探索，发表论文402篇，是微生物学的开拓者。由此我们也可以看到，这些先驱并非专业的科研工作者，只要有兴趣，有试错的勇气和毅力，就能获得成功。

目前常见的显微镜有光学显微镜(包括普通光学显微镜、暗视野显微镜、相差显微镜、荧光显微镜及立体显微镜)、电子显微镜(包括透射电子显微镜和扫描电子显微镜)等。本次实验将介绍普通光学显微镜和立体显微镜的结构与使用方法。

一、实验目的

(1)熟悉普通光学显微镜、立体显微镜的构造，知道显微镜的成像和放大原理。
(2)能够熟练操作普通光学显微镜和立体显微镜。
(3)在显微镜使用过程中遇到问题时能主动排查并分析、解决问题。

二、预习要点

(1)普通光学显微镜与立体显微镜的主要结构。
(2)普通光学显微镜与立体显微镜的操作要点。

三、实验原理

(一)普通光学显微镜的构造

实验室中使用的普通光学显微镜也称复合显微镜,因为它包含两种可以放大物体的透镜(目镜和物镜),离眼睛最近的透镜叫目镜,离物体最近的透镜叫物镜。显微镜的总放大倍数是物镜的放大倍数和目镜的放大倍数的乘积,常用的显微镜可将观察物体放大到约1 000倍。可用于观察动植物细胞、原生生物、细菌和真菌等,是生物学实验室等最常见的显微镜。

普通光学显微镜的构造主要由机械部分和光学部分组成,后者又包括成像系统和照明系统(图3-1)。

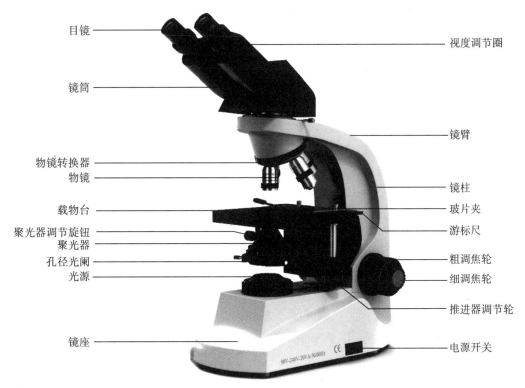

目镜　　视度调节圈　镜筒　镜臂　物镜转换器　物镜　镜柱　载物台　玻片夹　聚光器调节旋钮　游标尺　聚光器　粗调焦轮　孔径光阑　细调焦轮　光源　推进器调节轮　镜座　电源开关

图3-1　普通光学显微镜的构造

1. 机械部分

(1)镜座:显微镜的底座,用以支持整个镜体。镜座后方连接电源线,后方或侧方有电源开关和可以调节光线强弱的调光旋钮。

(2)镜柱:镜座后上方的短柱,其上固定着载物台,两侧有调焦器(调焦轮)。

(3)镜臂:连于镜柱上端的斜柄,上端连镜筒,下端连物镜转换器,是取放显微镜时手握部位。

(4)镜筒:连于镜臂的斜上方,双目镜筒的间距可调节,以适应不同观察者的眼间距。

(5)物镜转换器(旋转器):装在镜筒下端的金属圆盘,可转动,盘上有3—4个圆孔,圆孔上可安装不同放大倍数的物镜,转动转换器,即可调换不同倍数的物镜,当听到扣上的声音时,正朝下的物镜恰好对准通光孔中心,光路接通,物镜与目镜光线合轴,可进行观察。

(6)载物台(镜台):目镜下方的平台,用以放置玻片标本,中央有一通光孔以使光线通过,其上装有带游标尺的标本推进器,游标尺上有刻度,用以测量标本大小或记录标本位置。推进器的一侧装有弹簧夹,用以夹持玻片标本,镜台下有镜台推进器,标本推进器和镜台推进器均可通过调节轮调节使玻片标本作前后、左右方向的移动。

(7)调焦器:调焦的作用是调节载物台的高度以使玻片标本和物镜之间的距离达到物镜的工作距离从而得到物像。调焦器是装于镜柱两侧的两个同心轮,外圈是粗调焦轮(粗准焦螺旋),转动可使载物台作快速和较大辐度的升降,通常用于在低倍镜下迅速寻找观察目标。内圈是细调焦轮(细准焦螺旋),旋转时载物台升降幅度微小,多在运用高倍镜时使用,精确地对准焦点,从而得到更清晰的物像,并通过微调以观察标本不同层次和深度的结构。

2. 光学部分

包括照明系统和成像系统两部分,照明系统包括光源、聚光器,安装在载物台下方,成像系统包括物镜和目镜。

(1)光源:装于镜座上面,作用是为观察提供光线。早期的显微镜一般为反光镜,该镜可向任意方向转动,它有平、凹两面,其作用是将光源光线反射到聚光器上,平面镜能反光,适于光线较强时使用,凹面镜既能反光,还能聚光,适于光线较弱时使用。现在多数显微镜装有内置光源代替反光镜,其亮度可以通过调光旋钮进行调节。

(2)聚光器:装在载物台下方的聚光器架上,由聚光镜和孔径光阑(彩虹光圈)组成。聚光镜由一片或数片透镜组成,其作用是将光源发出或反射的光线汇集成一束,通过载物台的通光孔,投射到物镜的镜头。可通过转动聚光器调节旋钮调节其升降,从而加强或减弱入射物镜的光线。孔径光阑在聚光镜下方,由十几张金属薄片组成,其外侧伸出一柄,推动它可调节其开孔的大小,以调节进入聚光镜光量,缩小光阑还可增加景深,减小球面像差,产生干涉条纹增加反差。

(3)物镜:装在镜筒下端的旋转器上,由数组透镜组成,作用是对被观察对象作第一次放大成像。每台显微镜一般有3—4个不同放大倍数的物镜,其中短的刻有"4×"、"10×"符号的为低倍镜,较长的刻有"40×"符号的为高倍镜,最长的刻有"100×"符号的为油镜。使用油镜时,需要在玻片和物镜之间滴加折射率大于1,且与玻片折射率相近的液体作为介质,如香柏油。此外,在镜头上通常加有一圈不同颜色的线,以示区别。

(4)目镜:安放在镜筒的上端,由两个透镜组成,作用是将物镜放大后所成的像进一步放大。通常每台显微镜备有2—3个不同倍数的目镜,上面刻有"5×"、"10×"或"15×"等符号,一般装的是"10×"的目镜。有的显微镜上其中一个目镜中还装有金属指针,指针的顶端在镜头中心,用以指示某个观察对象,方便交流,在显微测量时也有协助定位的作用(见文末"知识拓展")。目镜下方有一视度调节圈(一般显微镜只配一个视度可调节的目镜),转动可调节目镜的高度,改变目镜后方射出光线的结构,从而适应观察者双眼球面屈光异常(近视或远视)的不同程度。此外,为了适应不同观察者的眼间距,两个目镜间的距离可以调节,首先将两只目镜完全分开到最大位置,用左右眼同时观察,然后将两只目镜向中间收缩,直到两只眼睛同时看见且只看见一个圆形视野,记录下观察筒上方、目镜下方的一个50—70的示数,此示数为瞳距。记下这个瞳距,在下次观察或者用别的显微镜观察时,可直接调至这个示数。

(二)立体显微镜的构造

立体显微镜,也被称为解剖显微镜、实体显微镜、体视显微镜等,有两个角度略有不同的光学路径,提供一个正像立体的视角,主要用于观察样本表面。立体显微镜的放大率较低,通常在10倍到200倍之间,一般在100倍以下。立体显微镜有一个共用的初级物镜,对物体成像后的两束光被两组中间物镜——变焦镜分开,并形成一体视角(12°—15°),经各自的目镜成像。它的倍率变化是由改变中间镜组之间的距离而获得的,因此又称为"连续变倍体视显微镜"。根据应用的要求,目前立体显微镜可选配丰富的附件,提供如形成荧光、照相、摄像、形成冷光源等功能。

立体显微镜在外形上与普通光学显微镜相似,同样具有机械部分和光学部分,包括镜座、标本台、光源、物镜、目镜、调焦旋钮等(图3-2)。下面将介绍立体显微镜的特殊构造,其余与普通光学显微镜类似的构造将不再赘述。

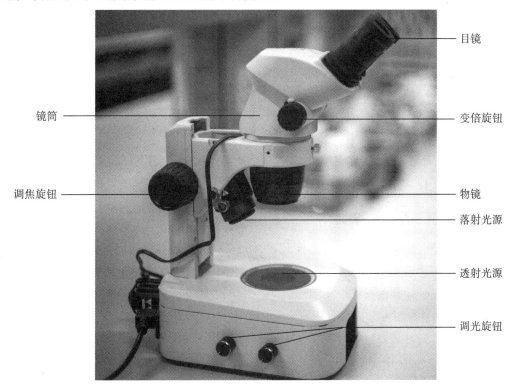

图3-2 立体显微镜的构造

(1)标本台:在镜座之上,一般为圆形,不可移动,用于放置标本,其上覆盖圆板,常见的有白板、黑板和玻璃板,其内有透射光源。透射光配合玻璃板使用,用于观察立体感差、透光性强的标本。

(2)落射光源:位于载物台的斜上方,光线投射于标本的表面,根据标本的颜色,选用黑板或白板,使得样本的表面光线反差对比度较大,轮廓更加清晰。落射光源和透射光源都有各自的开关和调光旋钮。

(3)变倍旋钮:转动可连续改变放大倍数,其上刻有放大倍率。

四、实验器材

永久装片、擦镜纸、镜头清洗剂(二甲苯)、香柏油等。普通光学显微镜、立体显微镜。

五、实验步骤

(一)普通光学显微镜的使用

1. 取放显微镜

打开镜柜,一手握住镜臂,一手平托镜座,取出显微镜,保持镜体直立,轻轻放置在桌子上距桌边约5 cm处,使目镜对着实验者。

2. 对光

接通电源线,打开电源开关,调节光线至明亮而不刺眼的亮度,打开孔径光阑,将聚光器升至最高,转动物镜转换器(切忌手持物镜移动),将"4×"物镜对准通光孔。

3. 放置玻片标本

将载物台降至最低,取一玻片标本放在载物台上,载玻片朝下,盖玻片朝上,切不可放反,用弹簧夹夹稳,然后旋转标本推进器,将所要观察的对象调至通光孔的正中。

4. 低倍镜观察

从侧面观察,逆时针方向转动粗调焦轮,使载物台上升,双眼自目镜观察,继续调节粗调焦轮,上升载物台,直到视野中出现较为清晰的物像。调节目镜间距以适应实验者的瞳距,使双眼看到的视野重合。

轻轻转动细调焦轮,以得到最为清晰的物像。可通过调节标本推进器将观察的对象置于视野正中央(注意移动玻片的方向与视野中物像移动的方向是相反的)。转动物镜转换器,将物镜更换为"10×",此时需要顺时针方向微微转动细调焦轮,直至获得最清晰的物像。

5. 高倍镜观察

在低倍镜下把需要进一步放大观察的部位调到视野中央,同时把物像调节到最清晰的程度,然后转动物镜转换器,将物镜更换为"40×",调节细调焦轮至物像清晰后观察。转换高倍镜时转动速度要慢,并从侧面进行观察(防止高倍镜头碰撞玻片),如高倍镜头碰到玻片,说明低倍镜调焦没有调好,应重新操作。由于观察的对象有一定厚度,在观察过程中须不停转动细调焦轮,以观察标本不同平面的情况。

6. 油镜观察

(1)在使用油镜之前,必须先经低、高倍镜观察,然后将需进一步放大的部分移到视野的中央。

(2)将聚光器上升到最高位置,孔径光阑光圈开到最大。

(3)转动物镜转换器,使高倍镜头离开通光孔,在需观察部位的玻片上滴加一滴香柏油,然后慢慢转动至油镜,在转换油镜时,从侧面水平注视镜头与玻片的距离,以使镜头浸入油中而又不压载玻片为宜。

(4)在目镜中用双眼观察,并慢慢转动细调焦轮至物像清晰为止。

如果不出现物像或者目标不理想,在加油区之外应按低倍→高倍→油镜程序重找。在加油区内应按低倍→油镜程序重找,不得经高倍镜,以免镜头被油污染。

(5)油镜使用完毕,先用擦镜纸将镜头和玻片标本上的油渍擦去,再用擦镜纸蘸少许二甲苯擦2—3次,最后再用干擦镜纸擦干净。二甲苯有毒,使用时一定要注意安全,少量取用,实验室保持通风,使用后马上用清水或肥皂水洗手。

7. 复原

显微镜使用完毕,转动物镜转换器,使"4×"镜头对准通光孔,将载物台降至最低,取下玻片,将标本推进器移至适当位置,将调光旋钮旋至光线最弱处,关闭电源开关,拔出电源线,用软布擦净镜体,收回镜柜内。

实验思考:普通光学显微镜能否用于观察动植物表面?

课堂练习:取一永久装片置于显微镜下,先用低倍镜观察,将被观察物体从上到下、从左到右观察一遍,然后转至高倍镜、油镜观察。

(二)立体显微镜的使用

1. 取镜

打开镜柜,右手握镜臂,左手平托镜座,平稳取出立体显微镜,轻放于实验台上,置于身体的左前方距离桌子边缘约5 cm处,接通电源线,打开电源开关。

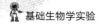

2. 调整瞳距

双手握住目镜筒,向内或向外转动,直到两目镜筒之间的距离与观察者的瞳距一致,此时双目视野重合。

3. 放置样品

将样品放在标本台的中央。如观察的样品为实物标本,同时该标本需要解剖,最好在载物台上放置一载玻片,并用压片夹固定住,使解剖操作过程都在载玻片上进行,可防止在解剖过程中所使用的刀片、解剖针等工具损伤标本台。

4. 调焦

两眼视力不同的观察者在调焦时先只用左眼,通过左侧目镜观察放置在载物台中央的样品,通过调焦旋钮调焦,使左眼成像清晰,成像清晰后不再需要转动调焦旋钮,然后再用右眼通过右侧目镜观察样品,旋转右侧目镜上的视度调节圈(顺时针或逆时针旋转),直到右眼成像清晰。

5. 变倍观察

对好焦后,需要观察的对象和镜头之间处于相对最适位置。同样的样品,我们不需要再调焦,只需要旋动变倍旋钮即可对样品进行变倍观察。

6. 复原

使用完毕后将调光旋钮调至光线强度最低处,关闭电源开关,切断电源,取下样品,用洁净软布轻轻擦净镜体,收回镜柜。

实验思考:立体显微镜所观察的物像与普通光学显微镜所观察的有什么不同?

课堂练习:练习使用立体显微镜观察动植物标本表面的微小结构。

六、实验记录和结果处理

(1)根据观察到的动物或植物细胞装片,绘制出细胞结构图。

(2)普通光学显微镜与立体显微镜在构造和功能上有着明显区别,列表填写出两种显微镜的主要结构部分(表3-1)。

表3-1　两种显微镜的结构比较

序号	普通光学显微镜	立体显微镜
1		
2		
3		

续表

序号	普通光学显微镜	立体显微镜
4		
5		
6		
…		

七、注意事项

(1)显微镜是精密的仪器,注意用正确的方法轻拿轻放,不能抱着,也不能提在手上。

(2)使用普通光学显微镜观察装片时,注意盖玻片朝上,载玻片朝下,不能放反。

(3)观察时,使用物镜应遵循"先低倍、后高倍"的原则。

(4)在高倍镜下不允许转动粗调焦轮,亦不可更换玻片,以免损坏镜头或玻片。

(5)盖玻片上应保持洁净,以免污染高倍镜镜头及油镜镜头。

八、思考题

(1)当你使用普通光学显微镜观察一个细胞时,如何得知其放大了多少倍?

(2)用普通光学显微镜观察一个装片时,观察整体和局部分别需要用低倍镜还是高倍镜? 低倍物镜换高倍物镜前需要将载物台调到最低吗?

(3)如果观察时发现视野中有异物,如何确定异物是在目镜、物镜、载玻片上还是在其他地方? 如何清除?

九、参考文献

[1] 白庆笙,王英永,项辉,等.动物学实验[M].2版.北京:高等教育出版社,2017.

[2] 姚家玲.植物学实验[M].3版.北京:高等教育出版社,2017.

十、推荐阅读

[1] 杨广军.从宏观迈向微观的"使者":显微镜[M].上海:上海科学普及出版社,2014。

[2] 施心路.光学显微镜及生物摄影基础教程[M].北京:科学出版社,2002.

十一、知识拓展

显微镜测量

通过显微镜观察的生物体或组织、细胞等一般都比较小,很难用普通测量工具测量其大小,这时我们就需要用到专门的显微测量工具,下面将介绍两种测量工具及其使用方法。

(一)测微尺

测微尺包括目镜测微尺(简称目尺)和镜台测微尺(简称台尺),两尺需要配合使用。目尺是一块圆形玻片,玻片中央有一刻度尺,分成若干小格。台尺是一个中央刻有一微尺的载玻片,其上封以圆形盖玻片,微尺的长度为1或2 mm,通常分成100或200个小格,每格实际长度为0.01 mm,即10 μm。

测微尺的使用示例:测量血细胞的直径。

1.目尺的刻度没有长度单位,先用台尺核实目尺在所用物镜和目镜下每一格对应的长度:

(1)将物镜转换至"40×",从显微镜上取下目镜,卸下目镜上的透镜,将目尺轻轻地放在目镜光圈板上,再旋上目镜上的透镜。

(2)将台尺放于载物台上,刻度面朝上,用玻片夹固定。双眼通过目镜观察,调焦使台尺的刻度清晰可见。

(3)轻轻移动台尺及慢慢转动目镜,使目尺与台尺最左边的一条线重合,然后由左向右找出两尺的另一条重合线。

(4)记下两条重合线间目尺和台尺的格数,按下列公式,计算出在放大倍数为"10×40"的情况下,目尺每格等于多少微米。

目尺每格的长度=台尺的格数/目尺的格数×10 μm

2.取下台尺,换上血细胞装片,调焦,找到一个血细胞,数出细胞直径上的目尺格数,乘以该放大倍率下目尺每格的长度即为该血细胞的直径,再选择10个血细胞,重复上述步骤,将测得的数值平均后作为血细胞的直径。

如果需要在其他放大倍率下测量,须更换物镜,照上述方法计算出在放大倍数为"10×10"和"10×4"的情况下目尺每格的长度后,再按上述方法测量即可。

(二)游标尺

在载物台和标本推进器上都装有刻度尺,称游标尺,由主标尺和副标尺组成。主标尺一般比较长,刻度较多,每一个小刻度的长度为1 mm。副标尺较短,刻度仅0—10,每一个小刻度的长度为0.1 mm(即100 μm),这也是这种标尺能测的最小长度,因此游标尺适于测量较大的标本,对较小的细胞不太适用。

游标尺的使用示例:测量草履虫的长度。

由于不能直接用刻度尺测量,我们须借助目镜中的指针进行定位。

1.首先取一草履虫装片,安放于载物台上,在低倍镜下观察,调焦至图像清晰,找到一只身体长轴呈水平的草履虫,再将物镜转换为"40×",调焦至图像清晰。

2.转动目镜,将指针调至水平,移动载玻片,使指针指在草履虫头端。此时记录游标尺的刻度,副标尺的零刻度位于主标尺130至140之间,主副标尺重合线位于副标尺的7处,读数应为130.7。

3.移动标本,使指针指在草履虫的尾端,记录此时游标尺的刻度,副标尺的零刻度位于主标尺130至140之间,主副标尺重合线位于副标尺的9处,读数应为130.9。

4.取两次测量之差,即130.9-130.7=0.2,0.2 mm即为该草履虫的长度。

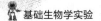

实验二　临时装片的制作

　　你知道怎样利用显微镜观察到真实的细胞吗？为什么不可以直接将观察对象放在显微镜的载物台上观察呢？

　　显微镜是人类探索微观世界不可缺少的工具，极大促进了生命科学的发展，在医学、物理、化学领域的应用也十分广泛。显微镜的种类繁多，最常见的显微镜是光学显微镜。在使用光学显微镜观察物体时，除了学会对光、调焦、安放和移动玻片标本之外，还必须让可见光穿过被观察的物体，才能看清物像。因此，被观察的材料一定要薄而透明。为了做到这一点，需要对材料进行处理，并制作成玻片标本。常用的玻片标本有三种：一是切片，用从生物体材料上切取的薄片制成；二是涂片，用液体状的生物材料涂抹制成；三是装片，用撕下或挑取的少量生物材料制成。以上三种玻片都可以做成能够长期保存的永久玻片或不能长期保存的临时玻片。玻片标本的制作需要载玻片(托载标本的玻璃片)和盖玻片(覆盖标本的玻璃片)。

　　本次实验以制作植物细胞临时装片为例，介绍临时装片的制作方法。

一、实验目的

　　(1)通过制作植物细胞临时装片，能阐明制作临时装片的基本方法与过程。
　　(2)熟练使用显微镜。

二、预习要点

　　制作植物细胞临时装片的操作要点。

三、实验原理

1. 临时装片制作

　　临时装片法是撕取或挑取少量新鲜的植物材料(如单个细胞、薄的表皮或薄切片等)制成临时玻片的方法。用这种方法制成的标本，可以保持材料的生活状态和天然的色彩，一般多在临时观察时使用,也可以根据需要选择适宜的染料染色,制成永久性标本或用某些化学试剂进行组织化学反应。通用制作方法如下:

(1)擦净载玻片和盖玻片,即将浸洗过的玻片用纱布擦干。

用于制作水封片的载玻片和盖玻片除要求无色、平滑、透明度高之外,使用前应用纱布擦拭干净。擦拭时,左手的大拇指和食指夹持盖玻片的边缘,右手大拇指和食指拿吸水纸或纱布上下均匀反复轻轻地擦拭,因盖玻片极薄,擦拭时应十分小心,应先把纱布铺在右手掌上,用左手拇指和食指夹住盖玻片的边缘将其放在纱布上,然后用右手拇指和食指从上下两面隔着纱布轻轻夹住盖玻片。上下使用力量要均匀,慢慢地轻擦,不要用力过猛使之破碎伤手。若载玻片和盖玻片很脏,可用乙醇(酒精)擦拭或用碱水煮片刻,再用清水洗净擦干。载玻片擦好后应注意切勿再触摸上下面,以免沾上指纹和油污。

(2)滴水:将干净载玻片平放于实验桌面上,用胶头滴管吸水,滴一滴在载玻片的中央,用镊子或毛笔挑选小而薄的材料,置于载玻片上的水滴中。水可以保持材料呈新鲜状态,避免材料干缩,同时使物像透光均匀,物像显得更加清晰。

(3)取材:用镊子撕取材料或手持刀片将新鲜的或固定的实验材料切成薄片。注意选取透明切片,不要过大或过多,并立即放入载玻片上的水中或染液中。如为表皮,要将其展平使不重叠。

(4)加盖玻片:右手持镊子,轻轻夹住盖玻片的一边,使盖玻片边缘与材料左边水滴的边缘接触,然后慢慢向下落,放平盖玻片,盖在材料上,这样可使盖玻片下的空气逐渐被水挤掉,以免产生气泡。如果水未充满盖玻片,容易产生气泡,可从盖玻片的一侧再滴入一滴清水或染液,将气泡驱走,也可用镊子轻轻抬起盖玻片赶出气泡,然后再慢慢重新盖上,即可进行观察。如果盖玻片下的水分过多,溢出盖玻片,则材料和盖玻片容易浮动,影响观察,可用吸水纸从盖玻片的侧面将水吸干净。吸水时,尽量避免触碰到盖玻片,否则盖玻片移动会使盖玻片下的材料变形,影响观察。

2. 染色原理

染料化合物有颜色和有亲和力都是由其分子结构决定的,主要与两种特殊的基团有关,即产生颜色的发色团与组织有亲和力的助色团。生物组织细胞被染上不同的颜色,是物理和化学综合作用的结果。

(1)物理作用。

吸收作用。某些组织能被染色主要是由于吸收作用所致。组织染色颜色与染料溶液颜色一致。如组织在品红溶液中染色,品红溶液为红色,组织染色后也为红色。

吸附作用。组织的染色也可能是由于组织中蛋白质或胶体颗粒对染料溶液中离子的选择性吸附。因为不同的组织和细胞具有不同的吸附表面,所以吸附的离子不同,从而被染上不同的颜色。

沉淀作用。染料可借助吸收与扩散作用进入细胞,并因细胞内含酸类、碱类或其他化学物质而发生沉淀,一旦沉淀就不易被简单的溶剂提取出来。虽然有的沉淀作用可能是化学作用,但一般不认为在染料与组织之间有真正的化学反应。

(2)化学作用。

化学作用学说认为组织或细胞中不同的染色是由于染料引起的化学反应不同。在细胞组成中,各部分的酸碱性不同,从而导致它们与染料的结合性不同。如细胞质呈碱性,易与酸性染料发生亲和而结合;而染色质呈酸性,易与碱性染料发生亲和而结合。某些类型的细胞,具有特殊的性质,如红细胞能与中性染料产生亲和力而结合。因此,染色强弱与细胞组成及染料的性质密切相关,两者之间亲和力强,染色深,亲和力弱则染色弱。生物组织染色的机制十分复杂,目前任何一种学说都无法解释所有的现象,染色可能是化学和物理共同作用的结果。

在本实验中,主要运用碘液进行染色。碘液指含有碘化钾的碘溶液,是一种黄色有轻微刺激性气味的液体,因为遇到强光会分解,所以经常装在深棕色瓶子里保存。碘液可以将蛋白质染成棕黄色,由于细胞核里有染色体(质),染色体(质)含有非常多的蛋白质,所以细胞核被染成棕黄色。细胞质里蛋白质分布不如细胞核集中,所以细胞质被染成浅黄色。

四、实验器材

洋葱鳞片叶、番茄、清水、碘液。普通光学显微镜、小刀片、镊子、解剖针(或牙签)、滴管、纱布、吸水纸、载玻片、盖玻片。

五、实验步骤

(一)洋葱内表皮细胞临时装片的制作

(1)清洁玻片。用洁净的纱布将载玻片和盖玻片擦拭干净。

(2)将载玻片放在实验台上,用滴管在载玻片中央滴一滴清水。

(3)用小刀片在洋葱鳞片叶内侧划"井"字(大约 0.5 cm²),随后用镊子从洋葱鳞片叶内侧撕取一小块透明薄膜——内表皮。把撕下的内表皮浸入载玻片上的水滴中,用镊子将它展平。

(4)用镊子夹起盖玻片,使它的一边先接触载玻片上的水滴,然后缓缓放下,盖在要观察的洋葱内表皮上,避免盖玻片下出现气泡。

(5)把一滴碘液滴在盖玻片的一侧。

(6)用吸水纸从盖玻片的另一侧吸引,使碘液浸润标本的全部。

(7)将制成的临时装片放在显微镜下观察,若能看到清晰的图像(图3-3),则临时装片制作成功。

实验思考:

1.为什么使用洋葱鳞片叶内表皮细胞制作成临时装片来观察?

2.使用碘液处理洋葱鳞片叶内表皮细胞的目的是什么?

课堂练习:练习制作洋葱内表皮细胞临时装片。

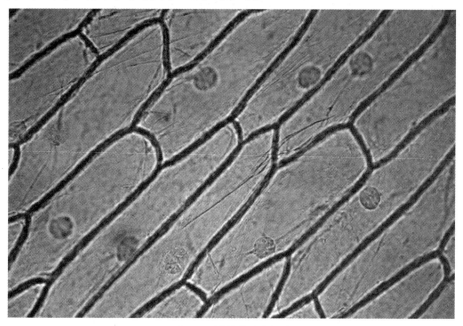

图3-3　洋葱内表皮细胞

(二)番茄果肉细胞临时装片的制作

(1)清洁玻片。用洁净的纱布将载玻片和盖玻片擦拭干净。

(2)将载玻片放在实验台上,用滴管在载玻片中央滴一滴清水。

(3)用解剖针挑取少许的番茄果肉,把挑取的果肉均匀涂抹在载玻片上的水滴中并使其散开。

(4)用镊子夹起盖玻片,使它的一边先接触载玻片上的水滴,然后缓缓放下,盖在要观察的番茄果肉上,避免盖玻片下出现气泡。

(5)把一滴碘液滴在盖玻片的一侧。

(6)用吸水纸从盖玻片的另一侧吸引,使碘液浸润标本的全部。

(7)将制成的临时装片放在显微镜下观察,若能看到清晰的图像(图3-4),则临时装片制作成功。

实验思考:番茄果肉细胞临时装片可否不染色直接进行观察?

课堂练习:练习制作番茄果肉临时装片。

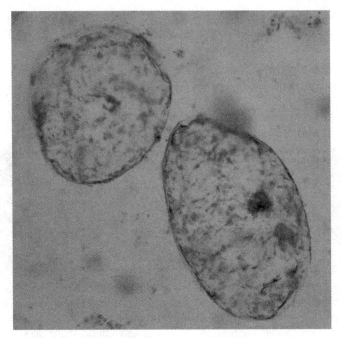

图3-4　番茄果肉细胞

六、实验记录和结果处理

根据观察的植物细胞临时装片,绘制出植物细胞结构图。

七、注意事项

(1)载玻片和盖玻片是玻璃制品,盖玻片很薄,容易破碎,在实验过程中要小心谨慎,避免划伤。

(2)使用普通光学显微镜观察装片时,注意盖玻片朝上,载玻片朝下,不能放反。

八、思考题

(1)当实验材料不一样时,是否还采用以上一样的实验步骤?

(2)制作好的临时装片放到显微镜下观察,但是什么也没有看到,其原因可能是什么?

(3)照明充分的情况下,在显微镜视野内可看清洋葱内表皮细胞的细胞壁和细胞核,但是看不清液泡,怎么做才能显示出细胞质与液泡的界线?

九、参考文献

[1] 人民教育出版社,课程教材研究所,生物课程教材研究开发中心.义务教育教科书教师教学用书·生物学:七年级(上册)[M].北京:人民教育出版社,2012.

[2] 周波,王德良.基础生物学实验教程[M].北京:中国林业出版社,2016.

[3] 王幼芳,李宏庆,马炜梁.植物学实验指导[M].2版.北京:高等教育出版社,2014.

[4] 吕林兰,董学兴.生物制片技术应用[M].北京:化学工业出版社,2017.

十、推荐阅读

[1] 刘光尧,王慧."制作观察植物细胞临时装片"的实验优化[J].中学生物学,2021,37(9):45-46.

[2] 刘海霞.基于问题解决的实验方法改进——以"制作临时玻片"实验为例[J].实验教学与仪器,2021,38(11):34-35.

实验三　培养基的制备、灭菌与接种

　　培养基是人工配制的适合微生物生长繁殖或积累代谢产物的营养基质,用以培养、分离、鉴定、保存各种微生物或积累代谢产物。在自然界中,微生物种类繁多,营养类型多样,加之实验和研究的目的不同,所以培养基的种类很多。但是,不同种类的培养基中,一般应含有水分、碳源、氮源、无机盐和生长因子等。不同微生物对 pH 要求不一样,霉菌和酵母的培养基一般是偏酸性的,而细菌和放线菌培养基一般为中性或微碱性的(嗜碱细菌和嗜酸细菌例外)。所以配制培养基时,都要根据不同微生物的要求将培养基的 pH 调到合适的范围。

　　此外,由于配制培养基的各类营养物质和容器等含有各种微生物,因此,已配制好的培养基必须立即灭菌,如果来不及灭菌,应暂存冰箱内,以防止其中的微生物生长繁殖而消耗养分和改变培养基的酸碱度。根据微生物种类和实验目的不同,培养基又可以分成不同的类型。例如:按成分不同,可将培养基分成天然培养基、合成培养基和半合成培养基;按培养基的物理性质不同,可分成固体培养基、半固体培养基和液体培养基;按其用途不同,可分成基础培养基、鉴别培养基和选择培养基。

　　灭菌(sterilization)在微生物领域具有重要意义。灭菌是指杀灭一切微生物的营养体,包括芽孢和孢子。在微生物实验中需要进行纯培养,不能有任何杂菌污染,因此对所用器材、培养基和工作场所都要进行严格的消毒和灭菌。灭菌不仅是从事微生物学研究甚至整个生命科学研究必不可少的重要环节和实用技术,而且在医疗卫生、环境保护、生物制品等各方面均具有重要的应用价值。应根据不同的使用要求和条件,选用合适的消毒灭菌的方法。本部分实验主要介绍两种常用的方法,包括干热灭菌法、高压蒸汽灭菌法。

　　接种是指按无菌操作技术要求将目的微生物移接到培养基质中的过程,是微生物技术中最基本的操作之一,接种技术在微生物的分离纯化、生理生化等实验中都非常重要。由于接种的目的不同,所采用的接种方式也不同,接种可分成斜面接种、穿刺接种和三点接种等。选择正确的接种方法,对于微生物的分离、纯化、增殖和鉴别都有重要作用。因接种方法的不同,常常采用不同的接种工具,如接种环、接种针、移液管和涂布棒等。

一、实验目的

（1）概述培养基配制的原理和一般方法步骤。

（2）说出干热灭菌、高压蒸汽灭菌的操作技术。

（3）阐明培养基的接种方法。

二、预习要点

（1）牛肉膏蛋白胨培养基的配方。

（2）培养基灭菌的操作要点。

（3）培养基的接种步骤。

三、实验原理

（一）培养基的制备

本实验通过配制适用于一般细菌、放线菌和真菌的三种培养基来帮助了解和掌握配制培养基的基本原理和方法。培养细菌一般用牛肉膏蛋白胨培养基，这是一种应用十分广泛的天然培养基，其中的牛肉膏为微生物提供碳源、磷酸盐和维生素，蛋白胨主要提供氮源和维生素，而 NaCl 提供无机盐。高氏 1 号培养基是用来培养和观察放线菌形态特征的合成培养基。如果加入适量的抗菌药物（如各种抗生素、酚等），则可用来分离各种放线菌。此合成培养基的主要特点是含有多种化学成分已知的无机盐，这些无机盐可能相互作用而产生沉淀。如高氏 1 号培养基中的磷酸盐和镁盐相互混合时易产生沉淀，因此，在混合培养基成分时，一般是按配方的顺序依次溶解各成分，甚至有时还需要将 2 种或多种成分分别灭菌，使用时再按比例混合。此外，合成培养基有的还要补加微量元素，如高氏 1 号培养基中的 $FeSO_4 \cdot 7H_2O$ 的用量只有 0.001%，因此在配制培养基时需要预先配成高浓度的 $FeSO_2 \cdot 7H_2O$ 贮备液，然后再按需加入一定的量到培养基中。马丁氏培养基是一种用来分离真菌的选择性培养基。此培养基是由葡萄糖、蛋白胨、KH_2PO_4、$MgSO_4 \cdot 7H_2O$、孟加拉红（玫瑰红，Rose Bengal）和链霉素等组成。其中葡萄糖主要作为碳源，蛋白胨主要作为氮源，KH_2PO_4、$MgSO_4 \cdot 7H_2O$ 作为无机盐，为微生物提供钾、镁离子。这种培养基的特点是培养基中加入的孟加拉红和链霉素能有效抑制细菌和放线菌的生长，而对真菌无抑制作用，因而真菌在这种培养基上可以得到优势生长，从而达到分离真菌的目的。

培养基配好后，用稀酸或稀碱将其 pH 调至所需酸碱度或自然 pH。在配制固体培养基时还要加入一定量琼脂作凝固剂。

(二)干热灭菌

干热灭菌是利用高温使微生物细胞内的蛋白质凝固变性而达到灭菌的目的。细胞内的蛋白质凝固性与其本身的含水量有关,在菌体受热时,环境和细胞内含水量越大,则蛋白质凝固就越快,反之,含水量越小,凝固越慢。因此,与湿热灭菌相比,干热灭菌所需温度高(160—170 ℃),时间长(1—2 h)。但干热灭菌温度不能超过180 ℃,否则,包器皿的纸或棉塞就会烧焦,甚至引起燃烧。干热灭菌使用的电热干燥箱的结构如图3-5所示。

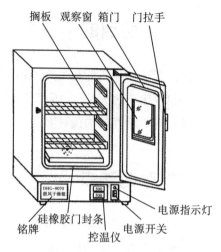

图3-5 电热干燥箱的外观和结构

(三)高压蒸汽灭菌

高压蒸汽灭菌是将待灭菌的物品放在一个密闭的加压灭菌锅内,通过加热,使灭菌锅隔套间的水沸腾而产生蒸汽。水蒸气急剧地将锅内的冷空气从排气阀中驱尽,然后关闭排气阀,继续加热,此时,由于蒸汽不能溢出,提高了灭菌锅内的压强,从而使沸点升高,得到高于100 ℃的温度。在高温下,菌体蛋白质凝固变性而达到灭菌的目的。经研究表明,在同一温度下,湿热的杀菌效力比干热高。

在使用高压蒸汽灭菌锅灭菌时,灭菌锅内冷空气的排除是否完全极为重要,因为空气的膨胀压大于水蒸气的膨胀压,所以,当水蒸气中含有空气时,在同一压强下,含空气蒸汽的温度低于饱和蒸汽的温度。一般培养基用0.1 MPa(相当于15 lb/in^{2}或1.05 kg/cm^2),121 ℃,15—30 min可达到彻底灭菌的目的。灭菌的温度及维持的时间随灭菌物品的性质和容量等具体情况而有所改变。

实验中常用的高压蒸汽灭菌锅为手提式灭菌锅(如图3-6所示)。本实验以手提式灭菌锅为例,介绍其使用方法。

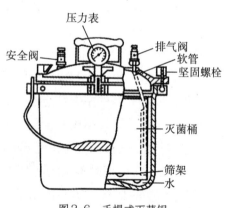

图3-6 手提式灭菌锅

(四)接种

在接种过程中,必须进行严格的无菌操作。无菌操作一般是在无菌室或接种箱内进行,并靠近煤气灯(或酒精灯,一般用酒精喷灯)的火焰操作。有条件的可在超净工作台上操作。

四、实验器材

大肠杆菌、牛肉膏、蛋白胨、NaCl、水、1 mol/L NaOH、1 mol/L HCl、琼脂。电子天平、烧杯、玻璃棒、酒精灯、称量纸、石棉网、锥形瓶、试管、手提式灭菌锅、接种环、培养皿、记号笔、牛皮纸、麻绳、纱布、棉花、pH计等。

五、实验步骤

(一)培养基的配置

牛肉膏蛋白胨培养基配方(见表3-2):

表3-2 牛肉膏蛋白胨培养基配方表

材料	用量
牛肉膏	3.0 g
蛋白胨	10.0 g
NaCl	5.0 g
水	1 000 mL
NaOH	适量
HCl	适量

(1)称量:按培养基配方比例依次准确地称取牛肉膏、蛋白胨、NaCl放入烧杯中。牛肉膏常用玻璃棒挑取,放在小烧杯或表面皿中称量,用热水溶化后倒入烧杯。也可放在称量纸上,称量后直接放入水中,这时如稍微加热,牛肉膏便会与称量纸分离,然后立即取出纸片。

注意:蛋白胨很易吸湿,在称取时动作要迅速。另外,称药品时严防药品混杂,一把牛角匙只用于一种药品,或称取一种药品后,洗净、擦干,再称取另一种药品。瓶盖也不要盖错。

(2)熔化:在上述烧杯中先加入少于所需要的水量,用玻璃棒搅匀,然后在石棉网上加热使其溶解。药品完全溶解后,补充水到所需的总体积,如果配制固体培养基,将称好的琼脂放入已溶的药品中,再加热熔化,最后补足所损失的水分。在制备用锥形瓶盛的固体培养基时,一般也可先将一定量的液体培养基分装于锥形瓶中,然后按1.5%—2.0%的量将琼脂直接分别加入各三角烧瓶中,不必加热熔化,而是灭菌和加热熔化同步进行,节省时间。

注意:在琼脂熔化过程中,应控制火力,以免培养基因沸腾而溢出容器,同时,需不断搅拌,以防琼脂糊底烧焦。配制培养基时,不可用铜锅或铁锅加热熔化,以免铜、铁离子进入培养基中,影响细菌生长。

（3）调pH：在未调pH前，先用pH计测量培养基的原始pH，如果偏酸，用滴管向培养基中逐滴加入1 mol/L NaOH，边加边搅拌，并随时用pH计测其pH，直至pH达到7.4—7.6。反之，用1 mol/L HCl进行调节。

对于有些要求pH较精确的微生物，其pH的调节可用酸度计进行（使用方法可参考有关说明书）。

注意：pH不要调过头，以避免回调而影响培养基内各离子的浓度。配制pH低的琼脂培养基时，若预先调好pH并在高压蒸汽下灭菌，则琼脂因水解不能凝固。因此，应将培养基的其他成分和琼脂分开灭菌后再混合，或在中性pH条件下灭菌，再调节pH。

（4）过滤：趁热用滤纸或多层纱布过滤，以利于某些实验结果的观察。一般无特殊要求的情况下，这一步可以省去（本实验不用过滤）。

（5）分装：按实验要求，可将配制的培养基分别装入试管内或锥形瓶内。

①液体分装：分装高度以试管高度的1/4左右为宜。分装至锥形瓶的量则根据需要而定，一般以不超过锥形瓶容积的1/2为宜，如果是用于振荡培养，则根据通气量的要求酌情减少；有的液体培养基在灭菌后，需要补加一定量的其他无菌成分，如抗生素等，则分装的液体的量一定要准确。

②固体分装：分装至试管，其装量不超过管高的1/5，灭菌后制成斜面。分装至锥形瓶的量以不超过锥形瓶容积的1/2为宜。

③半固体分装：一般以试管高度的1/3为宜，灭菌后垂直待凝。

注意：分装过程中，不要使培养基沾在管（瓶）口上，以免引起污染。

（6）加塞：培养基分装完毕后，在试管口或锥形瓶口塞上棉塞（或泡沫塑料塞及试管帽等），以阻止外界微生物进入培养基内而造成污染。

（7）包扎：加塞后，将全部试管用麻绳捆好，再在棉塞外包一层牛皮纸，以防止灭菌时冷凝水润湿棉塞，其外再用一道麻绳扎好。用记号笔注明培养基名称、组别、配制日期。锥形瓶加塞后，外包牛皮纸，用麻绳以活结形式扎好，使用时容易解开，同样用记号笔注明培养基名称、组别、配制日期（有条件的实验室，可用市售的铝箔代替牛皮纸，省去用绳扎，而且效果好）。

（8）灭菌：将上述培养基以0.1 MPa，121 ℃，20 min高压蒸汽灭菌。

（9）搁置斜面：将灭菌的试管培养基冷却至50 ℃左右（以防斜面上冷凝水太多），将试管搁在玻璃棒或其他高度合适的器具上，搁置的斜面长度以不超过试管总长的一半为宜。

（10）无菌检查：将灭菌培养基放入37 ℃的温室中培养24—48 h，以检查灭菌是否彻底。

实验思考：在配制培养基的过程中应该注意什么问题？

课堂练习：练习配制牛肉膏蛋白胨培养基。

(二)灭菌

1. 干热灭菌

干热灭菌有火焰灼烧灭菌和热空气灭菌两种。火焰灼烧灭菌适用于接种环、接种针和金属用具如镊子等,无菌操作时的试管口和瓶口也在火焰上作短暂灼烧灭菌。涂布平板用的玻璃棒也可在蘸有乙醇后进行灼烧灭菌。通常所说的干热灭菌是在电热干燥箱内利用高温干燥空气(160—170 ℃)进行灭菌,此法适用于玻璃器皿如吸管和培养皿等的灭菌。培养基、橡胶制品、塑料制品不能采用干热灭菌方法。

(1)装入待灭菌物品:将包好的待灭菌物品(培养皿、试管、吸管等)放入电热干燥箱内,关好箱门。

注意:物品不要摆得太挤,以免妨碍空气流通,灭菌物品不要接触电热干燥箱内壁的铁板,以防包装纸烤焦起火。

(2)温度设置:接通电源,按下设置按钮或开关,通过调节按钮将温度设置为160—170 ℃,再将测量按钮按下或将开关拨到测量位置,这时温度显示数字逐渐上升,表明开始加温。

(3)恒温:当温度升到160—170 ℃时,借恒温调节器的自动控制,保持此温度2 h。

注意:干热灭菌过程中,严防恒温调节器的自动控制失灵而造成安全事故。电热干燥箱具有可以观察的窗口,灭菌过程中玻璃温度较高,注意避免烫伤。

(4)降温:切断电源,自然降温。

(5)开箱取物:待电热干燥箱内温度降到70 ℃以下后,打开箱门,取出灭菌物品。

注意:电热干燥箱内温度未降到70 ℃以前,切勿自行打开箱门,以免骤然降温导致玻璃器皿炸裂。

2. 高压蒸汽灭菌

高压蒸汽灭菌法是将物品放在密闭的高压蒸汽灭菌锅内0.1 MPa,121 ℃保持15—30 min进行灭菌。时间的长短可根据灭菌物品种类和数量的不同而有所变化,以实现彻底灭菌为准。这种灭菌适用于培养基、工作服、橡胶物品等的灭菌,也可用于玻璃器皿的灭菌。

(1)首先将内层锅取出,再向外层锅内加入适量的水,使水面与三角搁架相平为宜。

注意:切勿忘记加水,同时加水量不可过少,以防灭菌锅烧干而引起炸裂事故。

(2)放回内层锅,并装入待灭菌物品。注意不要装得太挤,以免妨碍蒸汽流通而影响灭菌效果。锥形瓶与试管口端均不要与桶壁接触,以免冷凝水淋湿包口的纸而透入棉塞。

(3)加盖,并将盖上的排气软管插入内层锅的排气槽内。再以两两对称的方式同时旋紧相对的两个螺栓,使螺栓松紧一致,防止漏气。

(4)用电炉或煤气炉加热,并同时打开排气阀,使水沸腾以排除锅内的冷空气。待冷空气完全排尽后,关上排气阀,让锅内的温度随蒸汽压强增加而逐渐上升。当锅内压强升到所需压强时,控制热源,维持压强至所需时间。本实验用0.1 MPa,121 ℃,20 min灭菌。

注意:灭菌的主要影响因素是温度而不是压强,因此锅内冷空气必须完全排尽后,才能关上排气阀,维持所需压强。

(5)灭菌所需时间到后,切断电源或关闭煤气,让灭菌锅内温度自然下降,当压力表的读数降至"0"时,打开排气阀,旋松螺栓,打开盖子,取出灭菌物品。

注意:一定要压力降到"0"时,才能打开排气阀,开盖取物。否则就会因锅内压力突然下降,使容器内的培养基由于内外压力不平衡而冲出烧瓶口或试管口,造成棉塞沾染培养基而发生污染,甚至烫伤操作者。

(6)将取出的灭菌培养基放入37 ℃温箱培养24 h,经检查若无杂菌生长,即待用。

实验思考:高压蒸汽灭菌开始前,为什么要将锅内冷空气排尽?

课堂练习:练习对培养基进行灭菌处理。

(三)接种

1. 斜面接种

(1)在牛肉膏蛋白胨斜面试管上,用记号笔写上将接种的菌名、日期和接种者。

(2)点燃酒精灯或煤气灯。

(3)将菌种试管和待接种的斜面试管,用大拇指和食指、中指、无名指握在左手中,并将中指夹在两试管之间,使斜面向上,呈水平状态。在火焰边用右手松动试管塞,以利于接种时拔出。

(4)右手拿接种环通过火焰烧灼灭菌,在火焰边用右手的手掌边缘和小指,小指和无名指分别夹持棉塞(或试管帽),将其取出,并迅速烧灼管口。

(5)将灭菌的接种环伸入菌种试管内,先将环接触试管内壁或未长菌的培养基,达到冷却的目的,然后再挑取少许菌苔。将接种环退出菌种试管,迅速伸入待接种的斜面试管,用环在斜面上自试管底部向上端轻轻地划直线,勿将培养基划破,也不要使环接触管壁或管口。

(6)接种环退出斜面试管,再用火焰烧管口,并在火焰边将试管塞塞上。将接种环逐渐接近火焰,再烧灼。如果接种环上沾的菌体较多,应先将环在火焰边烤干,然后烧灼,以免未烧死的菌种飞溅出污染环境,接种病原菌时更要注意此点。

2. 液体培养基接种

液体培养基接种是用接种环、移液器或吸管等工具,将菌体或菌液移至试管、三角瓶等容器的液体培养基中的一种接种方法。其操作与前面斜面接种基本相同,但应注意:液体培养基试管管口或三角瓶瓶口略向上以免培养液流出;加入菌体时,应使接种环在管内壁轻轻研磨,使菌体擦下,塞好棉塞后,将试管在手掌心中轻轻敲打或轻轻摇晃三角瓶,使菌体混合均匀。

六、实验记录和结果处理

(1)检查培养基高压蒸汽灭菌是否彻底。

(2)根据培养结果,观察接种是否成功。

七、注意事项

(1)干热灭菌时,电热干燥箱观察窗的玻璃温度很高,避免直接接触导致烫伤。

(2)高压蒸汽灭菌时避免被蒸汽烫伤,在气压表指针降到"0"时方可打开灭菌锅,以免被溅出的高温液体烫伤。

八、思考题

(1)有人认为自然环境中微生物是生长在营养物质不成特定比例的环境中,为什么在配制培养基时要注意各种营养成分的比例?

(2)在使用高压蒸汽灭菌锅灭菌时,怎样杜绝一切可能导致灭菌不安全的因素?

九、参考文献

[1] 沈萍,陈向东.微生物学实验[M].4版.北京:高等教育出版社,2007.

[2] 周德庆.微生物学教程[M].2版.北京:高等教育出版社,2002.

十、推荐阅读

[1] 余佳珍,郑小玲,王征南,等.食品微生物检验常用培养基储存期的研究及探讨[J].食品安全导刊,2022(25):40-43.

[2] 王金棒,邱纪青,汪志波,等.烟草源培养基在产品制备领域的研究进展[J].现代化工,2022,42(6):30-34.

实验四　植物检索表的使用和编制

　　用什么办法能够帮助我们迅速地鉴定花卉、外来入侵植物等的植物种类呢？最快捷的方法就是查阅植物检索表。该方法使得鉴定植物的过程变得更加容易起来，是识别和鉴定植物的常用工具，也是打开植物世界大门的"钥匙"。植物检索表源于1778年，为法国著名博物学家、生物学家拉马克(J. B. Lamarck, 1744—1829)在其著作《法国植物志》中所提出，书中根据性状比较，第一次提出物种间差异的二歧分类原则，循序渐进地对物种进行排列，组成检索工具。历史上经不断改进，主要有定距式(级次式)、平行式和连续平行式三种形式的检索表。检索表按照所含的范围和内容，有门、纲、目、科、属、种等分类单位。其中主要为分科、分属、分种三种检索表。例如，我们可以首先把植物分成木本和草本两大类，然后再根据叶的类型、雄蕊的特点或子房的位置等，依次把植物分成若干互不相同的二歧分支，如此反复编制下去，直到把所有植物都归入不同的分类等级中。此外，《中国植物志》、地方或地区植物志或专科专属的专著的陆续出版，为我们的鉴定检索工作提供了参考便利。本次实验将重点介绍植物检索表的使用与编制。

一、实验目的

(1)了解植物检索表的类型和用途，培养科学思维和科学的态度。
(2)学习使用和编制植物检索表的基本方法，提高探究科学的意识。

二、预习要点

(1)植物检索表的类型和主要原理。
(2)植物检索表编制前的关键性状的分类整理。

三、实验原理

　　植物分类检索表是植物分类学著作的重要组成部分，一般而言，置于各类群描述之前，是以区分植物类群为目的而编制的，既有分科检索表，也有分属、分种检索表。物种越少、区域范围越小，越容易鉴定，故而在鉴定某种植物时，应尽量利用当地植物志或地区性植物志检索表。植物检索的大致过程如下:在一堆植物中,首先对根、茎、叶、花、果实和种子的各种特点进行详细的描述和绘图,在深入了解各种植物的特征之后,再按照各种特征的异同来进行汇总辨异,最后找出相互有差异和相互显著对立的主要特征,依主要、次要特征进行排列检索。植物检索表依照不同的格式通常分为三种:定距式检索表、平行检索表和连续平行检索表。

(一)定距式检索表

在这种检索表中,相对立的特征编为同样的号码,在书页左边同样距离处开始描写。并采用渐次内缩的排列方法,即每一对相对特征均比上一对相对的特征内缩一格,如此将一对对相对特征依次编排下去,直至排列到出现科、属、种等各分类等级的名称为止。例如:高等植物分门检索表(定距式):

1.植物体无花、无种子,以孢子繁殖。

  2.植物体有茎、叶分化或为扁平的叶状体,无真根和维管束 ……………… 苔藓植物门

  2.植物体既有茎、叶分化,也有真根和维管束 ……………………………… 蕨类植物门

1.植物体有花,以种子繁殖。

  3.胚珠裸露,不包于子房内 ………………………………………………… 裸子植物门

  3.胚珠包于子房内 …………………………………………………………… 被子植物门

定距式检索表是最常用的一种,它通常将特征写在左边一定的距离处,前有号码1,2,…与之相对立的特征写在后面,逐级向右收缩,使用上较为方便,每组对应性状一目了然,便于查找核对。虽然这种检索表查找起来较为方便,但如果编排的特征内容,即所涉及的类群较多,会使检索表的文字向右过多偏斜,而浪费较多的篇幅,同时还会出现两个对应特征的项目相距较远的不足。

(二)平行式检索表

平行式检索表将不同类群的植物,或不同分类阶层如科、属、种的每一对相对应的特征,给予同一号码,相邻编排在一起,两两平行,每一自然段均顶格,故称为平行式检索表。在每段特征描述之末,标有继续查找的指示数字,引导读者查阅另一对相应的特征,以此继续下去,直到查到与特征相符的某一类群的名称(科、属、种等各分类阶层的名称)为止。以高等植物分门为例:

1.植物体无花、无种子,以孢子繁殖 …………………………………………………… 2

1.植物体有花,以种子繁殖 ……………………………………………………………… 3

2.植物体有茎、叶分化或为扁平的叶状体,无真根和维管束 ……………… 苔藓植物门

2.植物体既有茎、叶分化,也有真根和维管束 ……………………………… 蕨类植物门

3.胚珠裸露,不包于子房内 ………………………………………………… 裸子植物门

3.胚珠包于子房内 …………………………………………………………… 被子植物门

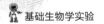

平行式检索表,由于各项特征均排列在书页左边的同一直线上,既美观、整齐又节省篇幅,但不足的是没有定距式检索表那样醒目易查。

(三)连续平行式检索表

这种检索表吸取了定距式检索表和平行式检索表的优点,与上述两者不同的是,每个相应的特征之前均有两个不同的号码,如所解剖观察的特征与第一号码相同,则按号码顺序依次往下查,如与观察的特征相悖,就根据第2个号码所提供的数字查找下面标有同一号码的(指与下面第一号码相同的)特征描述,并与其相对照,如此继续,直到查到与特征相符的某一类群的名称。例如:将一堆相互区别的特征用两个不同的项号表示,如2(5)与5(2),3(4)与4(3),若符合2,就向下查3,如不合符2,就查询相对比的项号5,如此类推,直至查明分类等级。

1(6)植物体无根、茎、叶的分化,无胚胎。

2(5)植物体不为藻类和菌类所组成的共生体。

3(4)植物体有叶绿素或其他光合色素,为自养生活方式 ······················ 藻类植物

4(3)植物体有叶绿素或其他光合色素,为异养生活方式 ······················ 菌类植物

5(2)植物体为藻类和菌类所组成的共生体 ······························· 地衣植物

6(1)植物体有根、茎、叶的分化,有胚胎。

7(8)植物体有茎、叶,而无真根 ····································· 苔藓植物

8(7)植物体有茎、叶、真根。

9(10)不产生种子,用孢子繁殖 ···································· 蕨类植物

10(9)产生种子 ··· 种子植物

连续平行式检索表由于每个特征描述前均有两个不同的号码,便于对照,使用较为方便,同时每一自然段均顶格,并在书页左边排成一纵向直线,显得整齐也节约篇幅,因而现在被广泛采用。《中国植物志》的某些分册也采用这种检索表。但对于初学编制检索表的人而言,不易掌握,较费时。

四、实验器材

当地植物工具书附的检索表或《中国高等植物科属检索表》、解剖针、解剖刀、刀片、立体显微镜、擦镜纸、直尺、目标植物材料。

五、实验步骤

(一)检索表的使用

进行检索前,应有必要的植物分类学知识,包括形态学、解剖学知识,才能理解植物鉴

别特征的含义,能对照相应标本或活体的部位;其次要求标本或者活体尽量有足够数量的花或果实,可以现场解剖观察性状;最后准备一个10倍以上的放大镜或者立体显微镜,进行解剖观察,明确性状。

运用检索表鉴定校园常见的3—5种植物,掌握使用检索表的基本方法。在使用植物检索表时,首先要能用科学规范的形态术语对待鉴定植物的形态特征进行准确的描述,然后根据待鉴定植物的特点,对照检索表中所列的特征,一项一项逐次检索。首先鉴定出该种植物所属的科,再用该科的分属检索表查出其所属的属,最后利用该属的分种检索表检索确定其为哪一种植物。为了证明鉴定结果的准确性,还应该辅以照片等信息资料进行核对。

现举例说明如下:某种植物体有花,以种子繁殖,胚珠包于子房内,根据这些特征,利用检索表从头按次序逐项往下查询,根据上述特征,其应为被子植物门的某植物。

实验思考:检索表为什么用二歧分类原理?

课堂练习:运用本地植物工具书或相关志书检索2—3种植物。

(二)植物检索表的编制

在学会使用检索表后,根据相关教材中有关检索表的介绍,参看其他常用的工具书,了解植物检索表的常见类型和式样。从实验指导教师处取8种植物材料,编制一个用以区分这8种植物的检索表。在编制检索表以前,可用列表的方式进行性状的二歧分类(见表3-3),对这8种植物的主要形态特征作一个比较,然后根据比较结果,确定各级检索性状,编制检索表。在编制过程中要注意:

(1)标本或活体植物要求完整,认真仔细观察物种并描述,找出物种间两两性状的突出区别,再予以编制检索表。最好选择那些性状本身比较稳定,不同类群之间又有明显间断的性状作为检索性状,避免使用诸如叶的大小这类不很稳定,属于数量差异的性状。尽量选择通过手持放大镜或肉眼可见的性状。

(2)在检索表中只能有两类主要形态性状相对应,不能有三种或更多种并列。

(3)对形态性状进行描述时,要把繁殖器官名称放在前面,把表示性状状态的形容词或数字放在器官名称的后面。比如,花白色,而不是白花。描写雄蕊的数目要写成雄蕊5,而不是5个雄蕊。要尽可能正确使用专业术语。

实验思考:植物检索表为什么用明显间断的性状?

课堂练习:记录8种植物的重要性状及编制植物检索表。

六、实验记录和结果处理

(一)选取记录关键的区分性状

从实验指导教师处取8种植物材料,筛选记录物种之间的二歧性状,如花、果、叶部位的具体区别性状。

表3-3 植物性状分类表

植物种名	性状1:如叶型（能够进行二歧分类的性状）	性状2:如花序类型	性状3:如花对称类型	性状4:如子房上位或下位	性状5:如雄蕊数目	性状6:关键性状列举1（能够进行二歧分类的性状）	性状7:关键性状列举2
物种1							
物种2							
物种3							
物种4							
物种5							
物种6							
物种7							
物种8							

（二）根据关键性状编制检索表

根据二歧性状差异，依次类推，完成定距式检索表的编制。

七、实验注意事项

（1）待鉴定植物要尽可能完整，不仅要有茎、叶部分，最好还有花和果实，特别是花的特征对准确鉴定尤其重要。

（2）在鉴定时，要根据看到的特征，从头按次序逐项检索，不能跳过某一项而去查另一项，并且在确定待查标本属于某个特征两个对应状态中的哪一类时，最好把两个对应形态状态的描述都检查一遍，然后再根据待查标本的特点，确定属于哪一类，以免发生错误。

八、思考题

（1）比较三种检索表在使用中的优缺点，并尝试制作5—8种植物的三种类型的检索表。

（2）在野外找到一种植物，如何通过当地的植物检索表，逐级鉴定到科、属、种？

九、参考文献

[1]中国科学院，林业土壤研究所植物院.东北植物检索表[M].北京:科学出版社，1959.

［2］中国科学院青藏高原综合科学考察队.横断山区维管植物:下册［M］.北京:科学出版社,1994.

［3］王文采.武陵山地区维管植物检索表［M］.北京:科学出版社,1995.

［4］吴玉虎,李忠虎.喀喇昆仑山-昆仑山地区植物检索表［M］.西宁:青海民族出版社,2014.

［5］赵一之,赵利清.内蒙古维管植物检索表［M］.北京:科学出版社,2014.

［6］耿以礼,耿伯介.中国种子植物分科检索表［M］.上海:中国科学图书仪器公司,1951.

［7］耿以礼.中国主要禾本植物属种检索表［M］.北京:科学出版社,1957.

［8］中国科学院植物研究所.中国高等植物科属检索表［M］.北京:科学出版社,1979.

十、推荐阅读

［1］尹祖棠,刘全儒.种子植物实验及实习［M］.3版.北京:北京师范大学出版社,2009.

十一、知识拓展

怎样看标本——给初学者的一点小建议

我不在大学教书,对现在我国大学的生物系是怎么教植物分类学这门课的情况不太清楚。但从与一些研究生的谈话中了解到,这门课在大学里完全被边缘化了。大学里的老师开这门课,主要是讲一些代表科、属的特征,然后是野外实习,让学生采一些植物,查检索表,将植物鉴定出来。这当然也不错。不过这样做的结果,是给学生留下了一种强烈印象,让他们以为研究植物分类学就是采一些标本来查检索表,鉴定学名,认认植物,非常好玩。就我所知,这种情况带来的后果是严重的。拿一张标本去查检索表或在网站上贴一张照片让大家猜名字的方法,不是分类学家用的研究方法,是植物业余爱好者所用的方法。学生考入研究所以后,很长时间都难以改变这种认识和习惯,以致不能快速地进行一个具体类群的分类学研究,不知道怎么去标本馆进行那种追根究底式的真正的分类学研究。

一些初学植物分类学的研究生跟我说,在选定所要研究的分类群以后,去标本室看标本时,却不知道怎么看,不知道应该怎么看植物的哪些特征;往往看了很久,但总是不得要领,发现不了问题,因而提不起看标本的兴趣。有些学生拿着一本植物志,根据检索表去看标本,经常觉得一张标本可以定为这一种,又可以定为那一种,但又不知道是什么地方出了问题,该如何解决,有时觉得相当苦恼。

我在昆明植物研究所读研究生时,吴征镒先生曾指导我在标本室看过一个月毛茛科乌头属标本。我觉得吴老看标本的方法很好,利用这种方法可以让我们迅速地进入一个分类群,很快抓住其中存在的问题,从而提高做研究的兴趣。我在这里冒昧地向初学植物分类学的研究生介绍这一方法,希望能供他们参考。当然由于我悟性不高,有将吴老的方法理解错误的地方,那么这些错误自然都是我的。

我们选定一个类群后(吴老通常建议选比较有经济价值的类群,反映出吴老做研究工作时是很关心国计民生的),首先应当查阅文献,"上穷碧落下黄泉,动手动脚找东西",文献要尽可能查全。分类学文献很多,又很分散,我们要特别注意查阅那些引证有标本的文献,这样的文献对我们去标本室看标本至关重要。

将文献大致查全以后,我们就可以去标本室看标本了(这里所指的标本馆是PE和KUN这样的大标本馆)。我们必须将所研究的类群的标本全部摊开在桌子上,耐心细致地做一番清理。首先要仔细看标本上的号牌和记录,将同号标本清理在一起,夹在同一张衬纸里。这一步骤很简单,但实际上很重要,因为这样做可以避免将同一号标本定为不同的种。我们在标本馆经常会发现一些学者将同一号标本定为不同的种,就是因为他们没有做这种简单的清理。另外这样的清理也经常可以帮助我们将一些只有号牌而没有野外记录的标本补上野外记录。几份同号标本中常常有一份标本贴有野外记录,这样我们就有了更多的供研究和比较的材料(如果标本上没有产地记录,其研究价值会减少很多)。做过这番清理后(我们清理标本时,要两手轻轻将标本端平,不能像翻书一样翻,因为标本很容易碎),我们可以再将同一产地的标本清理在一起,一边进行清理,一边也将植物进行比较。然后我们应当看文献了。将从早到晚的那些引证有标本的文献排列好,首先看第一位作者引证的标本(模式标本),这样就可以知道该种的模式产地,然后再看第二位作者是怎么处理这个种的,将他引证的标本清理出来(吴老将这样的标本清理出来后,还在定名签上写上"吴征镒据某人,在某书刊以及页码年代"),其他没有引证的标本暂时放在一边。这些引证的标本就代表了该作者对这种植物的认识。我们要特别注意将标本摊开进行仔细比较,看他引证的标本与前一作者的有何不同,地理分布有了什么变化。以同样的方法,将其他作者所引证的标本也全部清理出来(有些标本藏在国外,必须写信去借)。这样清理以后,应当说我们对这个种的形态和地理分布已有了初步的认识,很容易就记住了植物的很多性状及其地理分布(有人认为研究分类学就是死记硬背,这完全是错误的,那是在大学里学习分类学时留下的错误印象;通过将大量标本与分类学文献的互相参证,根本不用背就记住植物的性状了),同时也了解了不同作者对该种的处理意见是否一致,不一致的地方是什么。最后我们就可以鉴定那些没有被前人引证的标本了。因为我们这时已经知道了某一产地大致有该属的哪几种植物,将这些标本进行正确的归类不应该有太大的困难。我们会发现:1.有些种类是很容易分开的,不同的作者对其处理没有分歧。2.有些种组成一"堆",与另一"堆"很容易分开,但同一"堆"内的种不易区分,不同作者意见不一(在我们研究过较多的属后,会发现一个规律,即一个属的种类总可以分为不同的"堆",不同的"堆"之间是容易分开的,而"堆"里面再细分就比较难。这样的"堆"根据不同的情况可以是亚属、组、亚组或系,或是一个复合体)。3.有些作者在标本的鉴定上有问题,造成植物名实不符。4.有些种类现有标本太少,需要进行野外采集。总之,种种问题就出来了。在研究过程中,只要发现了问题,兴趣自然就会有了,有时走路、吃饭都会想着怎么去解决这些问题,想着到处去翻找标本,想着哪座山非去爬不可。这就是做分类学研究的乐趣。如果体会到了这种乐趣,应当说自己已经开始深入认识一个类群,对这个类群就可以有自己的一家之言,可以与该类群的专家进行学术讨论了。

在上述工作过程中,要特别注意避免模式概念。在进行标本的比较时,要通过阅读文献了解前人主要利用哪些分类学性状进行种类的划分,注意分析哪些性状是可靠的(既相关又有间断的性状),哪些是不可靠的。进行这种研究,有大量标本并有将这些标本摊开进行比较的空间是必不可少的条件。

当然,上述过程并不是我所说的这么简单,清理和整理标本可能需要几次反复。对一个100种左右的属,整理三次应当就比较熟悉了。对一个初学者来说,如果他勤奋的话,半年时间应当够了。

另外,我们一些研究生看标本之前还应当有一些知识储备(当然也可以边干边学,慢慢积累)。首先应当有阅读外文文献的能力。现在的研究生英语都很好,但如果从事分类学研究,对植物学拉丁文、德文和法文至少应该有借助字典阅读的能力,否则有些问题就难以解决,也不能很好地吸收前人的研究成果,使研究难以深入。我在研究一些科、属的过程中,发现有些问题长期以来悬而未决,主要原因是一些作者没有仔细研究有关中国植物的德文著作(如Handel-Mazzetti的著作)和法文著作(如Franchet、Finet Gagnepain的著作)。其次应当有一些关于采集史的知识,对一些重要采集人的采集路线应当有所了解。我在研究乌头属时,发现《中国植物志》记载 *Aconitum delavayi* Franch. 和 *A. episcopale* Lévl. 都产于云南西北部,不产于云南东北部,并记载两者的花梗都有开展的毛。我在大量标本中只能鉴定出一种来,其花梗都有开展的毛。吴征镒先生很快就帮我发现了其中的问题。*Aconitum delavayi* 的模式由 Delavay 采自滇西北大理,但 *A. episcopale* 的模式由 Marie 采自一个叫"烂泥箐"的地方。吴老告诉我 Marie 主要在云南东北部采集,这个"烂泥箐"是云南东北部会泽一带一个地方。《中国植物志》记载 *A. episcopale* 反而只产于云南西北部了,这要么是这两个种不能分开,要么是《中国植物志》中的记载属于错误鉴定,即其中记载的 *A. episcopale* 不是真正的 *A. episcopale*。吴老指示我去爱丁堡植物园借该种的模式标本。借来一看,果然发现 *A. episcopale* 的花梗是被稀疏卷曲毛的,从而证实《中国植物志》记载的 *A. episcopale* 确实不是真正的 *A. episcopale*。我从此以后感觉到了解一些采集史是很有用的。《中国植物志》编委会印有一些中国植物采集史和地名考证的材料,虽然不够全,也存在一些错误,但也可以参考。

根据我的一点有限的经验,我觉得上述看标本的方法有两点最为重要,一是首先根据文献将别人引证的标本清理出来,二是将标本摊开,进行反复比较。这样做很容易发现问题所在。

汤彦承先生是不赞成上述看标本的方法的(但愿我没有将汤先生的意思理解错)。他主张研究一个类群时,先不管别人对该类群是怎么处理的,而首先将有关标本全部摆开,分析性状的变异式样(特别注意寻找前人没有利用的性状),然后根据性状的相关性和间断性,看该类群到底包括几个实体(taxonomic entity),然后再根据文献和模式标本来给这些实体命名。应当说,从理论上来讲,汤彦承先生的方法是极为正确的。我们都知道,分类应当先于命名(Classification precedes naming);分类学家只有将一个类群先分好了"类",才能给这些"类"以名称(Only when taxonomists are sure they have achieved, on the basis of information available, the best possible systematic arrangement of the organisms they have established, do they begin to ascertain the correct names for the taxa they have established）。但在实际操作时，尤其对一个初学分类学的研究生来说，如果所研究的类群种类较多，用这种方法去看标本会使人一时摸不着门路，难以快速地发现一个分类群并发现其中的问题。我个人觉得不如首先利用本文介绍的方法，先尽快地熟悉一个类群，将其种类分为几"堆"，然后在每一堆里面再按汤先生所主张的方法来研究。我发现，只要标本丰富，又能全部摆开进行仔细研究，两种方法实际上是可以殊途同归的，可以达到同样的结果。有些理论总是让人感到矛盾，因为"可信者不可爱，可爱者不可信"。汤彦承先生的方法既可爱又可信，但我总觉得有时不好操作，而且完全不管前人的结果也是不好的，我们应当站在前人的肩膀上。

水平有限，只能说上面这些平常的话，请多指正。吴征镒先生培养了不少博士生，都是会做传统分类的。我对吴老研究方法的理解是否与师兄弟们相同，我还没有与他们印证过，所以我不敢肯定我学习到的标本室研究方法是不是吴老的真传。在吴门弟子中，由于性格的原因，我可能是事师最为不勤的一位，因此失去了很多宝贵的学习机会。吴老主张在分类学研究中要将文献、标本室研究、野外工作有机结合起来。他也认为植物园栽培工作对分类学研究很重要，但这在我们国家结合得不太好，是一件很可惜的事情。我觉得，野外工作和植物园栽培工作实际上是对标本室研究的补充，总之都是对植物本身进行研究。我们现在太需要这种整天对植物本身进行研究、能对一个类群如数家珍的 practicing taxonomist 了。我最近在看大风子科的标本，发现即使像山羊角树属 *Carriera* 这么一个只发表过两个种（*C. calycina* 和 *C. dunniana*）的小属，也还没有研究清楚。《贵州植物志》说前者的果实小，后者的果实大，《云南植物志》的说法正好相反——前者的果实大，后者的果实小，《中国植物志》不提果实的区别了，指出它们的区别在叶上面的脉是否凹陷和小苞片的形状以及是否被毛上。我仔细清理了标本，发现《中国植物志》上提到的区别特征在标本上根本看不出来。中国国家植物标本馆可靠的 *C. calycina* 很多，而不能找出一份可靠的 *C. dunniana*。有一份采自广东乳源县一个村子后面的标本曾被陈焕镛先生发表为 *C. calycina*，后来《广东植物志》中又认为是 *C. dunniana*。这份标本只有幼果。仔细比较起来，这份标本倒更像也采于这个村子后面的山拐枣 *Poliothyrsis sinensis*。*Poliothyrsis* 是与 *Carriera* 极为近缘的一个单种属。看起来，要清楚地认识山羊角树属，还得花一番工夫。我们国家的植物中，这样的例子还不少，需要我们扎扎实实去工作。我辈老矣，"重整河山待后生"，但愿我们的研究生能迅速成长起来。

实验五　植物标本采集与制作

把植物制成标本的目的是便于分门别类,永久保藏,为科学研究提供相关依据,如基础信息和应用价值,更好地服务于国家经济发展建设。目前,世界上最大的植物标本馆是法国国立自然历史博物馆,保存植物标本800万份以上。亚洲最大的植物标本馆为中国科学院植物研究所标本馆。植物分类学是研究植物多样性的学科,其中新物种的发现过程包含许多细节,它的前提则是植物标本采集与制作。此外,野外调查植物,采集与制作标本,也是进行植物科研、教学及学术交流等不可缺少的技能和环节。由此可见,掌握一整套植物标本采集与制作技术,是十分重要的。植物的标本主要分为腊叶标本、浸渍标本等多种形式,根据采集材料与采集环境的特性,可以选取不同的植物标本类型来进行制作。本次实验主要介绍植物腊叶标本采集与制作。

一、实验目的

(1)了解植物标本在植物学研究及教学中的重要作用,知道标本对人类的价值,树立保护自然、生物多样性的责任感。

(2)初步掌握采集与制作标本的基本方法及标本信息的科学记录方法,培养实践动手能力和科学思维。

二、预习要点

(1)植物解剖学基础知识和多个代表科属植物的典型性状特征。

(2)植物检索表的使用。

三、实验原理

为了正确地鉴别植物的种类,就需要采集与制作植物腊叶标本,因为在没有植物活体的情况下,植物标本是辨认植物的第一手材料,也是永久性的参考资料,植物标本制作是进行教学、科研、资源调查及学术交流等不可缺少的技能和环节。腊叶标本又称压制标本,通常是将采集的新鲜植物材料用吸水纸压制,将其定型干燥后装订在台纸上的标本。

把植物制成标本的目的是便于永久保藏,从而提供科学研究之依据。为方便研究,一个好的标本应尽可能具有花、果以及详细的野外记录。采集与制作必须能够保留植物的主要性状、色彩、花、果、叶、根的原始资料。

四、实验器材

标本夹、标本束紧带、标本纸、报纸、瓦楞纸、枝剪、小镐、号签、野外记录本、放大镜、烘干机、数码照相机、采集箱或采集袋、牛皮小纸袋、卷尺、海拔仪、罗盘、地图、望远镜、GPS仪、台纸、硫酸纸等。

五、实验步骤

(一)采集前的准备

采集前应先搜集有关采集地的自然环境及社会状况方面的资料,以便周密安排采集工作。同时应准备采集必需的用品。

主要有:标本夹(45 cm×30 cm木制方格板2块,配以标本束紧带,用于压紧标本夹);

标本纸(吸水性强的草纸,折成略小于标本夹的大小,3—5张一叠)或报纸(包标本)及瓦楞纸(用于热风机烘干标本);

枝剪,修剪标本用;

小镐,用来挖掘草本植物的地下部分,以保证标本的完整性;

号签,野外记录笺和定名笺,号签用于采集标本时,编号系在标本上;

野外记录本,随时记录标本和环境信息,在野外采集时用以记录植物的产地、生境和形态特征;

放大镜,用来观察植物的特征;

烘干机,烘烤标本专用;

数码照相机,拍摄特写环境等,补充野外记录的不足;

采集箱或采集袋,专为野外采集标本时临时存放标本用,也可用厚的塑料袋代替;

牛皮小纸袋,用来保存标本上落下来的花果和叶等;

卷尺,用来测量植株的高度(如草本植物),或高大乔木的胸高直径等;

其他:如海拔仪,用来测定采集地点的海拔;罗盘,用来观测方向和坡向、坡度等;地图,用于确定调查路线;望远镜,用来观察高大乔木或远处的植物。

到外地采集标本必须作好详细的计划,特别是到国外或边远的地区更应如此。每种植物都有自己的生长物候期,采集前,应该根据有关资料,了解所要采植物的生长地点、生长环境等信息,以减少外出寻找的盲目性,便于尽快找到植物的生长地,采回具有花、果等的完整标本。

实验思考:为什么采集前的准备是必需且重要的?

课堂练习:搜集采集目标物种的信息,包括生境、海拔、采集小地点等。

(二)植物标本的采集

1. 标本单株选择

从同种众多单株中,应选择生长正常、无病虫害、具该种典型特征的植株作为采集对象。力求有花或果(裸子植物有球花、球果)或种子。草本植物要挖出根,植株高的可反复折叠或取代表性的上、中、下三段。一次采不全,应记下目标,以备回采。为满足教学、科研需要,还应选择多种林龄、不同生境等的同种标本。木本植物还应配以种的树皮、冬态、其他物候态、苗期等的标本。如采集寄生种,应附寄主标本。对生境变态型、异型叶性、雌雄异株等情况,在选择时均应予以考虑,以便反映在标本中。

(1)对矮小草本,要整株植物连根采集;对匍匐草本、藤本,注意主根和不定根,匍匐枝过长时,也可分段采集;具地下茎的草本,要尽可能挖取地下茎部分。

(2)1 m以上的高大草本,采集时最好也连根挖出。干燥时可将植物体折成"V"形、"N"形或"W"形,让其合乎标本装订到台纸上的要求。也可将植物切成分别带有花果、叶和根的三段压制,然后三者合订为一份标本装订。

(3)大型叶植物,它们的叶子和花序均很大,采集标本时可采一部分或分段采集,以同株上幼小叶加上花果组成一份标本(同时标明叶实际大小);或把叶、叶柄各自分段取其一部分,再配花果组成一份标本。当花序较大时,可把其他的小花序剪掉,留下一个小花序(同时标明花序实际大小),但要注意必须带上苞片。

(4)一些植物花易凋萎和脱落,压制时又会粘在衬纸上而易被损坏,可先将花器官单独贴在餐巾纸/手纸上,在花尚未全干之前不要将其打开。多余的花可置于装有固定液的塑料瓶中保存,瓶子内的液体要完全装满,因为气泡会损坏脆弱的材料。

(5)对于像菟丝子、列当这样的寄生植物应连同寄主一起采集,并记录寄主的名称。

(6)木本植物一般不需要挖掘根部,但对于形态比较特殊(如桦木属)或有特殊经济价值的种类,可收集一些附于标本上。采集木本植物时,应当用枝剪或高枝剪剪取,切勿用手折断,影响标本的美观,对纤维长而强韧的树木等,尤应注意。对于落叶木本植物,除上述要求外,还应注意采集冬芽和叶花齐全(先花后叶或先叶后花)的材料。一份完整的落叶木本植物标本应包括冬芽时期、花期和果期三个不同时期的枝条。雌雄异株的植物除花外,其他器官亦有区别,必须采集雌、雄不同株上的花果和各时期的叶、冬芽等,这样的标本具有更丰富的信息,对全面研究物种的形态和分类更为有用。

2. 采集步骤

以木本大型植物为例,要按预定目标,选择合要求的单株,剪取具代表性的长约35 cm的二年生、有花或/和有果,且生长正常的枝条(中部偏上枝条为宜)。并做适当的修剪,使之便于干燥并能被装贴固定在一张台纸上。

依次完成下列步骤:

(1)初步修整。如剪去部分枝、叶,注意留其分枝及叶柄一部分,以示原状况。

(2)挂上号签,填上编号等(一律用铅笔,下同)。

(3)填写野外记录。注意与标签编号一致,各项内容务求详尽。

(4)野外暂放塑料采集袋中,待到一定量时,集中压于标本夹中。

(5)采集中应注意同株至少采两份,标以相同采集号。如有意回采,应记下所选单株坐标方位,留以标记。同种不同采区应另行编号。散落物(叶、种子、苞片等)装另备的小纸袋中,并与所属枝条同号记载,影像记录与枝条所属单株同号记载。有些不便压在标本夹中的肉质叶、大型果、树皮等可另放,但注意均应挂签,编号与枝相同。

实验思考:木本大型植物如何采集?

课堂练习:独立在野外或校园内采集标本。

(三)标本的压制

压制是使标本在短时间内脱水干燥,其形态与颜色得以固定的操作。标本制作是将压制好的标本装订在台纸上,即为长期保存的腊叶标本。

1. 标本压制方法

主要介绍两种方法,一种为吸水纸法,一种为烘干法。

(1)吸水纸法就是用草纸吸水的性质把标本水分吸干的方法。具体操作是先取一片夹板,上面放几张草纸,然后放上修剪好的标本,其上放上几张草纸隔开,然后再放标本,当达到一定厚度时用另一片夹板盖上,用标本束紧带勒紧,以标本夹四个角平整为度。新压制的标本最初水分非常多,头几天需要每天换2次干草纸,否则,标本容易霉变,大致一周后,每天换一次草纸,直到干燥为止。这种方法一般用在缺乏采集设备和不通电的山区。

(2)烘干法就是用热源,利用瓦楞纸板的透气性,将标本水分烤干的方法。烘干法实际操作类似吸水纸法,只是将修剪好的标本放在一张打开的报纸内,在夹标本的报纸上下各放一块瓦楞纸板,当达到一定高度时用标本束紧带将标本夹勒紧即可。用烘干法压制标本,标本干得快,颜色保持好,花果叶片都不容易脱落,省时省工,一般10—24 h就可以把标本烤干。

烘干法实际操作时有两种形式:第一种是固定式烘干,即用砖头砌一个与标本夹等宽的通道,通道一头堵死,另一头放吹风机,通道上面放标本夹,用向上蒸腾的热风将标本烤干。第二种是便携式烘干,用一块耐热的塑料布包裹吹风机口和夹好的标本,用塑料布形成的通道排热气将标本烤干。

(3)标本压制干燥后即可装订,装订前应消毒和做最后的定形修整,然后缝合在台纸上(30—40 cm重磅白版纸)。覆盖以硫酸纸,将野外采集记录贴左上方;鉴定定名签填好贴右下角,包括鉴定时间、人名、物种名,此签不得随意改动。对定名签鉴定的名称有异议,可另附临时定名签。照片、散落物小袋等贴在台纸空白处。贴时均不要用糨糊,以防霉变,可以采用胶带或者胶水粘贴。标本布局应注意匀称均衡、自然。装订后的标本(图3-7)再经过消毒,夹纸或装入塑料袋保存于专门的标本柜中。

2. 压制与制作标本注意事项

(1)顺其自然,使标本各部,尤其是叶的正背面均有展现。可以再度取舍修整,但要注意保持其特征。

(2)叶易脱落的种,先以少量食盐沸水浸0.5—1.0 min,再以75%酒精浸泡,待稍风干后再压。

(3)及时更换吸水纸。采集当天应换干纸2次,以后视情况可以相应减少。换纸后放置于通风、透光、温暖处。捆绑标本夹时,松紧要适度,过紧易变黑,过松不易干。标本间夹纸以平整为准。球果、枝刺处可多夹些。换下的潮湿纸及时晾干或烘干,备用。

实验思考:吸水纸法与烘干法的优缺点有哪些?

课堂练习:独立进行标本的压制、烘干。

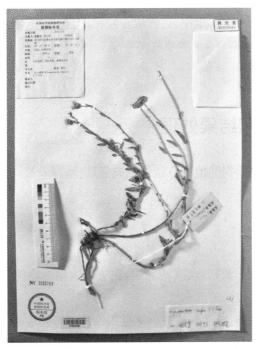

图3-7 中国科学院植物研究所保存的一份完整植物标本

(四)野外采集记录、标本记录及标本的鉴定

在野外采集记录中,植物标本干燥后观察不到的鉴别特征及其生长环境,必须记录准确、简要、完整。标本野外采集记录本的内容应大致包括以下各项。

(1)基本记录。日期(年,月,日);采集人及采集号;产地(包括国家、省、市、县、乡和经纬度);生境(植被类型和土壤类型等);海拔;性状/伴生种;科名、属名、物种名。要填足基本数据项,切忌用"同上"之类省略写法,以免丢失数据,在野外采集记录本上用铅笔登记。

(2)完整记录。除上述基本记录内容外,还应记载植物干制后易失去的特征,如花、叶的颜色、形状、气味等。还要加上生态因子(岩石,土壤 pH 等);土名;用途和其他附属项目(如标本份数,是否有活株,细胞学材料,DNA 材料等)。

标本制作时,将野外采集记录打印或复印,贴在标本左上角,标本的鉴定主要通过查阅检索表、文献或志书,鉴定方法参考其他章节或其他工具书。

实验思考:野外采集记录本为什么用铅笔填写信息?

课堂练习:独立制作标本,完成贴标本记录及鉴定签等步骤。

(五)特殊标本处理

有些不易上台纸装帧成腊叶标本的种类或器官,可参照下列方法处理:

(1)常绿、针叶带球果标本,如云杉、油松等,可待其干燥后托以棉花放入标本盒中。

(2)树皮标本可干燥后钉、贴于薄板上,存于塑料袋中。

(3)不宜压制的果实、花及含水量高的枝叶,可制成液浸标本,其程序为:清洗标本,缚于玻璃棒(条)上;放入药液标本缸中,药液应浸没标本;蜡封瓶盖;贴上标签。

实验思考:观察特殊标本的注意事项有哪些?

课堂练习:独立制作特殊标本。

六、实验记录和结果处理

根据校园采集时,观察到的植物性状及相关信息,填写采集记录表。

七、注意事项

(1)采集完整的标本。繁殖器官(花和果)在被子植物的物种鉴定中很重要,标本采集必须具备花或果的材料,或两者都有。

(2)台纸要求质地坚硬,用白版纸较好。使用时按需要裁成一定大小。

(3)装订标本时先将标本在台纸上选好适当位置,放置时要注意形态美观,又要尽可能反映植物的真实形态。

(4)标本压干后,常常有害虫或虫卵,必须冰冻或化学药剂消毒,杀死虫卵等,以免标本蛀虫。

(5)用烘干法烤制的标本,烤干撤出瓦楞纸后不能马上使用,因为标本非常干燥,必须在当地环境下放置一天进行回潮,才能打捆运输或装订。

(6)标本大小以每份标本长度不超过 40 cm 为宜。株高 40 cm 以下的草本整株采集;更矮小的草本则采集数株,以采集物布满整张台纸为宜;更高者需要折叠全株或选取代表性的上、中、下三段作同号一份标本。木本植物选有花和/或果的枝条,有多型叶时要收齐不同叶型的叶片。

(7)每号标本应至少采集1—3份。下列情况应考虑采副份(3—5份)标本:当标本采集地为采集空白/薄弱地区时,当采集的标本是用于交换时,当多份标本才能表现物种的全部特征时,当遇到珍稀和重要经济植物时。

(8)调查植物土名和用途,注意观察植物本身的性状和其生长环境,以充实植物资源数据。少采或不采重点保护和珍稀濒危植物。

(9)采集木本植物时,应注意记录植株全形,记录如山楂、皂荚的大树基部有枝刺等特征;采集草本植物时,应注意一年生、多年生、土生、附生、石生、常绿、冬枯等习性特征;采集水生植物时,应注意其异型叶的特征;注意观察花的颜色和气味。

(10)建议使用-40 ℃低温冰箱,将制成的干标本或装订好的标本冰冻1—3个月,然后入标本柜保藏,即可达到杀虫目的,且无毒无害。

(11)注意有毒性、易过敏种类。如蝎子草、漆树等,不用手抓取,用厚手套摘取。

(12)注意保护资源,尤其是稀有种类、国家重点保护植物、极小种群等。

八、思考题

(1)野外采集记录本的最主要内容包括哪些,为什么需用铅笔记录?

(2)制作植物标本时,为什么要进行消毒处理?

(3)制作大型叶标本,如棕榈类,如何制作?

(4)制作草本植物、灌木植物、木本植物的标本各一个,并比较它们制作方法的不同。

九、参考文献

[1]李征兵,郭小峰.浅谈植物标本(腊叶标本)的采集与制作技术[J].花卉,2020 (10):189-190.

[2]陈霞,陈意.浅谈针叶树种腊叶标本制作方法[J].甘肃林业,2020(2):41-42.

[3]么郡郡,权红,兰小中.药用植物腊叶标本的采制过程研究[J].西藏科技,2019 (12):14-16.

[4]陈意,陈霞.林木腊叶标本采集制作要点集成[J].甘肃林业科技,2019,44(2): 53-57.

[5]邸华,张建奇,车宗玺.植物腊叶标本的采集与制作方法[J].绿色科技,2018(6): 158-159.

[6]卢艾芸.浅谈药用植物腊叶标本的制作方法[J].科学中国人,2017(15):102-103.

[7]王宇.植物腊叶标本的制作[J].农村新技术,2013(12):28-29.

[8] 邱其伟,黄红鹰.木本腊叶标本制作及其鉴定[J].思茅师范高等专科学校学报,2002,18(3):86-88.

[9] 朱秋桂.如何制作铁杉类腊叶标本[J].植物杂志,1999(1):38-39.

[10] 王建明.植物腊叶标本制作小经验[J].生物学教学,1997(6):33.

十、推荐阅读

[1] 马今双.中国植物分类学纪事[M].郑州:河南科学技术出版社,2020.

[2] 杜诚,马今双.中国植物分类学者[M].北京:高等教育出版社,2022.

[3] 王文采.王文采口述自传[M].胡宗刚,访问整理.长沙:湖南教育出版社,2009.

[4] 覃海宁,刘慧圆,何强,等.中国植物标本馆索引[M].2版.北京:科学出版社,2019.

实验六 昆虫的采集与标本制作

　　我们通常所说的昆虫是指昆虫纲动物,隶属于节肢动物门,包括2个亚纲约30目,目前已被描述的种类约100万种,占已知动物总数的80%以上,是生物多样性的重要组成部分,支撑着整个生物圈的生态和发展,与人类的生活息息相关[①]。常见昆虫的形态特征是身体分为头、胸、腹三部分,胸部有几对足或1—2对翅膀。将昆虫经过各种处理,制成标本,令其可以长久保存,并尽量保持原貌,在展览、示范、教育、鉴定和科学研究中具有非常重要的价值。根据昆虫种类和制作用途的不同,将昆虫经过不同方式处理,可以制成不同类型的标本,包括浸制标本、玻片标本和干制标本等,本实验将主要介绍昆虫针插(干制)标本的制作方法和主要工具。

一、实验目的

(1)理解制作昆虫标本的意义。
(2)说出不同类型的昆虫标本及其制作方法。
(3)掌握昆虫针插标本的制作方法与技巧。
(4)知道昆虫对地球和人类的价值,树立保护大自然、敬畏生命的意识。

二、预习要点

(1)捕捉昆虫的工具和方法。
(2)制作昆虫针插标本的工具和方法。

三、实验原理

　　昆虫干制标本是将昆虫处死后,稍作加工,再将其进行干燥处理制成的标本。干制标本制作方法简便,如能妥善管理,亦可长期保存。其中,用昆虫针固定,再用标本盒装,放进柜子保存的干制标本为针插标本。因其操作简单、成本低、耗时短,对多数昆虫都适用,在科研和教学等方面广泛使用。

---

① 张若男.陕西省小流域昆虫多样性的调查与分析[D].西安:西北大学,2022:1.

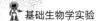

四、实验器材

捕虫网、毒瓶、毒剂、三角袋、还软器、昆虫针、三级台、展翅板、整姿台（或称展足板）、镊子、大头针或珠针、透明纸、标本盒等。立体显微镜、烘箱。

五、实验步骤

（一）昆虫的采集

1. 采集工具

（1）捕虫网。

用于捕捉飞行迅速、善于跳跃和在水中游动的昆虫的网通称捕虫网，依据昆虫生活环境和个体大小等的不同，应选择不同的捕虫网。

①捕网　用于捕捉飞行迅速或善于跳跃的昆虫，是一种常用的昆虫采集工具，由一根可伸缩的网杆、一个直径30—40 cm的网圈和深度60—80 cm的网袋构成，网袋一般由浅色尼龙或纱布制成，可根据昆虫的大小选择不同网目的网。

②扫网　用以捕捉灌木丛或杂草中栖息的昆虫。结构规格与捕网相同或略小，但网袋是用更结实的白布或亚麻布制作而成。

③水网　用以捕捉水生昆虫。因制作水网的材料要求坚固、透水性良好，故常用细纱或亚麻布制作而成，网圈规格与捕网相同，但网袋较短呈盆底状，网柄更长。

（2）吸虫管。

吸虫管也称吸虫器，是一种专门采集蚜虫、小蜂、蓟马、粉虱等身体脆弱不易拿取的微小昆虫的装置。一般由一个玻璃小瓶和一个橡皮塞以及一根通过橡皮塞联通外界和瓶内的吸虫小管组成。市面上有口吸式、泵式、球形等多种吸虫管可供选择。

（3）毒瓶。

毒瓶是一种装有剧毒药物的能密封的广口瓶，用以迅速毒杀捕捉的昆虫。制作方法如下：

在洁净的广口瓶（有配套的密封橡皮塞或软木塞）内放入一薄层氰化钾（KCN）或氰化钠（NaCN）粉末或小块，其上均匀撒上一层木屑，用木棒压实，然后再向木屑层上浇一层稀稠适宜的石膏糊（以能流下为度），稍硬化时用针扎些小孔，待石膏完全干后盖上盖子，最后在瓶外标注"毒瓶"字样，以示区分并妥善保管，不可丢失。氰化钾（或氰化钠）是剧毒药品，制作毒瓶时，速度要快，皮肤有伤口的人不允许操作。使用前，可在石膏上放上一层大小合适的滤纸，使用后，用镊子夹潮棉球将纸上的污物擦净，以保持毒瓶内的清洁。擦后的棉球和撤换下的滤纸应妥善处理，不可随意丢弃。

此外,可用乙酸乙酯、三氯甲烷、乙醚等液体药剂制成简易毒瓶,方法为:在瓶底铺一层脱脂棉以吸收药物,其上铺带小孔的厚纸片或软木片,采集前再倒入毒剂,用不易腐烂的软木塞密封备用。这些毒剂易挥发,须及时添加。使用这种毒瓶须延长薰杀时间,存放过夜的昆虫也不会变色受损,而放置时间短,昆虫容易复活。

采集小型鳞翅目昆虫,应单用毒瓶,不宜混用,以防脱落的鳞片污染其他昆虫。在一般毒瓶内,可放置少量纸条,既可吸收虫体排出的水分,也可防止昆虫直接挤在瓶底,还利于昆虫在死前抱附用。昆虫死后应及时取出,如在毒瓶内存放时间较长,容易变色或损坏。过小的昆虫可装入口径30 mm的指形毒管内,毒管的制作方法同毒瓶。

(4)三角袋。

三角袋一般由光滑透明的纸制成,如硫酸纸、玻璃纸等,用于临时保存蛾和蝶等鳞翅目昆虫,方便耐用,制作简单。制作方法:将透明纸裁剪成长宽比为3∶2的长方形,按图3-8所示顺序折叠即可。可以在采标本之前制作若干不同规格大小的三角袋,放在专门的采集盒中,方便携带。取用三角袋时,打开一边封口,将昆虫放进三角袋,再将三角袋重新封口即可。

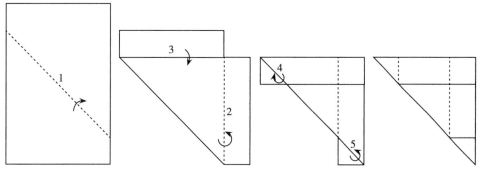

图3-8　三角袋的制作方法

(5)其他。

包括镊子、小刀、剪刀、毛笔、放大镜、记录本、记号笔、白色幕布、70% 乙醇,以及以下采集方法中提到的其他工具。

2. 采集方法

要采到需要的标本必须了解昆虫的生活习性及活动场所。有许多昆虫营隐蔽生活,在树皮下和树干内可搜索到天牛、吉丁甲、小蠹虫、木蠹蛾、透翅蛾、象甲和扁甲的幼虫或其他虫期虫体,某些蚧虫、蚜虫等;巢蛾类和天幕毛虫在树冠中作丝巢,可采到春幼虫或蛹;卷叶象甲藏在紧密的卷叶筒中。同翅目的蚜虫、木虱和蚧虫的分泌物常易为人所发觉,也可根据与其共生的蚂蚁,或其天敌瓢虫、草蛉等来搜寻;沫蝉的若虫的分泌物在枝上形成泡沫,其自身躲在里面;还可以昆虫的声音、粪便、虫瘿等为线索进行搜寻。

（1）网捕法。

用捕虫网采集昆虫即为网捕法，也是使用最多的一种方法。根据采集的昆虫选择合适的捕虫网，随着网的挥动，捕捉到的昆虫被兜入网底，然后将毒瓶的盖子打开后送到网底，把昆虫赶入毒瓶。

（2）震落法。

利用不少昆虫具有假死性的特点，或者趁昆虫专心取食时，突然猛击其寄主植物，使昆虫落入提前在下方准备好的捕虫网、采集伞或白布单等采集工具中。

（3）器械分离法。

利用昆虫的趋光性、避光性等，借助不同的器械将生活在土壤和落叶层中的昆虫分离出来。常用的分离器有筛子和贝氏（Berlese-Tullgren）漏斗等。

（4）陷阱法。

陷阱法可捕捉蟋蟀、步甲等在地面活动的昆虫，必要时可以用食物作为诱饵。

（5）诱捕法。

利用昆虫的各种趋性采集昆虫。此法也可用于害虫的预测预报和防治。最常用的是灯光诱捕法，即利用昆虫的趋光性诱捕昆虫。此外，还有食物诱捕、信息素诱捕、颜色诱捕、马氏网诱捕等方法。

实验思考：常用的昆虫采集工具包括哪些？分别有什么作用？

课堂练习：准备好采集昆虫的各种工具，并熟悉其使用方法，然后到教师指定的地点采集昆虫。

（二）昆虫标本的制作

除了幼虫、蛹以及体形极小的种类，绝大多数昆虫都可以插上昆虫针，装入标本盒保存起来。

1. 制作工具

（1）昆虫针。

昆虫针用于固定昆虫体，由不锈钢制成，长度约为38—40 mm，有一个圆形的针帽。昆虫针按其粗细分为7个型号，分别为00号、0号、1号至5号。00号最细，直径约为0.25 mm，每增加一号，直径增加0.05 mm。00号使用情况较少，一般用于小型或微小型昆虫，如蚊、蝇、小蜂类昆虫标本的制作；0号使用情况也较少，用法同00号；1号用于较小型昆虫标本的制作；2号用于小型或中型昆虫标本的制作，如中小体形的鞘翅目、鳞翅目、直翅目、膜翅目、双翅目、同翅目、半翅目等常见昆虫；3号用于中型昆虫标本的制作，如体形适中的蜻蜓类等；4号用于中型或较大型昆虫标本的制作，如体形较大或分量较重的蝉、甲虫、蝶蛾类等；5号用于较大型或大型昆虫标本的制作，如体形超大或分量很重的金龟、锹甲、天牛类等。另外还有一种无针帽的极细短针，称为微针，专门用来制作微小型昆虫标本，把它插在小木块或小纸片上，再用普通昆虫针固定木块或纸片，故又名二重针。

(2)还软器。

还软器用于制作昆虫标本时对虫体进行软化处理,由一个有盖玻璃缸和放入缸中距缸底三分之一处的有孔磁托板构成。

(3)展翅板。

展翅板用于展开鳞翅目、蜻蜓目等虫翅比较发达的昆虫的翅。展翅板可以是木制的,也可以是泡沫塑料板,由两块板及中间的沟槽构成。有的板是固定的,有的板可以调节,能根据虫体的大小调整沟槽宽度。

(4)透明硫酸纸。

透明硫酸纸用于在展翅时压住标本伸展的翅,使翅在干燥时固定。

(5)展足板。

展足板也称整姿台,用于固定和整理不需要展翅的昆虫,一般用来展开这些昆虫的足。展足板可以是松软的木板,也可以是泡沫塑料板,只要平整、方便插针即可。

(6)三级台。

三级台用于度量虫体和标签在昆虫针上的位置,使不同标本的虫体以及标签都能处在同一高度。三级台可以是木制的或有机玻璃材质的,有三级台阶,每一级中央有一个深度为8 mm的小孔,孔径与5号昆虫针帽粗细相当。

(7)其他工具。

包括细小的眼科镊、平头镊、剪刀、标签纸、烘箱,以及以下制作方法中提到的其他工具。

2.制作方法

(1)还软。

对于采集后没有及时制作而临时保存的干燥标本,虫体已经干硬发脆,在制作前需要进行还软,才不致虫体折断破碎。在还软器底部铺上洗涤干净的细沙,注入少量清水,使水刚好淹没沙面,水中滴入一些石炭酸或甲醛溶液,以防标本回软过程中发霉。将标本或装有昆虫的三角袋放在磁托板上,盖紧玻璃盖。

对于小虫可使用广口瓶自制还软器,在瓶内潮湿细沙土上放一张滤纸或吸水纸,再在滤纸或吸水纸上放置装有昆虫的三角袋。如果需要还软的昆虫不多,也可将三角袋放在潮湿的净土层中,外面罩上玻璃罩进行还软。软化时间一般由虫体大小、质地及干燥程度决定。标本放进缸后应经常用小镊子轻轻触动虫体的各关键部位检查回软程度,以免软化时间过长,变得过度湿软而报废,还软一般夏季一两天,冬季两三天即可。

(2)插针。

①单针法 对于大多数昆虫来说,应根据虫体大小选择合适的昆虫针,然后将昆虫针从虫体的背面垂直刺穿至腹面。针插的位置一般是中胸的中央,从两中足基节中央穿出,如膜翅目、鳞翅目和同翅目成虫。但由于有些昆虫中央有鉴别特征,常在偏右的位置插针,例如:螳螂目和直翅目的昆虫,插在前翅基部稍前、背中线偏右处;半翅目成虫,插在前

胸中央或中胸小盾板的中线偏右处;蜻蜓目和双翅目昆虫,插在中胸背板中央稍偏右处;鞘翅目昆虫,插在右鞘翅的左上角,从腹面的中、后足之间穿出,保留基节窝。

②重插法　对于微小的昆虫,不宜用普通昆虫针直接插针,可用微针穿刺虫体后,将微针插在小软木块上,或用粘胶将虫右侧中胸部分粘贴在小型三角纸的尖端,最后再用一般昆虫针将小软木块或三角纸针插固定。

(3)调节高度。

插入虫体后,将昆虫针倒置插入三级台最低一级,然后用镊子调节虫体至背面触及台面,此时昆虫背面距离昆虫针尖8 mm。亦可将昆虫针插入三级台最高一级,使虫体腹面触及台面,此时昆虫腹面距离昆虫针尖24 mm。

(4)展翅/展足。

展翅:对于鳞翅目、蜻蜓目等翅膀发达的昆虫,针插后需要用展翅板将其翅膀展开固定。将插针后的昆虫固定在展翅板上,使昆虫身体处于沟槽中,翅膀基部处于展翅板最低处的高度。用镊子将翅膀分开,再用透明纸条分别将两边翅膀压在展翅板上,用大头针或珠针固定纸条的后端,用珠针轻挑或用宽头镊夹住翅膀基部较粗的翅脉使翅膀展开。对于前翅后缘比较直的鳞翅目昆虫,应使前翅后缘成一条直线并与虫身垂直;对于后翅前缘比较直的蜻蜓目昆虫,应使后翅前缘成一条直线并与虫身垂直,前翅后缘稍微向前倾。翅膀调节后用纸条压住,再固定纸条的前端。此外,还应调节触角和腹部,使其保持自然的状态。触角要整理对称,一般与前翅前缘平行,并同时压在展翅纸条下。大型鳞翅目昆虫最后在腹部下面垫一棉球,以免腹部在干燥过程中下垂。蜻蜓目腹部细长,可在展翅前在腹部插入一根细棍,以免腹部弯曲或折断。

展足:对于不需要展翅的昆虫,针插后需要用展足板将附肢展开固定,以显露出足部的分类学特征。将插针后的昆虫插在展足板上,然后将附肢展开,用大头针或珠针插在展足板上以固定附肢,使前足朝前,后足朝后,中足朝左右,展开的足应尽量保持左右对称。

触角和腹部也需要整理,用大头针支撑,以免下垂或弯曲。短触角伸向前方,长触角伸向后面。对于腹部膨大而柔软的昆虫,如螳螂、大草蛉等,不易干燥且易腐烂,或者体内还会渗出油,可在针插前将新鲜标本从腹部一侧膜区剪一条小口,取出内脏,用脱脂棉填充成原形。

(5)干燥。

将固定好的标本放进烘箱中低温烘干或自然阴干,干燥时间视虫体类型、大小和温度而定。

(6)拆针。

待标本干燥后,取下所有固定用的大头针或珠针。

(7)插标签。

固定干燥好的标本还应在昆虫针上插上标本签。标签纸应采用比较坚硬、表面光滑的白纸,厚到可以插针而不致变形。标本签包括采集标签和鉴定标签,可以手写,也可以打印,须保证文字不易褪色消失。靠近虫体的标签是采集标签,包括采集地点、采集人、采集日期、标本编号等信息;再往下是鉴定标签,包括昆虫的学名、中文名、鉴定人、寄主等信息。标签的高度也用三级台来规范。昆虫针插穿采集标签中央,注意不要插到文字上,然后把针尖插入三级台第二级的小孔中,使采集标签下方的高度等于第二级的高度。鉴定标签的高度与三级台最低一级的高度相等(图3-9)。

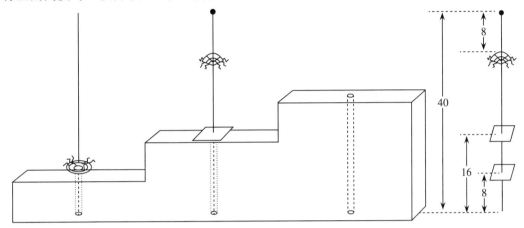

图3-9 用三级台调整标本和标本签的高度(单位:mm)

实验思考:用昆虫针插入虫体时,需要如何插针? 展翅或展足的标准是什么?

课堂练习:将采集来的昆虫制作成昆虫标本。

(三)昆虫标本的保存

1. 保存设备与药品

(1)标本盒。

保存干制标本的常用设备。一般用轻质木板或质地坚硬的纸板制成,表面一般以玻璃代替,以方便展示。盒底一般衬有一层软木板或泡沫塑料,便于固定昆虫针。盒内一角放一樟脑块,周围斜插昆虫针以固定。

(2)标本柜。

用于存放标本盒。木制或铁制,底部可存放大量杀虫剂或除湿剂。

(3)保存所用药品。

樟脑块、生石灰、乙醇、石炭酸、敌敌畏、二甲苯等。

2. 保存条件

(1)控制光照。

长时间受到阳光照射的标本容易褪色变脆,因此陈列标本柜的标本室应使用遮光窗帘,并保持常闭的状态。如果标本室需要通风换气,应选择阴凉的时间。

(2)控制温度。

标本存放的适宜温度为7—15 ℃,夏季不超过20 ℃。

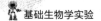

（3）防尘。

空气中的灰尘有些携带微生物和虫卵，有些会变成活性物质，从而损坏标本，因此标本室应该保持洁净，少开门窗，减少人员流动，少开标本盒。对于已经沾了灰尘的标本，可用软毛笔轻轻刷掉灰尘。

（4）防潮防霉。

标本存放的适宜湿度为25%—50%，除了在标本盒或标本柜中放置除湿剂，还可在标本室内装抽湿机。如果标本已经发霉，可用软毛笔蘸取无水乙醇与石炭酸混合液（7∶3）刷洗，或在标本上滴二甲苯防除霉菌。

（5）防鼠防虫。

标本室要注意防鼠防虫。标本盒要盖严，少开，盒内随时保持驱虫剂或杀虫剂的浓烈气味。对已生虫的标本，用药棉浸敌敌畏原液或樟脑晶体，置于标本盒内，盖上盒盖密封熏蒸几天，杀死蛀虫。

六、实验记录和结果处理

（1）列举制作昆虫针插标本的主要工具及其作用。
（2）总结制作昆虫针插标本的操作要点。

七、注意事项

（1）对昆虫进行展翅和展足的时候，用大头针或珠针固定压翅纸条或固定支撑昆虫足，而非直接插进翅膀或足，以免破坏标本的完整性。
（2）避免用手或工具直接抓昆虫的翅膀、足或触角等脆弱的部位，以免损坏虫体。
（3）昆虫标本干燥后，不能再移动昆虫在昆虫针上的位置，否则会导致昆虫体不能固定在昆虫针上。

八、思考题

（1）标本一般现采现做，如果是在野外采集多日才能返回制作昆虫标本，需要用到哪些特别的工具和程序？
（2）对于微小的昆虫和体形较大且腹部膨大柔软的昆虫，制作标本需要什么特殊流程？
（3）使用毒瓶需要注意什么？
（4）昆虫标本的保存需要注意什么事项？

九、参考文献

[1] 谢志雄,黄诗笺,戴余军,等.基础生物学实验[M].武汉:武汉大学出版社,2015.

[2] 白庆笙,王英永,项辉,等.动物学实验[M].2版.北京:高等教育出版社,2017.

[3] 刘凌云,郑光美.普通动物学实验指导[M].3版.北京:高等教育出版社,2010.

十、推荐阅读

[1] 冯典兴,关明军.常见动植物标本制作[M].北京:清华大学出版社,2020.

[2] 法布尔.昆虫记[M].陈筱卿,译.南京:译林出版社,2016.

十一、知识拓展

其他常见昆虫标本类型及其制作方法

1.浸制标本①。昆虫的卵、幼虫、蛹以及身体柔软、体形细小的成虫,可以制成浸制标本,即将昆虫放入保存液中固定和长期保存。常用的保存液有5%福尔马林液(标本不易腐烂,但是气味难闻,且用以浸泡附肢长的标本,附肢常脱落),85%酒精液(可加入0.5%—1.0%甘油,以保持虫体柔软),福尔马林、酒精、醋酸混合液(5 mL福尔马林、15 mL 80%酒精、1 mL冰醋酸、30 mL蒸馏水混合而成,对昆虫体内柔软组织的固定效果较好,适合固定颜色浅、身体柔软的昆虫),福尔马林、醋酸、白糖混合液(5 mL福尔马林、5 mL冰醋酸、5 g白糖、100 mL蒸馏水混合而成,用于保护黄色、绿色幼虫的颜色),福尔马林、醋酸、甘油混合液(5 mL福尔马林、5 mL冰醋酸、20 mL甘油、100 mL蒸馏水混合而成,用于保护红色、棕色幼虫的颜色)。在将昆虫或其幼虫放入保存液之前,须进行麻醉以防止昆虫在处死过程中挣扎而导致结构不完整,同时保持自然状态;麻醉后的昆虫、蛹以及较软的卵,须放在水中稍微煮沸(时间和火力根据软硬程度调整)处死,以防止昆虫在浸液中收缩、变性及褪色。

2.玻片标本②。适用于体形极小、必须用显微镜或放大镜观察其形态特征的昆虫。例如虱子、跳蚤、蚜虫等。制作方法包括固定、排除杂质、透明、脱水、整姿、封片、干燥、贴标签等过程。

3.干制标本。

(1)包埋标本。包埋标本是一种利用适当的材料将昆虫标本包埋制作而成的干制昆虫标本,标本透明度高,极具观赏价值,对于一些珍贵标本的保存有着非常重要的价值。目前常用的包埋材料包括有机玻璃、脲醛树脂、松香、水晶树脂等。其中,前两种材料制作的标本质量好,硬度高,不易碎,不易熔,但对技术要求高且操作复杂,一般教学和科研单位没有使用。以松香为包埋材料是模拟天然琥珀形成的过程,其制成的标本也称为琥珀标本。虽然琥珀标本

---

① 周照县.昆虫浸制标本的制作[J].生物学教学,1992(2):27.

② 徐梦琳,王小梅,钟金,等.一种蚜虫玻片标本制作方法[J].四川林业科技,2017,38(5):148-150.

硬度低,易碎易熔,但是松香成本低,加上操作简便,省时省力,在实验课教学中可以尝试[1]。相对于松香,水晶树脂因透明度、亮度高等特点,已被广泛应用于手工艺品的制造。水晶树脂包埋标本制作步骤简单、固化时间短、固化收缩率小,包埋后标本不易变形、变色,是一种理想教学用标本制作方法。

(2)幼虫吹胀标本[2]。鳞翅目的幼虫,除了制成浸制标本,还可以用吹胀烘干法制作干制标本。具体方法如下:①把用毒瓶毒死的幼虫放在废纸上,头部朝向制作者;用解剖针的柄或铅笔等由头部向后滚压虫体,一开始要轻压,把粪便压出去,再稍重压,使内脏活动,然后用力滚压,将内脏完全由肛门挤出;再用镊子将挤出的脏物清洗掉(注意勿伤其肛门),所剩空虫皮,即可用于吹胀。②吹胀。吹胀的工具由打气球连着一个储气囊,由一条橡皮管通到一玻璃管头组成。使用时,把内脏挤空了的昆虫外皮由肛门处套在玻璃管头上,用棉线缠住,然后打气吹胀起来,恢复其原形。③烘烤。放在特制的烘具中进行烘烤。这种烘具是用玻璃罩横挂在铁丝上,玻璃罩内底部放有使受热均匀防止烤煳的细沙,下面用酒精灯加热,将吹胀的幼虫由灯罩一侧开口处伸入其中进行烘烤。烤时要注意,如果虫体渐渐缩小,就要继续打气,同时要来回转动,以免烤焦。热源也可用电炉代替。④烤干的幼虫用水将肛门处的缠线润湿取下。用小木棍插入虫体内,再用昆虫针插在棍上或摆在寄主植物的标本上做成生态标本保存。

① 刘福林,李淑萍.昆虫琥珀标本制作的改进方法[J].生物学教学,2007,32(3):55-56.
② 欧喜成.昆虫干制标本的制作方法[J].农业与技术,2014,34(7):248.

实验七　DNA的粗提取及鉴定

DNA（脱氧核糖核酸）是核酸的一类，因分子中含有脱氧核糖而得名。DNA是一种长链聚合物，由脱氧核糖核苷酸重复排列组成，分子极为庞大（分子量一般在百万以上）。通常在生物体内，DNA的2条链互相配对并紧密结合，形成双螺旋结构。每个核苷酸分子的其中一部分会相互连接，组成长链骨架；另一部分称为碱基，可使成对的两条单链相互结合。组成脱氧核糖核苷酸的碱基有四种，分别是腺嘌呤（A）、鸟嘌呤（G）、胞嘧啶（C）和胸腺嘧啶（T）。DNA主要存在于细胞核中，少量分布在线粒体和叶绿体中。

1944年，美国科学家艾弗里（O. T. Avery，1877—1955）等人通过肺炎链球菌转化实验揭示了转化因子的本质是DNA。1952年美国科学家赫尔希（A. Hershey，1908—1997）和蔡斯（M. Chase，1927—2003）通过T2噬菌体侵染实验证实DNA是遗传物质。生物体亲代和子代之间的遗传信息，都贮存在DNA分子中。1953年美国生物学家沃森（J. D. Watson，1928—　　）和英国物理学家克里克（F. Crick，1916—2004）发现DNA双螺旋结构，开启了分子生物学时代，使遗传的研究深入到分子层次，"生命之谜"被打开，人们可以清楚地了解遗传信息的构成和传递的途径。

DNA的提取技术是整个基因工程技术的基础。不论是出于何种目的的分子生物学实验，大到被称为"人类阿波罗计划"的人类基因组计划，小到今天已经被我们熟知的亲子鉴定，DNA提取都是其中的基础实验。通过本实验的学习，将初步掌握DNA的粗提取和鉴定的方法，对DNA有一定的感性认识。

一、实验目的

（1）熟悉DNA粗提取及DNA鉴定的原理。

（2）掌握DNA的粗提取和鉴定实验技能。

（3）领悟科学探究的方法，养成严谨细致、实事求是的科学态度，形成合作意识。

二、预习要点

（1）DNA分子的结构。DNA具有5种元素（C、H、O、N、P），4种脱氧核糖核苷酸（A、G、C、T），3种小分子（磷酸、脱氧核糖、含氮碱基），2条脱氧核糖核苷酸长链，1种空间结构（双螺旋结构）。DNA的双螺旋结构由两条反向平行脱氧核糖核苷酸长链盘旋而成，磷酸和脱氧核糖交替连接构成基本骨架,碱基排列在内侧,通过氢键相连,遵循碱基互补配对原则:A＝T(2个氢键)、G≡C(3个氢键),G、C含量越丰富,DNA结构越稳定。

(2)DNA分子的复制。①复制时间:有丝分裂间期和减数第一次分裂间期。②复制场所:真核生物在细胞核(主要)、线粒体、叶绿体,原核生物在拟核区域,DNA病毒在宿主细胞内。

(3)DNA复制条件。①模板:亲代DNA的两条链;②原料:4种游离的脱氧核糖核苷酸;③能量:ATP;④酶:DNA聚合酶、DNA解旋酶、RNA聚合酶等。

(4)DNA复制特点。①边解旋边复制;②半保留复制。

(5)DNA复制的意义。将遗传信息从亲代传给子代,保持了遗传信息的连续性。

三、实验原理

(1)含十二烷基硫酸钠和碱的洗涤液能使细胞膜破裂和引起蛋白质变性,使蛋白质与DNA分离开来。洗涤剂是"双亲"分子(既有亲油性又有亲水性),细胞膜也具有类似的分子结构,洗涤剂能使细胞膜被乳化,造成细胞膜被破坏,细胞解体。强碱可使蛋白质变性,是因为强碱可以使蛋白质中的氢键断裂,破坏了蛋白质的分子结构。

(2)DNA在氯化钠溶液中的溶解度随盐浓度的变化而改变。在氯化钠溶液浓度低于0.14 mol/L时,DNA的溶解度随盐溶液浓度的增加而逐渐降低;在氯化钠溶液为0.14 mol/L时,DNA溶解度最小;当盐溶液浓度继续增加时,DNA的溶解度又逐渐增大。

(3)DNA不溶于乙醇溶液,而细胞中的某些物质溶于乙醇溶液,实验中可通过加入95%乙醇溶液进一步提取出含杂质较少的DNA。

(4)在沸水浴条件下,DNA分子中的脱氧核糖基,在酸性溶液中变成ω-羟基-γ-酮基戊醛,与二苯胺试剂作用生成蓝色化合物(λ_{max}=595 nm)。在DNA浓度为40—400 μg/mL范围内,吸光度与DNA浓度成正比。

四、实验器材

鲜鸡血、香蕉、洋葱、花菜、草莓等。95%乙醇、蒸馏水、0.1 g/mL柠檬酸钠溶液、2 mol/L和0.14 mol/L的氯化钠溶液、二苯胺试剂和洗涤剂(洗洁精)。玻璃棒、滤纸、滴管、量筒(50 mL和100 mL)、烧杯(100 mL和500 mL)、20 mL试管、漏斗、试管夹、纱布和研钵。

五、实验步骤

(一)动物细胞(以鸡血细胞为例)

(1)制备鸡血细胞液:取0.1 g/mL柠檬酸钠溶液100 mL,置于500 mL烧杯中,注入新鲜的鸡血(约180 mL),同时用玻璃棒搅拌,使血液与柠檬酸钠溶液充分混合,以免血液凝结。将烧杯中的血液置于4 ℃冰箱内,静置24 h,使血细胞自行沉淀。

(2)提取粗提物:量取制备好的鸡血细胞液15 mL,注入到100 mL烧杯中。向烧杯中加入蒸馏水20 mL,同时用玻璃棒快速搅拌5 min,使血细胞加速破裂。然后,用放有纱布的漏斗将血细胞液过滤于500 mL烧杯中,收集滤液待用。

(3)溶解DNA:取40 mL浓度为2 mol/L的氯化钠溶液加入滤液中,并用玻璃棒沿一个方向搅拌1 min,使其混合均匀,此时DNA在溶液中呈溶解状态。

(4)析出含DNA的黏稠物:沿烧杯内壁缓缓加入蒸馏水,同时用玻璃棒不停地轻轻搅拌,这时烧杯中有丝状物出现。继续加入蒸馏水,溶液中出现的黏稠物会越来越多;当黏稠物不再增加时停止加入蒸馏水。

(5)滤取含DNA的黏稠物:用放有两层纱布的漏斗,过滤上一步骤中的溶液至100 mL的烧杯中,含DNA的黏稠物被滤出,收集纱布上的黏稠物待用。

(6)将DNA的黏稠物再溶解:取1个100 mL烧杯,向烧杯内加入20 mL浓度为2 mol/L的氯化钠溶液。用干净镊子将步骤5中纱布上的黏稠物夹至氯化钠溶液中,随后玻璃棒搅拌3 min,使黏稠物尽可能多地溶解于氯化钠溶液中。

(7)过滤含有DNA的氯化钠溶液:取1个100 mL烧杯,用放有两层纱布的漏斗过滤上一步骤中的溶液,收集滤液待用。

(8)析出DNA:沿烧杯内壁,缓慢加入50 mL 4 ℃预冷的95%乙醇,并用玻璃棒沿一个方向搅拌,溶液中会出现含杂质较少的丝状物。当玻璃棒上出现丝状物缠绕时,继续慢慢搅拌,至不再增加时,用玻璃棒将丝状物卷起,观察白色丝状析出物。

(9)DNA的鉴定:取两支20 mL的试管,各加入5 mL浓度为0.14 mol/L的氯化钠溶液,将丝状物放入其中一支试管中,用玻璃棒轻轻搅拌,使丝状物溶解。然后向两支试管中分别加入4 mL二苯胺试剂。混合均匀后,将两支试管置于沸水中加热5 min,待试管冷却后,观察并比较两支试管中溶液颜色的变化。

(二)植物细胞(以香蕉为例)

(1)将新鲜香蕉去皮。

(2)取2 cm³的香蕉块放入研钵,充分研磨果肉2—5 min,向研钵中加入8 mL温水和10 g食盐,充分研磨成半流体状,再加4药匙洗涤剂(洗洁精),轻轻搅拌8—10 min。然后用放有纱布的漏斗将细胞液过滤,取其滤液。

(之后的步骤同动物细胞)

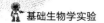

六、实验记录和数据处理

（1）根据实验观察并描述出每一个步骤的实验现象：

步骤	动物细胞（以鸡血为例）	植物细胞（以香蕉为例）
1.实验材料的处理		
2.提取粗提物		
3.溶解DNA		
4.析出含DNA的黏稠物		
5.滤取含DNA的黏稠物		
6.将DNA的黏稠物再溶解		
7.过滤含有DNA的氯化钠溶液		
8.析出DNA		
9.DNA的鉴定		

（2）通过观察试管内溶液颜色变化，说出不同细胞中DNA含量的差异。

颜色变化	对照组	实验组				
	不加入丝状物	鸡血	香蕉	草莓	花菜	洋葱
时间						
深浅						

（3）比较动物细胞和植物细胞在DNA提取过程中的异同，并说出产生差异的原因。

七、注意事项

（1）以血液为实验材料时，需要加入柠檬酸钠，防止血液凝固。

（2）加入研磨液后，必须进行充分研磨，否则细胞不会充分破碎，释放出的DNA量就会减少。

（3）加入乙醇和用玻璃棒搅拌时，动作要轻缓，以免加剧DNA分子的断裂，导致DNA分子不能形成絮状沉淀。

（4）鸡血细胞破碎以后释放出的DNA，容易被玻璃容器吸附，由于细胞内DNA的含量较少，再被玻璃容器吸附去一部分，提取到的DNA就会更少。因此，实验过程中最好使用塑料的烧杯和试管，可以减少提取过程中DNA的损失。

八、思考题

(1)请思考为什么选择植物细胞作为实验材料需要充分研磨才能获得明显的实验效果？

(2)为什么反复地溶解和析出 DNA，能够去除杂质？不同生物中的 DNA 含量是否相同？

(3)查阅相关资料，阐述 DNA 粗提取与 CTAB 法提取的区别。

九、参考文献

[1]程娜娜."DNA 的粗提取与鉴定"实验的改进[J].实验教学与仪器,2020,37(10):33-34.

[2]姚燕.在实验教学中发展学生核心素养——"DNA 粗提取与鉴定"实验教学设计与实施[J].生物学通报,2018,53(11):29-32.

[3]欧阳威,李春辉,朱乃姮,等.利用洗涤剂进行 DNA 粗提取实验的探究[J].生物学教学,2021,46(12):49-51.

十、推荐阅读

[1]马克西姆·D.弗兰克-卡米涅茨基.揭秘 DNA:生命的最重要分子[M].涂泓,冯承天,译.北京:高等教育出版社,2022.

[2]摩尔根.基因论[M].卢惠霖,译.北京:北京大学出版社,2007.

第四章

基础类实验

实验一　细菌观察

　　细菌是指一类细胞体积小(直径约为 0.5 μm,长度约为 0.5—5.0 μm)、结构简单、多以二分裂方式繁殖的水生性较强的原核生物。细菌个体微小,较为透明,在光学显微镜下难以区分细胞结构与背景间的差异。细菌染色可增强细菌和背景间的反差,以便更清晰地观察细菌细胞的形态与结构特征。染色技术包括简单染色和鉴别染色。简单染色一般只使用一种染料,所有细菌被染上相似的颜色。细菌的鉴别染色一般使用多种染料,细菌由于对染料的反应不同而被染上不同的颜色。

一、实验目的

　　(1)学习细菌制片和染色的基本技术,初步具备细菌样本制备和观察的能力。
　　(2)掌握简单染色、负染色和革兰氏染色方法及无菌操作技术,能够熟练运用恰当的染色法鉴定细菌。
　　(3)掌握使用普通光学显微镜观察细菌形态的方法,能够对观察对象进行翔实描述,培养严肃认真的科学态度。

二、预习要点

　　(1)了解细菌染色的基本原理。
　　(2)掌握常用的细菌染色方法。

三、实验原理

　　用于染色的染料大多是一类苯环上带有发色基团和助色基团的有机化合物。发色基团赋予染料颜色特征,助色基团使染料形成盐。用于生物染色的染料可分为碱性染料、酸性染料和中性染料三类。碱性染料包括亚甲蓝(美蓝)、结晶紫、碱性复红(碱性品红)、番红(沙黄)和孔雀绿等。微生物细胞在碱性、中性及弱酸性溶液中通常带负电荷,而碱性染料电离后染色部分带正电荷,容易与细胞结合使其着色。酸性染料包括酸性品红(酸性复红)、伊红和刚果红等。当细胞处于酸性条件下(如细胞分解糖类产酸)所带正电荷增加时,可采用酸性染料染色。中性染料是碱性染料和酸性染料的结合物,被称为复合染料,包括伊红美蓝、伊红天青等。

简单染色是一般只使用一种染料使细菌细胞着色的染色方法,通常使用碱性染料,这种染色方法一般难以辨别细菌细胞的构造。

负染色使用酸性染料,如印度墨水或苯胺黑。由于细菌细胞表面带有负电荷,酸性染料及其带负电荷的显色剂不会渗透入细胞。因此,未染色的细胞在彩色背景下更容易辨认。负染色不需要热固定,细胞不受化学物质和热的扭曲作用,细菌细胞能够保持自然大小和形状。此方法也可用于不易染色细菌(如某些螺旋菌体)的观察。

革兰氏染色是1884年由丹麦病理学家革兰(H. C. Gram,1853—1938)创立的,能够将细菌分为革兰氏阳性菌(G^+)和革兰氏阴性菌(G^-)两大类,是细菌学中最常用的鉴别染色法。

革兰氏染色反应的原理基于细菌细胞壁的化学组成的差异。G^-菌的肽聚糖层薄且交联度低,并由含类脂质较多的外膜层包围。当用乙醇或丙酮等作为脱色剂脱色时,G^-菌的类脂质溶解,细胞壁的通透性增加,使初染和媒染中形成的结晶紫–碘(CV–I)复合物渗出,导致细菌脱色,复染后呈现复染的红色。G^+菌中肽聚糖层厚且交联度高,类脂质含量少,经脱色剂处理后,肽聚糖层孔径缩小,通透性降低,更好地保留初染的紫色。

四、实验器材

营养琼脂斜面培养基培养的大肠杆菌(*Escherichia coli*)和蜡样芽孢杆菌(*Bacillus cereus*);营养肉汤培养24 h的金黄色葡萄球菌(*Staphylococcus aureus*)。亚甲蓝、结晶紫、石炭酸品红、苯胺黑、碘液、蒸馏水、95%乙醇、香柏油、二甲苯等。普通光学显微镜、接种环、酒精灯、火柴、载玻片、染色托盘、吸水纸、擦镜纸、洗瓶等。

五、实验步骤

(一)涂片

染色之前,必须制备细菌涂片。

(1)清洗载玻片:用肥皂或洗涤粉清洗载玻片上的油脂,用水冲洗后用95%酒精冲洗。清洁后,将载玻片擦干,放在实验室的毛巾上,待用。注意:拿取时记得抓住干净的载玻片的边缘。

(2)标记载玻片:用记号笔在载玻片涂片的两端写上该微生物学名的首字母。确保标记不接触染料。

(3)涂片:避免涂片过厚过密。制备过程中使用过多的细菌时,会形成过厚或过密集的菌膜涂片,会减少涂片上光通量,使细菌个体形态呈现变得困难。

a.肉汤培养:用手指轻敲试管,重新悬浮培养液。根据接种环的大小和培养物的生长量,用无菌接种环在载玻片的中心涂抹一到两环,并使涂抹物均匀地分布在一角硬币大小区域。涂片置于实验台自然风干。

b.固体培养基培养:用接种环在载玻片中心接入1—2环蒸馏水,用无菌接种环的尖端接触培养物,在水滴中进行圆周搅动稀释,使细胞呈现乳化状态,并均匀地涂布在一角硬币大小的区域。涂片应呈现半透明白色薄膜状。涂片置于实验台自然风干。

(4)热固定:风干后涂片在酒精灯的外焰上快速通过2到3次,使细菌蛋白凝固并固定在玻璃表面(图4-1)。

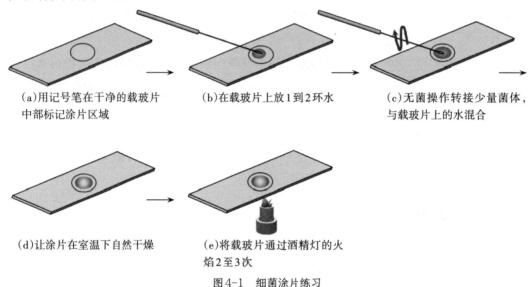

(a)用记号笔在干净的载玻片 中部标记涂片区域

(b)在载玻片上放1到2环水

(c)无菌操作转接少量菌体, 与载玻片上的水混合

(d)让涂片在室温下自然干燥

(e)将载玻片通过酒精灯的火 焰2至3次

图4-1　细菌涂片练习

(二)简单染色

(1)染色:将涂片后的载玻片放在染色盘搁架上,用指定的一种染色剂浸渍涂片。染色时间:亚甲蓝1—2 min,结晶紫20—60 s,石炭酸品红15—30 s。

(2)水洗:用自来水轻轻洗去涂片上的染色液。保持载玻片与水流方向平行,减少冲洗过程中微生物的损失。

(3)干燥:用吸水纸吸干水渍,但不要擦拭载玻片。

(4)镜检:先用低倍镜观察,再用高倍镜观察,找到适当的视野后,将高倍镜转出,在涂片上滴加1滴香柏油,将油镜镜头转入,使其浸没在油滴中,通过显微镜细调聚焦菌体,观察并记录结果。

(5)在实验报告提供的图表中,完成以下内容:

a.为每种细菌画出一个具有代表性的区域。

b.根据细菌的形状(如杆状、球状或螺旋状)和排列(如成链、成簇或成对)描述其形态。

(三)负染色

(1)涂片:在干净的载玻片的一端滴一小滴苯胺黑染液。使用无菌技术,用接种环取一环蜡样芽孢杆菌培养物放入苯胺黑染液中并混合。将一块干净的载玻片以45°角放置于悬浮物的染液上,并让染液沿载玻片边缘扩散。将载玻片推离悬浮的生物体,形成一层薄薄的涂片。

(2)风干:涂片置于实验台自然风干。

(3)镜检:在油镜下观察菌体形态,并在实验报告册上记录观察结果。

(四)革兰氏染色

(1)涂片:按照涂片制备方法将大肠杆菌和金黄色葡萄球菌涂于同一滴水滴中,用接种环将其混匀后涂成薄菌膜。

(2)风干和固定:涂片风干后热固定。

(3)初染:将涂片放置于染色盘搁架上,在菌膜上加适量的结晶紫染料,染色1—2 min。倾倒染料,用自来水小心冲洗并沥干。

(4)媒染:在菌膜上加适量碘液,染色1 min。用自来水小心冲洗并沥干。

(5)脱色:滴加95%乙醇,冲洗脱色20—30 s,直至流下的冲洗液变成无色,立即终止脱色。

(6)复染:菌膜上加适量复红染料,染色45 s。用自来水小心冲洗。晾干或用吸水纸吸干水分。

(7)镜检:在油镜下观察,判断大肠杆菌和金黄色葡萄球菌的革兰氏染色结果(图4-2)。

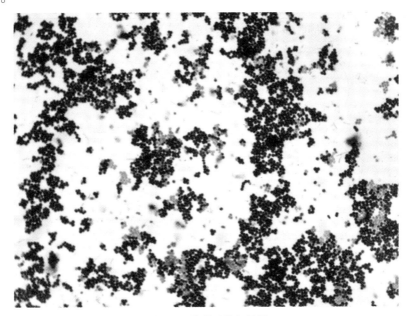

图4-2 革兰氏染色结果

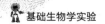

六、实验记录和结果处理

(1)绘图表示简单染色涂片中的菌体形态。

	亚甲蓝	结晶紫	碳酸品红
绘制一个有代表性的视野图	◯	◯	◯
细胞形态: 　　形状 　　排列方式 　　细胞颜色	＿＿＿＿＿ ＿＿＿＿＿ ＿＿＿＿＿	＿＿＿＿＿ ＿＿＿＿＿ ＿＿＿＿＿	＿＿＿＿＿ ＿＿＿＿＿ ＿＿＿＿＿

(2)绘图表示负染色涂片中的菌体形态。

◯

细菌名称:＿＿＿＿＿＿＿＿＿＿＿

放大倍数:＿＿＿＿＿＿＿＿＿＿＿

(3)绘图表示所观察到的涂片中菌体形态,并判断革兰氏染色反应的结果。

	大肠杆菌	蜡样芽孢杆菌	金黄色葡萄球菌	混合涂片
绘制一个有代表性的视野图	◯	◯	◯	◯
细胞形态: 　　形状 　　排列方式 　　细胞颜色 　　革兰氏反应	＿＿＿＿＿ ＿＿＿＿＿ ＿＿＿＿＿ ＿＿＿＿＿	＿＿＿＿＿ ＿＿＿＿＿ ＿＿＿＿＿ ＿＿＿＿＿	＿＿＿＿＿ ＿＿＿＿＿ ＿＿＿＿＿ ＿＿＿＿＿	＿＿＿＿＿ ＿＿＿＿＿ ＿＿＿＿＿ ＿＿＿＿＿

七、注意事项

(1)负染色由于在染色过程中不进行热固定,生物体不会被杀死,应小心处理涂片。

(2)正确的涂片制备是成功染色的关键。不正确的热固定会影响染色过程中出现的细菌数量。如果固定温度不够或时间过短,细胞就不能牢固地黏附在载玻片上,在多次染色和冲洗过程中,细菌就会被冲洗掉。相反,过热会导致细胞的破坏和细胞碎片黏附在细胞上。

(3)革兰氏染色最关键的一步是脱色。过度脱色会使原色丧失,导致革兰氏阳性菌表现为革兰氏阴性。然而,欠脱色不能完全去除CV-I复合物,导致革兰氏阴性菌表现为革兰氏阳性。严格遵守实验指导非常重要。

(4)选用适龄的细菌。革兰氏阳性菌培养时间不超过24 h,以12—16 h为最佳,大肠杆菌培养24 h。随着细菌的老化,革兰氏阳性细菌往往会失去保留原染色的能力,可能导致革兰氏染色结果可变,一些细菌呈现紫色,而另一些会呈现粉色。

八、思考题

(1)为什么碱性染料比酸性染料对细菌染色更有效?

(2)负染色观察微生物的优点有哪些?

(3)为什么不能用亚甲蓝代替苯胺黑作负染色染液?

(4)鉴别染色法与简单染色法相比有什么优点?

(5)革兰氏染色过程中最关键的步骤是什么? 解释原因。

九、参考文献

[1]沈萍,陈向东.微生物学实验[M].5版.北京:高等教育出版社,2018.

十、知识拓展

细菌的染色方法

1.抗酸染色法

抗酸染色法是一种鉴别染色法。1882年,保罗·埃利希(Paul Ehrlich)发现结核分枝杆菌(结核病的病原体)即使在用酸-酒精混合液清洗后仍保留原色。大多数细菌被酸性酒精脱色;只有分枝杆菌科(Mycobacteriaceae)、诺卡菌科(Nocardiaceae)、戈登氏菌科(Gordoniaceae)、迪茨氏菌科(Dietziaceae)等是耐酸的。分枝杆菌和诺卡氏菌都含有致病的物种,抗酸染色技术可用于诊断结核病和由麻风分枝杆菌引起的麻风病。

耐酸生物的细胞壁含有一种蜡状脂类,称为分枝菌酸,它使细胞壁对大多数污渍不可渗透。分枝菌酸能增强炎症反应,从而形成结节。细胞壁中的分枝菌酸被认为是分枝杆菌对恶劣干燥环境的一个抗性因素。事实上,细胞壁是如此不透水,以至于在培养分枝杆菌之前,临床标本通常会用氢氧化钠处理,以清除碎片和污染细菌。该步骤不会杀死分枝杆菌。

2.结构染色

结构染色可用于识别和研究细菌的结构。目前,大多数精细的结构细节是用电子显微镜来观察的,但从历史上看,染色技术对细菌的精细结构有很多启示。结构性染色剂可被用来观察细菌的芽孢、荚膜和鞭毛。

a.芽孢

芽孢杆菌和梭状芽孢杆菌是最常见的含芽孢的细菌。芽孢被称为"休眠体",因为它们不进行代谢,对加热、各种化学物质和许多恶劣的环境条件都有抵抗力。芽孢不用于繁殖,它们是在没有水或基本营养素时形成的。一旦芽孢在细胞中形成,细胞就会解体。芽孢可以长时间休眠,也可能会恢复到营养或生长状态。在分类上,了解细菌是否是芽孢形成者以及内孢子在细菌中的位置是有帮助的。一旦染色,芽孢就不容易脱色。

b.荚膜

许多细菌分泌的化学物质附着在表面,形成黏稠的外衣。当这种结构为圆形或椭圆形时,称为荚膜;当其形状不规则且与细菌松散结合时,称其为黏液层。形成荚膜的能力是由基因决定的,但荚膜的大小受细菌生长的培养基的影响。大多数荚膜由水溶性且不带电的多糖组成。由于荚膜的非离子性质,简单的染料不会附着在荚膜上。

大多数荚膜染色技术都会对细菌和背景进行染色,使荚膜未染色——本质上是"负"荚膜染色。

荚膜对某些细菌的毒性(致病能力)起着重要作用。例如,当肺炎链球菌等细菌有荚膜时,身体的白细胞无法有效地吞噬细菌,疾病就会发生。当肺炎链球菌缺乏荚膜时,它们很容易被吞没,并且没有毒性。

c.鞭毛

许多细菌是能运动的,这意味着它们有能力以定向的方式从一个位置移动到另一个位置。大多数有运动能力的细菌都有鞭毛,但也有其他形式的运动能力。黏菌表现出滑动,螺旋体利用轴丝波动。鞭毛可以通过使细菌避免被白细胞吞噬而增强细菌的毒力。

鞭毛是起源于细胞质并从细胞壁伸出的薄蛋白结构。它们非常脆弱,直接用光学显微镜看不见。它们可以在小心地涂上媒染剂后被染色,这会增加它们的直径。鞭毛染色试剂包括明矾和鞣酸媒染剂以及结晶紫染色剂。鞭毛的存在和位置有助于鉴定和分类细菌。可通过观察未染色细菌的悬滴或湿装制剂、鞭毛染色或软(或半固体)琼脂深层接种来确定运动性。

实验二　植物细胞与组织的观察

1838—1839年间,德国植物学家施莱登(M. J. Schleiden,1804—1881)和动物学家施旺(T. Schwann,1810—1882)首次提出"细胞学说",认为一切动植物都是从单细胞分裂发育而来,其也是生物体基本的结构和功能单位,细胞间存在着结构和功能上的密切联系,相互依存、相互协作,彼此保证着整个有机体的正常生活。这从理论上确立了细胞在生物界的地位,将自然界形形色色的有机体统一起来,推进了生物科学的发展。植物个体发育过程中,由来源相同的细胞分裂、生长和分化形成形态结构相似、机能相同而又彼此密切结合、相互联系的细胞群,这又称为组织。学生通过本次实验可以观察植物细胞与组织的显微结构,加深对生命科学理论知识的认识,并熟悉显微镜的使用。

一、实验目的

(1)观察植物细胞的结构、形状和大小;形成初步的生命科学观念,具有初步的科学思维能力。

(2)观察植物组织,了解植物组织的类型及各种组织的特征,描述并归纳其结构和功能特点。

二、预习要点

(1)植物细胞、组织的主要结构和功能。

(2)植物细胞与组织的观察要点。

三、实验原理

1. 植物细胞

植物细胞是植物生命活动的结构与功能的基本单位,由原生质体和细胞壁两部分组成。原生质体是细胞壁内一切物质的总称,主要由细胞质和细胞核组成,植物细胞的细胞质可分为膜(质膜及液泡膜等)、透明质和细胞器(内质网、质体、线粒体、高尔基体和核糖体等)。质体是绿色植物细胞所特有的细胞器,在光学显微镜下容易看到。在幼年细胞中,质体还没有分化成熟,叫前质体。随着细胞的长大,前质体可分化为成熟的质体。根据颜色和功能的不同,成熟的质体分成叶绿体(叶绿体是含有叶绿素的质体,主要存在于植物体绿色部分的薄壁组织细胞中,是绿色植物进行光合作用的场所,因而是重要的质体)、有色体(有色体内含有叶黄素和胡萝卜素等,呈红色或橙黄色等,它存在于花瓣、果实等中)和白色体(白色体一般存在于子叶、块根、块茎等不见光器官中,不含可见色素,也叫无色体。在贮藏组织细胞内的白色体上,常积累淀粉或蛋白质,形成比它原来体积大很多倍的淀粉和糊粉粒)三类。

2. 植物组织

植物组织的出现是植物进化层次更高的表现。在植物的系统发育过程中,多细胞植物的出现为组织的出现提供了基础。在多细胞群体型植物向多细胞有机体的进化过程中,群体型个体的细胞间由于所处的位置不同,受到环境的影响也不同。处于不同位置的细胞群间便出现了相异的形态特征和生理代谢活性与类型的分化。植物的进化程度愈高,其体内细胞(群)间的分工愈细,植物体的结构愈复杂,适应性愈强。被子植物是现存植物中高度发达的植物类群,具有完善的组织分工,在形态结构和生理功能上表现出高度的统一,适应环境的能力也较强。植物组织主要分为分生组织和成熟组织两大类。

分生组织按在植物上出现的位置,可分为顶端分生组织(位于茎与根主轴和侧枝的顶端),侧生分生组织(一般位于根茎的侧方,包括形成层和木栓形成层)及居间分生组织(存在于许多单子叶植物的茎叶中,如韭菜等)。

成熟组织为分生组织衍生的细胞组成,其丧失分裂能力,进一步生长和分化成为各类组织。按照功能可以分为保护组织(存在于植物体的表面,由一层或数层细胞构成,具有防止水分过度蒸腾、抵抗外界风雨和病虫害侵入等作用),薄壁组织(担负着吸收、同化、储藏、通气和传递等营养功能),机械组织(起机械支持作用和稳固作用),输导组织(根据输导组织的结构和所运输物质的不同,可将其分为运输水分和无机盐类的导管与管胞,以及运输有机同化物的筛管与筛胞两大类)和分泌组织(植物体中凡能产生分泌物质,如糖类、挥发油、有机酸、乳汁、蜜汁、单宁、树脂、生物碱、抗生素等的有关细胞或特化的细胞组合)五大类型。

四、实验器材

新鲜材料做临时装片:洋葱、紫鸭跖草、土豆、红辣椒、梨、芹菜、小白菜、天竺葵、橘、藕等。永久装片:洋葱(或蚕豆)根尖纵切装片、南瓜茎横切和纵切装片等。蒸馏水、碘液等。显微镜、载玻片、盖玻片、刀片、镊子、纱布等。

五、实验步骤

（1）观察顶端分生组织，采用洋葱（或蚕豆）根尖的永久装片，观察根尖各组织的组成，并学会使用光学显微镜。

（2）观察成熟的洋葱表皮植物细胞结构，分清细胞壁、质膜、液泡、细胞核、核仁等结构。在洋葱肉质鳞叶表面，用刀片划一个边长2 cm的方块，然后用镊子撕下此洋葱表皮方块，制成临时装片观察。

（3）观察细胞有色体，用红辣椒的表皮观察有色体。撕下红辣椒表皮，用刀片切下边长约2 mm的小方块，制作临时装片，置于显微镜下观察（图4-3A）。

（4）观察细胞白色体，用土豆观察淀粉粒（土豆食用部分的组织属于贮藏薄壁组织）。取切开的土豆，在其表面用镊子刮取一些碎末，制成临时装片置于显微镜下观察（图4-3B）。

（5）观察细胞后含物。用紫鸭跖草的茎，做临时装片，用刀片或镊子碾碎叶肉制临时装片，并观察针晶体（细胞的后含物）（图4-3C）。

（6）观察机械组织，用梨肉中的硬渣，观察石细胞（机械组织）。用镊子夹取切开的梨块，夹取其中的硬渣，置于载玻片上，将其用镊子大头压碎，然后制作临时装片置于显微镜下观察（图4-3D）。

（7）观察机械组织，用芹菜叶柄做横切，观察厚角组织（机械组织）。取一段芹菜叶柄（即芹菜的主要食用部位）做徒手切片，取最薄的材料制作临时装片置于显微镜下观察。

（8）观察保护组织，用小白菜叶表皮观察保护组织。分清表皮细胞、保卫细胞和气孔。将小白菜撕开，可见撕开初边缘有一些白色透明的部分，此即表皮，用刀片切削一小块制作临时装片置于显微镜下观察。

（9）观察分泌组织，用天竺葵叶观察叶的表皮腺毛（表皮附属物）。将天竺葵叶撕开，可见撕开初边缘有一些白色透明的部分，此即表皮，用刀片切削一小块制作临时装片置于显微镜下观察。

（10）观察分泌组织，将橘子皮横切观察分泌腔（分泌结构）。剥下橘子皮，对着光线较强处，可见一些稍微透明的结构，那就是分泌腔，撕破处会流出分泌腔中的液体。用刀片沿着表面切开薄薄的一层，可见圆形的空腔，此即分泌腔。

（11）观察薄壁组织中的通气组织，将藕根状茎（即食用的莲藕）横切切开，观察藕的通气组织（多个孔）。水生植物茎或叶柄，有许多空隙，具有这种空隙的组织就是通气组织。

（12）观察输导组织和机械组织，观察南瓜茎的横切及纵切的永久装片，观察输导组织和纤维（机械组织），观察导管的类型、筛管的结构、伴胞的特点、纤维的构造（图4-3E，图4-3F）。

（13）其他可以观察的植物材料或自己采集的材料，都可以作为植物细胞、组织的观察材料和实验操作技术练习材料。

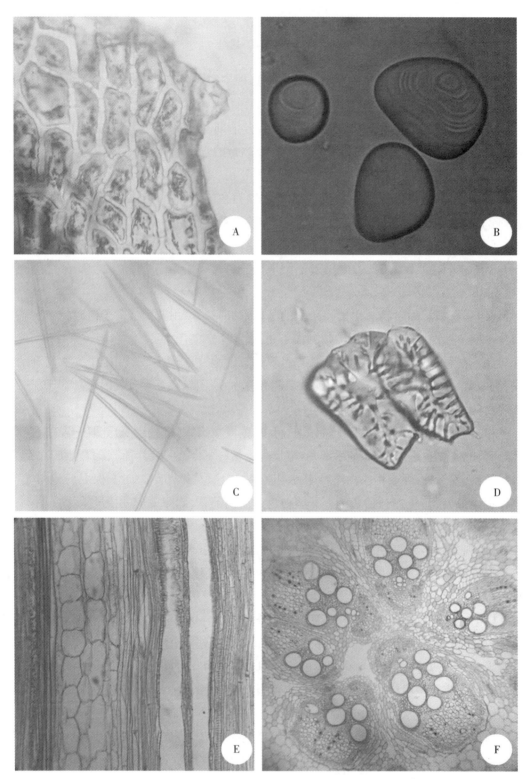

A.辣椒,有色体;B.土豆,淀粉粒;C.紫鸭跖草,针晶体;D.梨,石细胞;
E.南瓜,茎纵切;F.南瓜,茎横切。

图4-3 植物的组织结构(付志玺拍摄)

六、实验记录和结果处理

(1)将植物细胞或组织观察结果填写在表4-1中。

表4-1 植物细胞和组织的分类和特征

实验材料序号	物种名	观察部位	解剖形态特征	细胞或组织类型	备注
1					
2					
3					
4					
5					
6					

(2)根据观察,绘制6—10种植物细胞或组织图,标明各结构名称。

七、注意事项

(1)在用显微镜观察洋葱鳞片表皮细胞时,应注意区分细胞和气泡,不要把气泡当作细胞。在显微镜下看到的气泡,由于与水的折光率不同,其外围为一黑圈,中间发亮,易于区别。

(2)在观察植物组织时,要详细观察各种组织的特点。

八、思考题

(1)薄壁组织在植物体内的存在形式有哪些? 如吸收、同化、贮藏、通气和传递组织分别的形态和生长位置是怎样的?

(2)思考植物组织的主要类型、特征、功能以及其在根、茎、叶中的分布。

(3)临时装片和永久装片的异同有哪些?

九、参考文献

[1]周忠泽,许仁鑫,杨森.植物学实验[M].合肥:中国科学技术大学出版社,2016.

[2]张家辉,孙一铭,邓洪平,等.植物学实验与实践教程[M].重庆:西南师范大学出版社,2020.

[3]邓洪平,孙敏,张家辉.植物学实验教程[M].重庆:西南师范大学出版社,2012.

[4]陆时万,徐祥生,沈敏健.植物学上册[M].2版.北京:高等教育出版社,2020.

十、推荐阅读

[1]辛普森.植物系统学:第2版[M].北京:科学出版社,2012.

[2]索尔蒂斯 D,索尔蒂斯 P,恩德雷斯 P,等.被子植物系统发育与进化:修订版[M].陈士超,李攀,傅承新,译.北京:科学出版社,2022.

[3]贾德.植物系统学:第3版[M].李德铢,等译.北京:高等教育出版社,2012.

十一、知识拓展

临时制片观察洋葱细胞的方法

(一)制片方法

在光学显微镜下观察植物细胞的结构时,必须将植物的细胞、组织或器官做成薄的制片,才能观察。这些薄片不能过厚(一般一层细胞的厚度最好),如果过厚不但细胞相互重叠,而且光线不易穿透,虽然在显微镜下勉强可以看到细胞的轮廓,但细致的结构则很难看清。要得到薄的制片可以用不同的方法,如用解离的方法,把细胞"打散"分开,也可用切片刀徒手或用切片机切成薄片。本次实验采用撕片法,用镊子把植物组织(一般为表皮)撕下一层,进行观察。

撕表皮的方法是先取一洋葱鳞茎,用解剖刀纵切为两半(如鳞茎过大也可纵切为四)。取一片肉质鳞片叶,从其凹下的一面用镊子轻轻刺入表皮层,然后捏紧镊子夹住表皮,并朝一个方向撕下(凹面的表皮较易撕下,有时凸面也可以用)。将撕下的表皮迅速放在滴有水滴的载玻片上。撕表皮时要注意:1.不要把表皮撕得过大,如撕下的一块表皮面积大于盖玻片,则应放在有水的载玻片上,用刀片切成小块,才便于观察;2.撕时操作要迅速,勿将撕下的表皮在空气中暴露过久,致使生活细胞由于失水而受到损伤;3.撕开的一面最好朝上放在载玻片上,以利于染色和进行组织化学实验的观察;4.撕下的表皮一定要平铺在有水的载玻片上,如产生折皱或重叠可用解剖针将其铺平,折皱和重叠都将影响观察效果。

表皮撕好后可将盖玻片盖上进行观察。加盖玻片时要格外小心,盖不好会出现气泡或是盖玻片的上面有水迹。不加盖玻片或盖上盖玻片后,观察的薄片未被水浸透,都不能在显微镜下观察。由于空气、水和玻璃的折光率不同,按显微镜设计要求,不加盖玻片的材料或是没有被水浸透的材料(在空气中的)是不能得到清晰的物像的。这一点很重要,如果初学者不注意此点,将会影响实验课的效果。

(二)显微镜观察

对细胞结构的观察,一般不需要用最低倍物镜(4×),首先用10×物镜然后转换到高倍(40×)物镜进行仔细观察。虽然已进行过使用显微镜的训练,了解了显微镜的结构、成像原理与操作规程,但仅仅通过一次训练是不可能熟练地使用显微镜的。在本次实验过程中必须严格遵守操作程序,如忘记其中某些步骤,应查阅前面的实验指导,了解清楚后再进行观察。

观察时可能出现下面几种意外情况:

1.用10×或40×物镜观察时视野全部黑暗,当转动反光镜时也没有光线射入。这是初学者常会出现的现象。其原因是物镜镜头与镜筒未对正,光线不能进入,因此视野黑暗。这种现象特别是当10×物镜转换为40×物镜时最易发生。此时需要转动镜头转换器,使物镜处于正对准镜筒的位置。一般的显微镜在镜筒基部有一弹簧片,当物镜转到正确位置时,正好被卡住。

2.虽然视野明亮,但转动调焦器调焦时,看不到所要观察的材料。出现这种现象是由于所观察的材料偏离出视野以外,因而看不到材料。如有这种现象发生,应移动载玻片使观察的材料位于镜台孔洞的中央,用10×物镜聚焦观察,将所要观察部分移至视野中央,再换高倍物镜观察。

3.观察时由低倍物镜转换为高倍物镜时,由于高倍物镜镜头长,碰到载玻片上不能转换。这是因为把制片放反了,把有盖玻片的一面放在下面,因而载玻片可能会阻挡高倍物镜的转换。这种情况必须经常注意,方能避免因这一疏忽而把永久制片压破。

4.要学会在显微镜下识别气泡,初学者时常把气泡误认为细胞。气泡过大时,则可在气泡中出现观察材料的结构,但这部分与水交界处为一黑色的边缘。制片上如果出现气泡过多,应重新加盖盖玻片。

在低倍物镜下观察的洋葱表皮细胞,好像一网状结构,每一网眼即为一个细胞,网络为细胞壁。细胞排列紧密,没有细胞间隙。选择最清晰的部分移到视野中央,然后换高倍物镜对细胞的内部结构进行仔细观察。使用高倍物镜时应掌握两项操作技能:一是细调焦器的使用,一般细调焦器只限于在高倍物镜下使用。使用细调焦器要调好焦,可以利用不同的"光切面"建立细胞的立体结构。撕下的表皮(或其他制片)虽然很薄,但总有一定的厚度,利用细调焦器可以使不同厚度上不同部位分别成像。通过不同部位的像,建立立体结构的概念。二是光圈的调节,使用光学显微镜时,进入物镜中的光线强度要适当,过强或过弱都会影响成像的清晰度。这一点在使用高倍物镜时更为显著。

做好上述各项准备工作以后,对洋葱鳞片表皮细胞进行观察,注意下列结构:

细胞壁　在细胞的最外层,撕下的表皮层如果细胞完整,则每一细胞为一长而扁的盒子(很像我们用的铅笔盒)。一般至少有六个面,亦即有六个方向的细胞壁。但由于细胞壁是透明无色的,上、下两层壁看不出,只能看到一长方形轮廓。如果把细胞壁染上颜色,则上、下两层壁可以显出。现在所看到的细胞壁,都是两相邻细胞所共有的,也就是由三层组成,两层初生壁和中间的胞间层。在高倍物镜下可以看到细胞壁的厚度并不均匀,有时还可以看到壁上的初生纹孔场。

液泡　细胞壁以内为原生质体,在已成熟的表皮细胞中,可以看到细胞中体积最大的是液泡,它将细胞质、细胞核等挤到外围与细胞壁紧紧地贴在一起。液泡中的细胞液为溶解各种物质的水溶液,在光学显微镜下看不出什么结构。

细胞核　在不染色的活细胞中,细胞核为折光性强的卵圆形或圆形球体。在低倍物镜下就能看到。由于细胞核沉没在细胞质中,因而在成熟细胞中,它总是位于细胞的边缘。但有时也会发现有的细胞核位于细胞的中央,仔细思考这是为什么。在细胞核中还可以看到一两个或更多个圆球形颗粒,为核仁。

细胞质　紧贴细胞壁的一层较为黏稠的物质,在其中除含有细胞核外,还可看到许多细小的颗粒,其中有的为线粒体。由于分辨能力所限,在光学显微镜下只能看到这些结构的轮廓,如果用电子显微镜观察,可以看到其内部结构和更多类型的细胞器。

在观察过程中,有时会看到有的表皮细胞中看不到细胞核。这是因为在撕表皮的过程中把这些细胞撕破,有些结构已从细胞中流出。

为了更好地观察细胞结构,在用新鲜材料观察后,可用碘-碘化钾溶液染色,使细胞的结构,特别是细胞核和细胞质更为清晰,易于观察。染色的方法有两种:一种是把盖玻片取下,用吸水纸把材料周围的水分吸去,然后用滴管滴一滴染料,经2—3 min后,加上盖玻片即可观察;另一种方法是不移动盖玻片,而是在盖玻片的一侧滴上一滴染料(滴在盖玻片边缘的载玻片上),然后用吸水纸自另一端将盖玻片下的水分吸去,把染料引入盖玻片与载玻片之间,对新鲜材料进行染色。后者较为简便,但染色速度较慢。在显微镜下观察清楚洋葱表皮细胞结构后,选一两个有代表性的细胞,绘图表示其结构。

实验三　苔藓植物观察

苔藓植物是一群体形矮小的绿色自养型高等植物。苔藓植物的根为"假根",大多数有了类似茎和叶的分化,但其内部尚无维管组织,并不是真正的茎和叶。苔藓植物的生活史类型属于配子体占优势的异形世代交替,孢子体不能独立生活,寄生于配子体上。大多数种类生活在比较潮湿、阴暗的环境中,是植物界由水生向陆生过渡的代表类型。成片的苔藓植物对林地、山野的水土保持具有一定的作用,也可以当作监测空气污染程度的指示植物,在工业、农业、医药、园林等方面都有较大的应用价值。对苔藓植物的观察有助于学生掌握苔藓植物这一重要植物类群的主要特征及其代表植物的特点。

一、实验目的

(1)通过对代表植物的观察掌握苔藓植物门的主要特征,正确理解苔藓植物在植物界中的系统地位,提高科学探究的意识。

(2)观察了解苔藓植物孢子体、配子体以及生殖器官精子器和颈卵器的结构并进行描述归纳,培养观察能力及科学思维。

二、预习要点

(1)苔藓植物门的特征。

(2)苔纲和藓纲的主要特征。

三、实验原理

苔藓植物为小型多细胞的绿色植物体,具假根与类似茎、叶的分化;生活史中具明显的世代交替,配子体世代占优势,孢子体寄生于配子体上;雌雄生殖器官分别称精子器和颈卵器,由生殖细胞和器官壁细胞组成;受精卵(合子)发育成胚(幼孢子体),胚发育成孢子体,经减数分裂产生孢子;孢子萌发要经过丝状体(原丝体)阶段,原丝体上发育出新的配子体,产生精子和卵,精子具鞭毛,授精需要水。

四、实验器材

地钱、葫芦藓的新鲜材料或干制标本；地钱叶状体永久切片、地钱雄器托纵切片、地钱雌器托纵切片、地钱孢子体纵切片、葫芦藓精子器切片、葫芦藓颈卵器切片等。显微镜、放大镜、镊子、解剖针等。

五、实验步骤

(一)苔纲

地钱(*Marchantia polymorpha*)为常见苔类，世界性分布，通常生于阴湿的墙边、水沟边和井边。

1. 观察地钱配子体外形

取地钱配子体进行观察，可见其为绿色扁平的二叉分枝叶状体。注意区分地钱的背腹面，贴地的一面为腹面，背地的一面为背面。腹面肉眼可见生有许多毛状假根和鳞片。在放大镜或立体显微镜下可观察到背面有许多菱形的网纹，每一个网格是一个气室，中间有一个不能自由关闭的气孔。

2. 观察地钱叶状体结构

取地钱叶状体横切的永久制片于显微镜下观察，注意辨认其上表皮、烟囱状的气孔、同化组织、贮藏组织、下表皮和下表皮上长有的多细胞组成的紫色鳞片以及单细胞假根等结构(图4-4)。

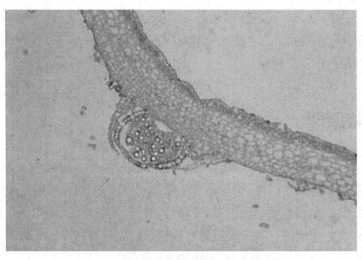

图4-4　地钱叶状体横切(显微镜下，局部)

3. 观察地钱雌、雄生殖托

地钱为雌雄异体,分别取雄株和雌株进行观察。雄株雄器托生在叶状体背面,下有一个细长的托柄,顶端有一具有波状浅裂的圆盘。立体显微镜下观察,圆盘上的许多小孔为精子器腔的开口。取地钱雄器托纵切片于显微镜下观察,可见精子器腔及其开口,腔内各有一个卵圆形的精子器。雌株雌器托生于叶状体的背面,托柄上端有9—11条指状芒线,腹面向上置于立体显微镜下,用解剖针沿2条芒线之间找出2片膜片,即蒴苞,2片蒴苞之内有1列颈卵器。取地钱雌器托纵切片于显微镜下观察,可见托盘下面倒悬的一列颈卵器,膨大的腹部在上,颈部细长,注意辨别其颈沟细胞、腹沟细胞和卵细胞(图4-5)。

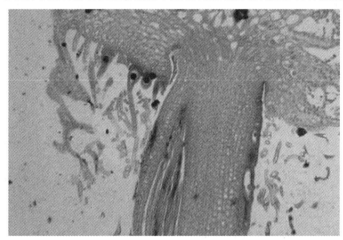

图4-5 地钱雌器托纵切(示颈卵器)(显微镜下,局部)

4. 观察地钱孢子体

先取标本观察,成熟的雌器托已由绿色变为灰褐色,在2芒线之间可见悬挂的膨大球状体,这就是地钱孢子体的孢蒴。取地钱孢子体纵切片于显微镜下观察,注意区分基足、蒴柄和孢蒴3部分。

(二)藓纲

葫芦藓(*Funaria hygrometrica* Hedw.),多生于田边地角或房前屋后富含氮肥的土壤上,亦多见于林间火烧迹地上,在林缘、路边及土壁上也常见。

1. 观察葫芦藓配子体外形

取新鲜的葫芦藓配子体或浸制标本,注意辨认茎和叶。茎为拟茎,短而柔弱,基部具有假根;叶为拟叶,丛生,螺旋状着生。

2. 观察葫芦藓精子器和颈卵器

葫芦藓为雌雄同株异枝。取葫芦藓精子器切片于显微镜下观察,精子器棒状,外有一层不育细胞构成的橘色或褐色的壁,内含大量精子;精子器周围长有很多丝状的隔丝,隔丝基部细胞细长,向上细胞逐渐膨大,顶端细胞大且呈圆球形。取葫芦藓颈卵器切片于显微镜下观察,颈卵器为长颈烧瓶状,基部膨大部分为腹部,上端为颈部,构成腹部和颈部的不育细胞分别为腹壁细胞和颈壁细胞,腹壁内含有1枚卵细胞,颈壁内有一列颈沟细胞,卵细胞和颈沟细胞之间有1个腹沟细胞(图4-6、图4-7)。

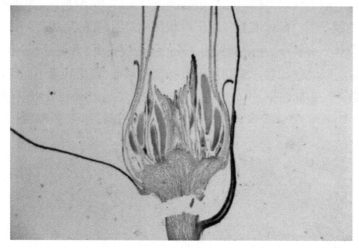

图4-6　葫芦藓精子器

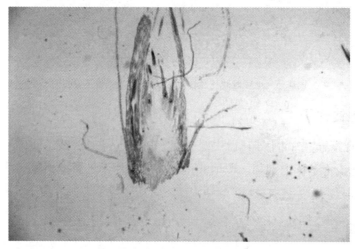

图4-7　葫芦藓颈卵器

3. 观察葫芦藓孢子体

取寄生于配子体枝端的孢子体,观察其形态,注意区分其基足、蒴柄和孢蒴。基足埋于配子体内,蒴柄细长,孢蒴长梨形或葫芦形,悬垂。在孢蒴上端的是蒴帽,由颈卵器的一部分腹部和颈部发育而来,属于配子体,兜形具长喙。

六、实验记录和结果处理

(1)绘制地钱叶状体横切面观图,并注明各部分结构。

(2)绘制葫芦藓的精子器和颈卵器的表面观或切面观图,并注明各部分结构。

七、注意事项

(1)使用显微镜进行切片观察时,应严格遵守显微镜使用规程进行操作,轻拿轻放,正确放置装片,保持清洁,使用完后按要求归位。

(2)使用刀片、解剖针等工具进行实验操作时应注意安全,手法正确,避免割伤。

八、思考题

(1)苔藓植物的主要特点有哪些?

(2)苔纲和藓纲的主要区别是什么?

(3)为什么大多数苔藓植物生活于阴湿的环境?

九、参考文献

[1] 周云龙.孢子植物实验及实习[M].3版.北京:北京师范大学出版社,2009.

[2] 王幼芳,李宏庆,马炜梁.植物学实验指导[M].2版.北京:高等教育出版社,2014.

[3] 赵建成,李敏,梁建萍.植物学[M].北京:科学出版社,2013.

十、推荐阅读

[1] 藤井久子.苔藓图鉴[M].曹子月,译.北京:中国轻工业出版社,2019.

[2] 张力,左勤,洪宝莹.植物王国的小矮人——苔藓植物:汉、英[M].广州:广东科技出版社,2015.

十一、知识拓展

中国苔藓植物学研究的奠基人——陈邦杰

陈邦杰(1907—1970),江苏丹徒人,长期从事植物学教学和研究,世界著名苔藓植物学家,中国苔藓植物学研究的奠基人。

新中国成立之初,我国的植物学课本中以及科研工作方面存在着苔类和藓类的中文名称与拉丁文原名之间的混乱甚至相反的情况,陈邦杰便将自己多年来所积累的有关方面的资料加以整理,于1952年在《中国植物学杂志》第6卷第4期上发表了《苔和藓名称考订与商榷》的论文,论文参照当时苔和藓在课本中的统计结果,根据服从多数的原则和植物学命名优先律的原则,确定了藓类名Moss和苔类名Hepaticae。这一观点得到了广大教师和科研工作者的认可,改变了我国苔藓类植物名称的混乱状况,并广泛应用于教学和科研工作中。

20世纪60年代,陈邦杰完成了《中国藓类植物属志》的编著,这是他终身致力的巨著,该书系统地介绍了我国藓类植物科属的概况,并结合生态和群落组合上的特性,讨论了中国藓类植物的地理分布,成为植物科学工作者、从事植被调查和林业经营等工作人员的重要参考书,被行家们誉为中国藓类植物学的第一本经典。

在60多年的生涯中,陈邦杰为中国苔藓植物学的建立和发展奉献了毕生的精力,为我国培养了一大批苔藓植物研究的高级人才。他在国内、国际上有很高的学术地位和影响力,1985年,美国密苏里植物园制作发行了一套世界著名植物学家的明信片,其中一张就是专门纪念陈邦杰先生的,他的名字被收录入《世界植物名人录》,荷兰藓类学家托维(Touv)博士说:"陈邦杰教授乃是中国苔藓学之父。"

实验四　蕨类植物观察

世界上现存蕨类植物12 000余种,分布广泛,除了海洋和沙漠外,无论在高山平原,还是森林草地、溪流沼泽和湖泊中都有可能生长,尤以热带和亚热带地区种类较多。我国现有蕨类植物63科221属2 456种,其中1 218种为中国特有,是世界蕨类植物区系的重要组成部分。西南和长江流域以南各省份蕨类较为丰富,其中云南省有蕨类1 000多种,故有"蕨类王国"之称。

蕨类植物是一群进化水平最高的孢子植物,也是孢子体世代占优势的植物类群。蕨类植物的孢子体内有了维管组织的分化,绝大多数具有根、茎、叶的分化;其配子体多为背腹性的绿色叶状体,可独立生活,产生精子器和颈卵器。学生对蕨类植物的观察有助于掌握蕨类植物这一重要植物类群的主要特征及其代表植物的特点。

一、实验目的

(1)通过对代表植物的观察,探究和掌握蕨类植物的主要特征,与苔藓植物比较并进行归纳总结,正确理解蕨类植物在植物界中的系统地位,提高科学探究的能力。

(2)了解现存蕨类植物的主要类群和代表植物。

二、预习要点

(1)蕨类植物门的特征。

(2)石松亚门、水韭亚门、松叶蕨亚门、楔叶亚门和真蕨亚门的主要区别和主要代表植物。

三、实验原理

蕨类植物为陆生或淡水生,植物体有了根、茎、叶的分化,内有维管组织。有明显的世代交替现象,孢子体比配子体发达,均能独立生活;无性生殖产生孢子,有性生殖器官为精子器和颈卵器。

在蕨类植物的生活史中有两个独立生活的阶段,即孢子体和配子体世代,世代交替明显,孢子体世代占绝对优势。从受精卵萌发开始,到孢子囊中的孢子母细胞进行减数分裂前为止的阶段称为孢子体世代或无性世代;从孢子萌发到精子和卵结合前的阶段称为配子体世代或有性世代。

真蕨是蕨类植物中进化水平最高的类群,全为大型叶,幼叶拳卷,绝大多数无气生茎,只具根状茎,多数孢子囊聚集成群,生于孢子叶的背面或边缘。其配子体绿色自养,多为心形。本实验以真蕨亚门中的蕨为代表植物进行蕨类植物的解剖观察实验。

四、实验器材

蕨的新鲜材料、蕨叶横切片、蕨原叶体(精子器和颈卵器)切片、蕨幼孢子体装片等。石松属、卷柏属、蕨属、槐叶萍属、满江红属等代表植物的腊叶标本。显微镜、放大镜、镊子、解剖针、刀片、载玻片、盖玻片、滴管、吸水纸等。

五、实验步骤

(一)真蕨亚门

蕨(*Pteridium aquilinum var. latiusculum*)属真蕨亚门、薄囊蕨纲、蕨科,多生于山地林下或林缘等处。

1. 观察蕨孢子体外形

取蕨的腊叶标本进行观察,孢子体具有根、茎、叶的分化(由于植物体较大,标本上通常只能看到部分叶及部分根状茎)。注意区别茎和叶柄,蕨只有根状茎,横走地下,二叉分枝,密被鳞毛,向下生出不定根,无地上茎,向上生出叶。叶柄较长,叶为3—4回羽状复叶,幼叶拳卷。孢子囊生于叶的小羽片背部边缘,形成连续的线形孢子囊群,小羽片的边缘反卷,形成假囊群盖。

2. 观察蕨叶横切片

取蕨的孢子叶永久制片于显微镜下观察,辨认孢子囊、囊托、囊群盖和假囊群盖,注意比较囊群盖和假囊群盖的位置和厚薄(图4-8)。

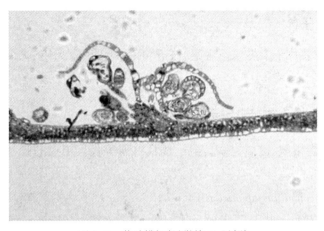

图4-8 蕨叶横切(显微镜下,局部)

3. 观察蕨的孢子囊

取蕨的一个小羽片放于载玻片上,滴一两滴水,用解剖针向外侧轻轻拨开假囊群盖,一些孢子囊被拨出,移除小羽片的碎片,补加一滴水,盖上盖玻片,于显微镜下观察孢子囊的形态结构,比较环带细胞、唇细胞及其他壁细胞的区别。孢子囊柄由多细胞构成,囊壁由单层细胞构成,囊壁上有一条斜纵向排列的环带,环带细胞的侧壁和内切向壁均木质化增厚,其中有几个不加厚的扁平状细胞为唇细胞;孢子成熟时,由于环带细胞失水,外切向壁向细胞腔内收缩,环带上反卷,在唇细胞处横向断开,露出孢子,维持环带原形状的力使环带收缩,弹出孢子。

4. 观察原叶体和生殖器官

取蕨原叶体(精子器和颈卵器)切片于显微镜下观察,蕨原叶体心形,由薄壁细胞组成(图4-9)。蕨为雌雄同体,颈卵器和精子器皆生于原叶体的腹面。颈卵器一般产于原叶体凹入口的后方及其附近,精子器多生于中后部及边缘;颈卵器腹部埋于原叶体内,颈部露出,从侧面可观察到两列5—7个细胞的颈部;精子器球形,突出表面,壁一层细胞,内含大量精子;颈卵器数目较少,精子器数目较多。

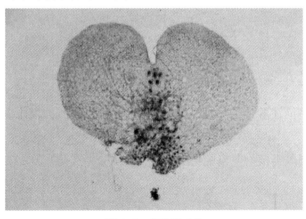

图4-9 蕨的原叶体

5. 观察幼孢子体

取蕨幼孢子体装片于显微镜下观察,注意幼孢子体和原叶体的关系,比较幼孢子体和成熟孢子体在形态上的差异。

(二)常见蕨类植物蜡叶标本的观察

观察石松属、卷柏属、蕨属、槐叶萍属、满江红属等代表植物的腊叶标本,并对其主要特征进行比较归纳。

例如:石松(*Lycopodium japonicum* Thunb. ex Murray),多年生草本植物,茎匍匐、直立或悬垂生长,多回二叉状分枝,具不定根。叶小型,在茎上螺旋状排列。孢子囊穗生于枝端。

中华卷柏[*Selaginella sinensis* (Desv.) Spring],多年生草本,茎匍匐,小型叶排成4行,2行侧叶较大,2行中叶较小。根托在主茎上断续着生,自主茎分叉处下方生出,不长叶,末端长许多不定根。孢子囊穗棒状,生于枝端,每一片孢子叶叶腋内生一个孢子囊。

六、实验记录和结果处理

(1)绘制蕨孢子叶横切图,并注明孢子叶、囊群盖、囊托、孢子囊等主要结构。

(2)绘制蕨原叶体腹面观或切面观图,并注明精子器和颈卵器。

七、注意事项

(1)使用显微镜进行切片观察时,应严格遵守显微镜使用规程进行操作,轻拿轻放,正确放置装片,保持清洁,使用完后按要求归位。

(2)使用刀片、解剖针等工具进行实验操作时应注意安全,手法正确,避免割伤。

(3)制作水封片时要注意控制水量,避免影响视野,如盖玻片浮起则需用吸水纸吸去多余水分。

八、思考题

(1)以真蕨为例简述蕨类植物的生活史,并分析与苔藓植物相比蕨类植物具有哪些进化的特点。

(2)比较不同属蕨类植物各自的特点及进化水平。

九、参考文献

[1] 周云龙.孢子植物实验及实习[M].3版.北京:北京师范大学出版社,2009.
[2] 王幼芳,李宏庆,马炜梁.植物学实验指导[M].2版.北京:高等教育出版社,2014.
[3] 赵建成,李敏,梁建萍.植物学[M].北京:科学出版社,2013.

十、推荐阅读

[1] 罗宾·C.莫兰.蕨类植物的秘密生活[M].武玉东,蒋蕾,译.北京:商务印书馆,2021.

十一、知识拓展

中国蕨类植物学的奠基人——秦仁昌

秦仁昌(1898—1986),江苏武进人,植物学家,中国科学院院士。一生从事蕨类植物学的研究,中国蕨类植物学的奠基人。

秦仁昌从1923年到1928年,调查研究了江苏南京、浙江南部、安徽南部、湖北西部、青海、甘肃、内蒙古、广西及广东等地的植物,实地考察和采集了大量标本,探索蕨类植物的特性与生长条件,并对标本进行鉴定。1934年,秦仁昌去江西庐山创建森林植物园,引种栽培了中国国内外植物7 000多种,研究阐明了这群植物的发育系统和亲缘关系。1938年他在云南建立了庐山植物园丽江工作站,进行蕨类植物调查研究和采集。1940年,秦仁昌对"水龙骨科"进行了研究,把100多年来囊括蕨类植物80%的属和90%的种的混杂的"水龙骨科"划分为33个科249个属,清晰地显示出了它们之间的演化关系,解决了当时蕨类植物学中难度最大的课题,这个分类系统被称为"秦仁昌系统"。1955年,秦仁昌对蕨类植物分类和进化的细胞学、配子体形态学、孢粉学以及人工杂交实验等进行了研究,开展结合蕨类植物分类的形态解剖和细胞学等实验研究,使中国的分类学研究从单纯的标本观察扩大到形态、解剖、孢粉、细胞、生态、植物地理、古植物和栽培利用等多学科的综合研究。

截至1986年7月,秦仁昌共发表论文160多篇,出版专著和翻译书15本。国际蕨类学会主席亨尼普曼在纪念秦仁昌诞辰90周年大会上评价:"秦仁昌不仅是中国蕨类学之父,也是世界蕨类学之父。"

实验五 　裸子植物观察

　　裸子植物是具有维管组织和颈卵器的高等植物,能形成球花,产生花粉管,形成种子,且种子外面没有果皮包被。裸子植物种子的形成,有助于植物的散布、胚的保护和幼孢子体的成长;其花粉管的产生使受精作用摆脱了水的限制。孢子体发达,并占绝对优势,而配子体则退化,寄生于孢子体上,因此,更有利于陆生生活。

　　裸子植物既是颈卵器植物,又是种子植物,是介于蕨类植物和被子植物之间的维管植物。当代生存的裸子植物为数不多,近800种,分为5纲,即苏铁纲、银杏纲、松柏纲、红豆杉纲和买麻藤纲。我国裸子植物的资源数量,占据全世界的首位,素有"裸子植物故乡"的美称。我国银杉、水杉等是举世闻名的珍稀裸子植物,现已被列为国家一级保护植物。对裸子植物的观察有助于帮助学生掌握裸子植物这一重要植物类群的主要特征及其代表植物的特点。

一、实验目的

　　(1)通过对代表植物的观察掌握裸子植物的主要特征及其对陆生环境的适应特征,增强热爱自然和环境保护的责任感。

　　(2)培养观察和识别常见裸子植物科、属、种的能力。

二、预习要点

　　(1)裸子植物的主要特征及生活史。

　　(2)裸子植物的分类及常见代表植物的主要特征。

三、实验原理

　　裸子植物能够产生种子,胚珠是裸露的,没有子房壁包被,因此种子是裸露的,没有果皮包被;形成球花;根、叶、茎都很发达,配子体进一步退化,寄生在孢子体上,受精过程不需要水,适于生活在干旱的地方;具多胚现象。

松柏纲是当代裸子植物中种类最多、分布最广、经济价值最高的一个类群,我国是松柏纲植物的重要起源地之一,也是松柏纲植物最丰富的国家。其中,松科是松柏纲中种类最多、经济价值最大的一科,有10属250余种。常见代表种类有:松属中的油松(*Pinus tabuliformis* Carr.)、马尾松(*Pinus massoniana* Lamb.)、红松(*Pinus koraiensis* Sieb. et Zucc.),落叶松属中的落叶松[*Larix gmelinii* (Rupr.) Kuzen.]、华北落叶松(*Larix principis-rupprechtii* Mayr),云杉属中的云杉(*Picea asperata* Mast.)、白杆(*Picea meyeri* Rehd. et Wils.)等。本实验主要以油松为代表植物进行裸子植物的解剖观察实验。

四、实验器材

具球花的油松枝条,油松的雌球花和雄球花,银杏的雄球花和种子,侧柏或圆柏的雌、雄球花,常见裸子植物如苏铁、银杏、油松、杉木、侧柏、圆柏等代表植物的腊叶标本,油松雌球花切片、油松雄球花切片。醋酸洋红染液。显微镜、放大镜、镊子、解剖针、刀片、载玻片、盖玻片、滴管、吸水纸等。

五、实验步骤

(一)油松

油松,松科针叶常绿乔木,为中国特有树种,广泛分布于我国东北、中部、西北和西南等地区。

1. 观察油松孢子体的形态

取油松枝条进行观察,注意区分油松的长枝和短枝,观察:在当年新长出的长枝上可看到几种类型的叶子?为几针一束?油松的树皮具鳞片状裂纹,呈片状剥落。也可在校园内观察生活的油松:乔木,幼树树冠塔形,老时分层明显,大枝平展或斜向上,老树平顶。

2. 观察油松的雄球花和雌球花

油松为雌雄同株,花单性,注意观察雌、雄球花的着生位置、数目以及颜色。雄球花圆柱形,多个簇生于当年长枝的基部;雌球花1—2个生于当年长枝(新枝)的顶部稍偏的地方,紫红色。

3. 观察油松的花粉囊和花粉粒

取一个雄球花用放大镜进行观察,注意观察其外形及小孢子叶数目。用镊子取一片小孢子叶在立体显微镜下观察其形状,并在其背面观察两个小孢子囊(花粉囊)的形状、大小和颜色。

将小孢子叶放在载玻片上,用解剖针将小孢子囊刺破,使花粉粒散出,然后将小孢子叶取走,加一滴醋酸洋红,盖上盖玻片,在显微镜下观察花粉粒结构。注意不要滴过多染液,否则花粉粒的气囊朝上,无法观察。在高倍镜下观察成熟花粉粒的形态结构,注意分辨出花粉粒的壁、气囊和退化的第一第二原叶细胞、生殖细胞和管细胞。管细胞的核很大,不要将其误认为是细胞。除第一第二原叶细胞及生殖细胞以外,其余的全部空间均为管细胞所占据。有时只能看到2个或3个细胞,这也可能是因为其发育尚未成熟。可以根据在显微镜下看到的花粉粒结构特点,分析该花粉粒发育的时期。

4. 观察油松的苞鳞、珠鳞和胚珠

取一个雌球花用放大镜观察其外形,用针挑拨,注意区分其珠鳞和苞鳞,注意珠鳞和苞鳞是否分离,胚珠着生在珠鳞的哪一面。单取一片珠鳞观察,注意珠孔朝向和胚珠的数量。

5. 观察不同发育时期的雄球花纵切的永久制片

在不同的发育时期可观察到花粉囊中的造孢组织。可观察到:细胞核大,细胞质浓,减数分裂,有单核花粉粒等不同状态(图4-10)。

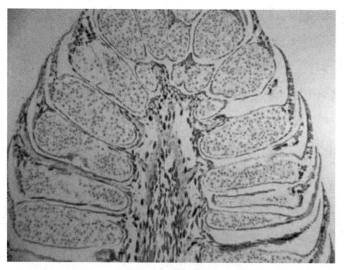

图4-10 油松雄球花纵切(示小孢子囊)

6. 观察不同发育时期的雌球花纵切的永久制片

由于发育阶段的不同,可分别观察到以下各个结构:珠心中的1个大孢子母细胞;4个大孢子(大孢子有3个退化,远离珠孔的一个发育);游离核时期的胚囊;具颈卵器的雌配子体及花粉管;原胚;初级胚柄、次级胚柄和胚(图4-11)。

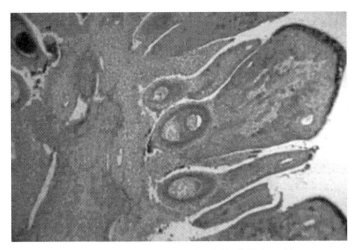

图4-11 油松雌球花纵切(示珠鳞、苞鳞和胚珠)

(二)裸子植物其他重要种类(选做)

1. 银杏(*Ginkgo biloba* L.)

观察银杏雄球花及种子:银杏的雄球花呈柔荑花序状,小孢子叶(雄蕊)多数。取一个小孢子叶,观察其上着生的小孢子囊的数量。将成熟银杏的种子纵切,识别肉质的外种皮、骨质的中种皮、膜质的内种皮以及胚和胚乳。

2. 侧柏[*Platycladus orientalis*(L.)Franco]或圆柏(*Juniperus chinensis* L.)

观察侧柏或圆柏的雌、雄球花:先取侧柏或圆柏的一个雄球花,在立体显微镜下解剖观察,看小孢子叶的排列状态、每个小孢子叶的背面小孢子囊的数量。然后取一雌球花进行观察,注意珠鳞和苞鳞合生,交互对生,以及每个珠鳞着生的胚珠与油松的区别。

(三)常见裸子植物腊叶标本的观察

观察苏铁、银杏、油松或马尾松、杉木、侧柏、圆柏等植物的腊叶标本,并对其主要特征进行比较归纳。

六、实验记录和结果处理

(1)绘制油松一片珠鳞的侧面观图,显示苞鳞和珠鳞分离。

(2)绘制油松成熟花粉粒的结构图。

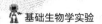

七、注意事项

(1)使用显微镜进行切片观察时,应严格遵守显微镜使用规程进行操作,轻拿轻放,正确放置装片,保持清洁,使用完后按要求归位。

(2)使用刀片、解剖针等工具进行实验操作时应注意安全,手法正确,避免割伤。

(3)观察花粉粒结构时应注意第一第二原叶细胞只剩两道痕迹,所以要反复调节细准焦螺旋才能看清。醋酸洋红染色时间越长,生殖细胞和管细胞的核就越清楚,染色时间最好在5 min以上。

八、思考题

(1)裸子植物的主要特征是什么? 有哪些特征比蕨类植物更适应陆生环境?

(2)银杏在外形上很像杏,它们之间有什么本质区别?

九、参考文献

[1] 尹祖棠,刘全儒.种子植物实验及实习[M].3版.北京:北京师范大学出版社,2009.

[2] 王幼芳,李宏庆,马炜梁.植物学实验指导[M].2版.北京:高等教育出版社,2014.

[3] 赵建成,李敏,梁建萍.植物学[M].北京:科学出版社,2013.

十、推荐阅读

[1] 杨永,王志恒,徐晓婷.世界裸子植物的分类和地理分布[M].上海:上海科学技术出版社,2017.

十一、知识拓展

植物"活化石"——水杉

水杉(*Metasequoia glyptostroboides* Hu & W. C. Cheng)是世界上珍稀的孑遗植物。远在中生代白垩纪,地球上已出现水杉类植物,并广泛分布于北半球。冰期以后,这类植物几乎全部绝迹。在欧洲、北美和东亚,从晚白垩至新世的地层中均发现过水杉化石,20世纪40年代中国的植物学家在湖北、四川交界的谋道溪(磨刀溪)发现了幸存的水杉巨树,树龄约400余年。后在湖北利川市水杉坝与小河发现了残存的水杉林,胸径在20 cm以上的有5 000多株,还在沟谷与农田里找到了数量较多的树干和伐兜。随后，又相继在重庆石柱县冷水与湖南龙山县洛塔、塔泥湖发现了200年以上的大树。

水杉的发现被认为是中国现代植物学的重要成就之一，它对于古植物学、古气候学、古地理和地质学，以及植物形态学、分类学和裸子植物系统发育的研究均有重要的意义，受到国际植物学界的广泛关注，为中国植物学走向世界开辟了道路。

水杉不仅是中外植物学家进行科学研究的宝贵"活化石"，而且是世界和平和友谊的象征。为了向全世界介绍中国这一珍奇树种的重大发现，在胡先骕先生的主持下，1947年12月，郑万钧先生分别寄给阿诺德树木园、丹麦哥本哈根植物园及附属树木园、荷兰的阿姆斯特丹植物园及印度等地水杉种子。1948年水杉在庐山植物园引种成功，并被大面积种植。自1947年底种子走出国门，至今已经在世界上各大陆生根、发芽、繁殖。全世界的所有植株，都来自中国。曾经像大熊猫一样世界罕见的珍稀植物水杉，先后被引种到世界各地，中国也一度被称为"世界园林之母"，胡先骕也因此成为"现代水杉之父"。

实验六　被子植物观察

被子植物是植物界中最高级、多样性最丰富的适应陆生生活类群。全世界被子植物有12 600属25万多种；我国有3 148属，约3万种，是被子植物最丰富的地区之一。被子植物之所以能够如此繁盛和广泛分布，与其独有的特征是分不开的。被子植物的主要特征为孢子体更加发达完善；具有真正的花，形成了果实；具有双受精现象；配子体进一步退化；传粉方式多种多样。这些都是植物对环境适应的进化表现。对被子植物的观察有助于帮助学生掌握被子植物这一重要植物类群的主要特征及其对环境的适应特征。

被子植物通常根据子叶的数目、叶脉特征和花的基数（3数花或4—5数花）等特点，分为双子叶植物纲（Dicotyledoneae，又称木兰纲，Magnoliopsida）和单子叶植物纲（Monocotyledoneae，又称百合纲，Liliopsida）。

一、实验目的

（1）通过对代表植物形态和解剖结构的观察，掌握被子植物的主要特征及其对环境的适应特征，增强热爱自然和保护环境的责任感。

（2）通过归纳总结，分析双子叶植物和单子叶植物主要营养器官和生殖器官结构的异同。

二、预习要点

（1）被子植物的主要特征和分类。

（2）双子叶植物和单子叶植物根、茎、叶、花、果实和种子的异同。

三、实验原理

被子植物个体的生命活动，一般从上一代个体产生种子开始。种子萌发后形成幼苗，逐渐成长为具有根、茎、叶的植株。植株经过一段时间的营养生长，在一定部位形成花芽，花芽发育成花朵，雄蕊的花药产生花粉粒，花粉粒萌发，形成两个精细胞（雄配子）；同时，雌蕊的子房中形成胚珠，在胚珠的胚囊中又产生卵细胞（雌配子）、极核等。这时，植株开花、传粉和受精。其中一个精细胞和卵细胞融合形成合子(受精卵),随后发育成胚;另一个精细胞与极核融合,发育成胚乳;珠被发育为种皮;最后形成了新一代的种子。

被子植物种类众多,本实验分别选取豆科的蚕豆和禾本科的小麦分别作为双子叶植物和单子叶植物的代表植物进行被子植物的解剖观察实验。

四、实验器材

蚕豆、小麦整株植物新鲜材料;木兰科、毛茛科、十字花科、蔷薇科、豆科、夹竹桃科、唇形科、菊科、禾本科、百合科、兰科等被子植物典型科属代表植物的腊叶标本;蚕豆幼根横切面永久封片、小麦幼根横切面永久封片、蚕豆幼茎横切面永久封片、小麦茎横切面永久封片、蚕豆叶永久封片、小麦叶永久封片等。普通光学显微镜、放大镜、立体显微镜、镊子、解剖针、刀片等。

五、实验步骤

(一)双子叶植物纲

蚕豆(*Vicia faba* L.),属于豆科,野豌豆属,一年生或越年生草本植物。

1. 观察蚕豆植株的形态特征

取蚕豆的植株进行观察,可以看到一条明显粗壮的主根,在主根上生有多级侧根,为直根系,注意观察侧根在主根上的分布规律。茎粗壮,直立,具四棱。偶数羽状复叶,小叶通常1—3对,互生,小叶椭圆形、长圆形或倒卵形,先端圆钝,具短尖头,基部楔形,全缘,两面均无毛,叶轴顶端具不发达的卷须。总状花序腋生,花梗近无,花冠白色,具紫色脉纹及黑色斑晕。

2. 观察蚕豆根的初生结构

取蚕豆幼根横切面永久封片于普通光学显微镜下进行观察,先用低倍镜区分表皮、皮层和维管柱3个部分,观察各部分所占比例,随后通过高倍镜由外至内逐层观察。位于根最外层的一层排列紧密的细胞为表皮。表皮以内由多层薄壁细胞组成的为皮层,占幼根的大部分,可进一步分为外皮层、皮层和内皮层,注意观察内皮层上的凯氏带结构,在根的横切面上可见内皮层的径向壁被染成红色的凯氏点。内皮层以内所有的部分为维管柱,维管柱的最外层1—2层排列整齐而紧密的细胞为中柱鞘,初生木质部和初生韧皮部相间排列,注意观察被染成红色的木质部导管(图4-12)。

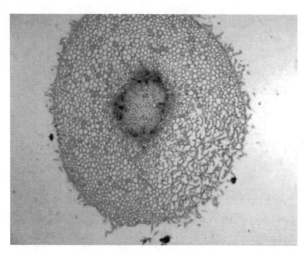

图4-12 蚕豆幼根的横切图

3. 观察蚕豆茎的初生结构

取蚕豆幼茎横切面永久封片于普通光学显微镜下进行观察,先用低倍镜区分表皮、皮层和维管柱,随后转到高倍镜下观察各部分结构。位于茎的最外层的一层小而紧密的细胞为表皮。皮层位于表皮内,是表皮和维管柱之间的部分,紧贴表皮内棱角处的几层细胞在角隅处加厚,为厚角组织。皮层以内的部分为维管柱,较为发达,包括维管束、髓射线和髓。维管束呈束状在横切面上排成一轮,每个维管束由初生韧皮部、束中形成层和初生木质部组成(图4-13)。

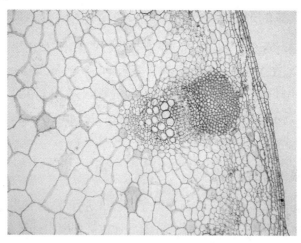

图4-13 双子叶植物茎的横切图

4. 观察蚕豆叶的结构

取蚕豆叶永久封片于普通光学显微镜下进行观察,注意观察表皮、叶肉和叶脉3部分。其中叶肉细胞分化为栅栏组织和海绵组织,为异面叶。主脉的维管束较大,近轴面为木质部,远轴面为韧皮部。

5. 观察蚕豆花的解剖

取新鲜的蚕豆花解剖观察,分别由外向内,由下向上逐层剥离,按顺序将其放在纸上,并用立体显微镜观察花的子房横切面。可观察到蚕豆花单面对称,萼片5枚,基部联合成筒状,蝶形花冠,最上面1片为旗瓣,左、右2片为翼瓣,最下面2片联合为龙骨瓣;雄蕊10枚,近轴1枚分离,远轴9枚联合,称为二体雄蕊;雌蕊1枚,绿色,花柱弯曲,并有扫粉毛。将子房中部横切,在立体显微镜下观察,子房为1心皮1心室,边缘胎座,胚珠多数。

(二)单子叶植物纲

小麦(*Triticum aestivum* L.),禾本科植物,是一种在世界各地广泛种植的谷类作物。

1. 观察小麦植株的形态特征

取小麦的植株进行观察,可见整棵植株的根在粗细上较均匀,没有明显主侧根之分,为须根系。注意观察根由胚轴和茎基部节上产生,为不定根。茎直立,丛生,具6—7节,高60—100 cm。叶由叶鞘、叶片、叶舌和叶耳组成,叶鞘松弛抱茎,叶舌膜质,叶片长披针形,叶面粗糙。穗状花序直立,小穗含3—9小花。

2. 观察小麦根的初生结构

取小麦幼根横切面永久封片于普通光学显微镜下进行观察,先用低倍镜区分表皮、皮层和维管柱3个部分,观察各部分所占比例,随后通过高倍镜由外至内逐层观察,注意与双子叶植物(蚕豆)幼根的初生结构进行比较。

3. 观察小麦茎的初生结构

取小麦茎横切面永久封片于普通光学显微镜下进行观察,注意区分表皮、基本组织和维管束3部分。维管束排列呈两轮,外轮维管束分布在厚壁细胞中,内轮维管束分布在薄壁细胞中,初生木质部常含有3—4个口径较大、被染成红色的导管,原生木质部导管与后生木质部导管在横切面上排成"V"字形。中央为髓腔(图4-14)。

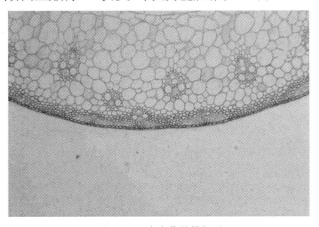

图4-14　小麦茎的横切图

4. 观察小麦叶的结构

取小麦叶永久封片于普通光学显微镜下进行观察,注意与双子叶植物叶进行比较。在上表皮两个维管束之间可以看到呈扇形排列的泡状细胞。叶肉中无栅栏组织和海绵组织之分,为等面叶。维管束平行排列(图4-15)。

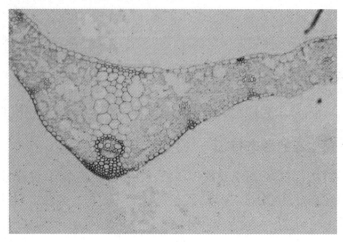

图4-15　小麦叶的横切图

5. 观察小麦花的解剖

取新鲜的小麦花解剖观察,分别由外向内,由下向上逐层剥离,按顺序将其放在纸上,并用立体显微镜观察花的子房横切面。可观察到穗状花序挺直,花序轴曲折,每节上生1无柄小穗,长穗最外面2片为颖片,分别称为外颖和内颖;颖片内有数朵花,每朵花有外稃和内稃,外稃有芒,外稃和内稃内包含2枚肉质透明的浆片、3枚雄蕊和1枚雌蕊,子房上位。子房中部横切,在立体显微镜下观察,子房为2心皮。

(三)常见被子植物腊叶标本的观察

观察木兰科、毛茛科、十字花科、蔷薇科、豆科、夹竹桃科、唇形科、菊科、禾本科、百合科、兰科等典型科属代表植物的腊叶标本,并对其主要特征进行比较归纳,试分析其演化规律。

六、实验记录和结果处理

(1)绘制蚕豆或小麦根的初生结构图,并注明各部分名称。
(2)绘制蚕豆或小麦茎的初生结构图,并注明各部分名称。
(3)绘制小麦小穗的形态图。

七、注意事项

(1)使用显微镜进行切片观察时,应严格遵守显微镜使用规程进行操作,轻拿轻放,正确放置装片,保持清洁,使用完后按要求归位。换用高倍镜观察时,两眼需从显微镜侧面注视,若发现镜头有可能与玻片相碰,应检查原因并排除。

(2)使用刀片、解剖针等工具进行实验操作时应注意安全,手法正确,避免割伤。进行花的材料解剖时应小心剥离,避免破坏花的各部分,影响观察。

八、思考题

(1)被子植物的主要特征是什么?有哪些特征比裸子植物更适应环境?

(2)如何区分单子叶植物和双子叶植物根的初生结构?

(3)单子叶植物和双子叶植物茎的初生结构有哪些异同?

(4)概述花的解剖顺序和注意事项。

(5)归纳总结校园中比较熟悉的被子植物的主要特征。

九、参考文献

[1] 周仪.植物形态解剖实验[M].4版.北京:北京师范大学出版社,2008.

[2] 王幼芳,李宏庆,马炜梁.植物学实验指导[M].2版.北京:高等教育出版社,2014.

[3] 赵建成,李敏,梁建萍.植物学[M].北京:科学出版社,2013.

十、推荐阅读

[1] 英国DK出版社.DK植物大百科[M].刘凤,李佳,译.北京:北京科学技术出版社,2020.

十一、知识拓展

我国科学家揭示金粟兰目的基因组信息

2021年11月26日,*Nature Communications*在线发表了来自兰州大学刘建全团队的文章"The Chloranthus sessilifolius genome provides insight into early diversification of angiosperms",填补了核心被子植物最后一个主要分支——金粟兰目的基因组信息空白,并对被子植物的早期演化历程提供了更为翔实的证据。

被子植物（Angiospermsor flowering plants）是地球上分布范围最广、多样化程度最高、适应性最强的陆生植物类群，极大地影响了其他生物类群的演化进程。被子植物在早期经历了快速的辐射进化，但其内部演化关系迟迟未被解决，这一问题也被称为达尔文的"恼人之谜"。经过前人长时期的努力，目前被子植物被划分为：无油樟目、睡莲目、木兰藤目和核心被子植物（Mesangiospermae）。无油樟目、睡莲目、木兰藤目共同被称为 ANA grade，是被子植物的基部类群，系统发育关系相对稳定，而核心被子植物包含了约99.95%的被子植物，又可被划分为五大类群：双子叶、单子叶、木兰类、金鱼藻目和金粟兰目，它们之间的演化关系一直存在争议。近年来，随着各类群代表物种全基因组测序相继完成，其各自的进化历程均有了坚实而可靠的证据。刘建全团队在2020年首次报道了金鱼藻和芡实的基因组，证明了核心被子植物内部存在广泛的不完全谱系分选和杂交事件是导致树形冲突的主要原因。但是金粟兰目一直未有基因组报道，其演化历程以及整个核心被子植物的演化过程还有待深入分析。为此该团队再次利用 Nanopore、Illumina 和 Hi-C 技术，构建了第一个金粟兰目植物（四川金粟兰，*Chloranthus sessilifolius*）的高质量染色体级别基因组，Contig N50 高达 53.74 Mb，并使用多种分析方法对上述问题进行了深入的阐述。

实验七　动物细胞和组织的观察

你见过动物细胞吗？你知道细胞是怎么构成人体的吗？组成人体的组织有哪些类型？它们有哪些功能特点？又是什么形状的呢？这些都可以在显微镜下借助临时装片和永久装片标本看到。

动物和人体的发育都是从一个细胞——受精卵开始的，受精卵通过细胞分裂产生新细胞。这些细胞最初在形态结构方面很相似，且具有分裂能力。在发育过程中，细胞通过分裂产生了在形态结构和功能上有差异的"后代"，即细胞通过生长和分化产生不同的细胞群，每个细胞群都是由形态相似，结构、功能相同的细胞联合在一起，并与细胞外基质进一步形成组织。

动物有四种基本组织，分别是上皮组织、肌肉组织、结缔组织和神经组织。

一、实验目的

(1)通过实验观察，能概述动物细胞的基本结构和特点，辨别动物的四种基本组织，并说出其结构特点和功能，认可结构与功能相适应的科学观念。

(2)经历实验，进一步熟练显微镜的正确使用方法，并逐渐形成实事求是的科学态度、严谨求实的科学精神。

二、预习要点

(1)动物的基本组织类型及特点。
(2)普通光学显微镜的操作要点。

三、实验原理

1. 动物细胞的形态结构与功能

细胞的形态结构与功能相关是很多细胞的共同特点，在分化程度较高的细胞中更为明显，这种合理性是在生物漫长进化过程中所形成的。例如：具有收缩机能的肌细胞伸展为细长形；具有感受刺激和传导冲动机能的神经细胞有长短不一的树枝状突起；游离的血细胞为圆形、椭圆形或圆饼形。不论细胞的形状如何,细胞的结构一般分为三大部分:细胞膜、细胞质和细胞核。但也有例外,例如:哺乳类红细胞成熟时细胞核消失。

2. 动物组织

根据细胞结构和功能的特点,将动物组织分为上皮组织、结缔组织、神经组织、肌肉组织四个类型。

上皮组织由上皮细胞构成,主要分布在体表或体内的管、腔、囊、窦的内表面以及内脏器官的表面,具有保护、分泌等功能,如皮肤能保护体表,小肠腺上皮能分泌消化液。肌肉组织主要由肌细胞构成,具有收缩和舒张功能,能够使机体产生运动,如平滑肌、心肌。结缔组织有多个种类,骨组织、血液等都属于结缔组织,它具有支持、连接、保护和营养等功能。神经组织主要由神经细胞和神经胶质细胞构成。神经细胞能够感受刺激,传导神经冲动,在体内起着调节和控制作用。神经胶质细胞主要起支持、保护、营养和绝缘作用。

3. 肌肉组织的较好标本材料——蝗虫

蝗虫,俗称"蚂蚱",在我国分布范围广,危害严重,其中东亚飞蝗是造成我国蝗灾的最主要飞蝗种类,主要危害禾本科植物,是农业害虫。蝗虫属于节肢动物门,身体分为头部、胸部和腹部。其中胸部是运动中心,蝗虫的足、翅膀分布在胸部,肌肉较为发达,因此选择蝗虫浸制标本的胸部观察肌肉组织具有较好的效果。

四、实验器材

活蛙、蝗虫浸制标本,四种组织的永久切片。蒸馏水、生理盐水、1%亚甲蓝、稀碘液。普通光学显微镜、消毒牙签、解剖针、滴管、纱布、镊子、吸水纸、载玻片、盖玻片。

五、实验步骤

(一)人的口腔上皮细胞

(1)用洁净的纱布将载玻片、盖玻片擦拭干净。

(2)在载玻片中央滴一滴生理盐水。

(3)用消毒牙签在自己已漱干净的口腔内侧壁上轻轻刮几下,把牙签上的碎屑一端放在载玻片的生理盐水中,轻涂几下。

(4)用镊子夹起盖玻片,使它的一边先接触载玻片上的生理盐水,再将盖玻片缓慢放平,注意避免盖玻片下出现气泡。

（5）在盖玻片的一侧滴加几滴稀碘液,用吸水纸在盖玻片的另一侧吸引,使碘液浸润全部标本。

（6）将临时装片放在普通光学显微镜下观察(图4-16),并绘图记录。

实验思考:制作人的口腔上皮细胞临时装片时,为什么要用生理盐水?

课堂练习:练习制作人的口腔上皮细胞临时装片。

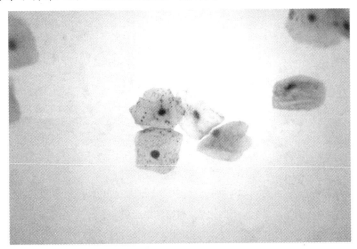

图4-16　口腔上皮细胞

(二)上皮组织

（1）在显微镜下观察复层扁平上皮组织永久装片。

（2）绘制上皮组织图像。

实验思考:上皮组织有什么特点? 你知道哪些上皮组织类型?

课堂练习:观察上皮组织永久装片。

(三)疏松结缔组织

（1）将活蛙处死后,剪开腹部的皮肤,用镊子从皮肤与肌肉层之间取下一小片结缔组织,放在干净的载玻片上。

（2）滴加一滴生理盐水,用解剖针将其展平,滴加数滴1%亚甲蓝进行染色。

（3）2 min后,用生理盐水冲去多余染液。

（4）加上盖玻片,放在显微镜下观察,并绘图记录。

实验思考:制作疏松结缔组织装片时,为什么要用生理盐水和亚甲蓝?

课堂练习:练习制作疏松结缔组织临时装片。

(四)致密结缔组织

（1）在显微镜下观察致密结缔组织永久装片(图4-17)。

（2）绘制致密结缔组织图像。

实验思考:致密结缔组织有何特点?

课堂练习:观察致密结缔组织永久装片。

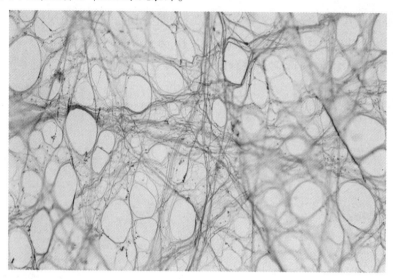

图4-17 致密结缔组织

(五)血液组织

(1)取一个干净的小器皿,加入少许生理盐水。

(2)将活蛙处死后,解剖蛙,用吸管从心脏处取血液,放在盛有生理盐水的小器皿中混合。

(3)用滴管吸取血液与生理盐水的一滴混合液,放在载玻片上,制成临时装片。

(4)放在显微镜下观察,并绘图记录。

(5)观察人血涂片永久装片。

实验思考:制作血液组织临时装片时,为什么要用生理盐水?取血液时在心脏的哪个位置最合适?

课堂练习:练习制作血液组织临时装片,观察人血涂片永久装片。

(六)肌肉组织

(1)在干净的载玻片上滴加几滴蒸馏水。

(2)从保存的蝗虫浸制标本胸部用镊子取下一小束肌肉,放在载玻片上的蒸馏水中。

(3)用解剖针顺着肌纤维仔细分离,加上盖玻片,放在显微镜下观察,并绘图记录。

(4)在显微镜下观察平滑肌永久装片。

实验思考:为什么肌原纤维有明暗相间的横纹?

课堂练习:观察肌肉组织(图4-18)永久装片。

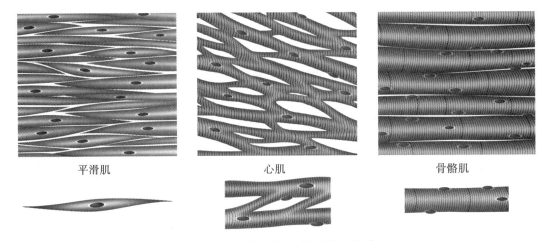

平滑肌　　　　　　心肌　　　　　　骨骼肌

图4-18　三种类型的肌肉组织和肌细胞

(七)神经组织

(1)在显微镜下观察神经组织永久装片。

(2)绘制神经组织图像。

实验思考:神经细胞的结构有哪些? 分别有什么功能?

课堂练习:观察神经组织永久装片。

六、实验记录和结果处理

根据观察到的动物细胞和组织装片,绘制出各组织的图像,并尝试标明图中出现的结构名称。

七、注意事项

(1)染液不可加得过多,以免妨碍观察。

(2)处理活蛙时要注意方法,避免自己受伤。

八、思考题

(1)动物细胞的基本结构及其功能是什么?

(2)动物四种基本组织的结构特点与主要功能是什么?

(3)使用普通光学显微镜观察装片的操作要点是什么?

九、参考文献

［1］刘凌云,郑光美.普通动物学实验指导［M］.3版.北京:高等教育出版社,2010.

［2］周波,王德良.基础生物学实验教程［M］.北京:中国林业出版社,2016.

［3］人民教育出版社,课程教材研究所,生物课程教材研究开发中心.义务教育教科书教师教学用书·生物学:七年级(上册)［M］.北京:人民教育出版社,2012.

十、推荐阅读

［1］张岩,符春锋.动物细胞运动的观察［J］.生物学教学,2022,47(8):63-64.

［2］赵德明,周向梅,杨利峰,等.动物组织病理学彩色图谱［M］.北京:中国农业大学出版社,2015.

［3］窦露,刘畅,杨致昊,等.动物肌肉组织蛋白质代谢调控的研究进展［J］.动物营养学报,2022,34(1):39-50.

实验八 常见原生动物的观察

原生动物是起源最早的单细胞动物,其结构虽然简单,但是能完成多细胞生物有机体的几乎所有生理机能,例如摄食、消化、排泄、繁殖和运动等,这些生理机能依靠复杂的细胞器完成,包括与其他细胞类似的线粒体、高尔基体、内质网和叶绿体等,还有一些特殊的细胞器。

原生动物隶属于五界分类系统中的原生生物界,多样性程度非常高,但它不是一个自然的单系类群,而是并系甚至可能是多系的集合群,因此,原生动物的分类系统比较复杂,经历了多次较大的修正仍然没有得到一个公认的统一标准。总体来讲,根据形态结构与运动特点,原生动物主要包括纤毛虫类或纤毛纲、鞭毛虫类或鞭毛纲、变形虫类或肉足纲和孢子虫类或孢子虫纲,其中,前三类的少数种类和孢子虫类的全部种类为寄生种,例如引起人类疟疾的疟原虫等。

原生动物主要通过无性生殖繁殖后代,生命周期短,繁殖快,是理想的科研材料。此外,原生动物在生态系统中扮演着生产者、消费者和分解者等多种角色,具有重要的生态价值。某些种类的原生动物含有叶绿体,某些种类是由个体产生的多个克隆体相互附着的群体,因此,原生动物是动物与植物、单细胞动物与多细胞动物的桥梁,具有重要的进化研究价值。

一、实验目的

(1)知道常见原生动物的生活环境。

(2)熟悉原生动物的取样及压片方法,掌握在显微镜下观察原生动物的技巧。

(3)通过观察草履虫、眼虫和变形虫,知道常见原生动物各纲的特征,能够认识各纲动物的异同。

(4)认识原生动物的应激性。

(5)认识原生动物在进化历史中的地位,以及对人类和生态系统的价值。

二、预习要点

(1)常见原生动物的分纲依据及其代表种类。

(2)原生动物的特殊细胞器及其功能。

三、实验原理

营自由生活的原生动物分布广,在淡水、海洋和潮湿的土壤中都能找到。在池塘中取一瓶水样,带回实验室制成临时装片,借助显微镜就可以观察到多种原生动物,以及它们的形态结构与运动特点。其中,以量少而较长的鞭毛作为运动器的即鞭毛虫类,以量多而短的纤毛作为运动器的即纤毛虫类,以伸出伪足为运动器的即变形虫类(或肉足虫类)。

四、实验器材

眼虫、草履虫和变形虫高密度培养液,富含原生动物的天然水样,草履虫横二分裂生殖和接合生殖永久装片、载玻片、盖玻片、滴管、吸水纸、脱脂棉等。0.1%中性红染液、醋酸地衣红、蓝黑墨水、NaCl等。普通光学显微镜。

五、实验步骤

(一)草履虫(*Paramecium caudatum*)及其他纤毛虫的观察

纤毛虫类因其具有数量较多的纤毛而得名,纤毛的结构与鞭毛相同,均为细胞表面的突起,其内有多条微管,微管的相对滑动引起纤毛或鞭毛的弯曲,从而实现摆动。纤毛虫类是原生动物中多样性程度最高、结构最复杂的一类。大部分具有摄食的细胞器。细胞核一般分化为大核和小核,大核与营养代谢相关,小核与生殖相关。生殖方式包括横二分裂(无性生殖)和接合生殖(有性生殖)。其中,草履虫一般生活在有机质较丰富的池塘、缓流的小沟、小河以及居民区附近的水沟中,分布广、易繁殖,是大多数教科书中原生动物的代表,也是细胞生物学、遗传学等学科的重要实验对象。

1. 草履虫的形态结构与运动观察

(1)制片 取一洁净的载玻片,用滴管吸取草履虫培养液表层(培养液静置一段时间后,草履虫会向表层水聚集),将一小滴草履虫培养液滴于载玻片的中央,再加上一薄层撕扯蓬松且空隙均匀的棉花纤维,以限制草履虫的快速游动,便于观察。盖好盖玻片,吸去多余水分,置于低倍镜下观察。观察时可适当缩小光圈、降低聚光器,从而增大明暗反差。

(2)草履虫的外形 草履虫体表密被纤毛,末端纤毛较长。草履虫因形似一倒置的草鞋而得名,前端钝圆而略小,后端稍尖,虫体前部稍窄,后部较宽。在前端有一斜向后部直达虫体中部的凹沟为口沟,由体壁凹陷形成,口沟内纤毛的有力摆动能将食物颗粒随水流拨入胞口,再通过胞咽进入虫体。口沟后端有胞肛,观察正在排遗的草履虫可以看到它的位置。

课堂练习:制作草履虫临时装片,观察草履虫的外形。

(3)草履虫的内部结构　选择一个体形较大且不太活动的草履虫,在高倍镜下观察其内部结构。虫体的最外面为表膜,表膜往内依次是外质和内质。外质透明无颗粒,内有许多与表膜垂直排列的折光性强的椭圆形刺丝泡。内质为颗粒状,包含若干大小不同的球形食物泡。内质的中央为一大一小2个细胞核,生活状态下不易观察到,可用醋酸地衣红染色,在低倍镜下可观察到虫体中部被染成深红色呈肾形的大核,在高倍镜下可观察到大核凹处的红色点状结构,即为小核。在虫体前部和后部内质中各有一透明圆形泡,可以伸缩,为伸缩泡。伸缩泡缩小时,可见其周围有6—11条放射状排列的透明小管,为收集管,收集管贯通于原生质中。

实验思考:伸缩泡的作用是什么? 如果加入一定浓度盐溶液会引起什么变化?

课堂练习:观察草履虫的内部结构;观察前、后伸缩泡之间以及伸缩泡与收集管之间的伸缩规律是怎样的。

从盖玻片一侧滴加一滴中性红染液,用吸水纸从盖玻片另一侧吸引,置于显微镜下观察。在高倍镜下可以看到红色的食物泡在草履虫体内形成,并沿着一定的线路移动。此外,还能观察到食物残渣通过胞肛排出体外(排遗)的过程。

实验思考:食物泡在移动的过程中大小和颜色会发生何变化? 为什么?

课堂练习:观察食物泡在虫体内的移动路线。

(4)草履虫的运动　草履虫的表膜有弹性,当其穿过棉纤维时,可以改变体形从而穿过缝隙。

课堂练习:观察草履虫的纤毛如何摆动,草履虫如何前进,遇到阻碍时作何反应。

2. 草履虫的生殖

通常活体观察时可以看到,如未能观察到,则取永久装片进行观察(图4-19)。

实验思考:草履虫的无性繁殖是横裂还是纵裂? 接合生殖时虫体在何处接合?

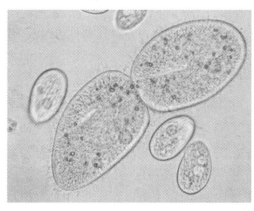
A.横二分裂

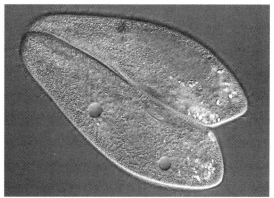
B.接合生殖

图4-19　草履虫的生殖

3. 草履虫的应激性实验

另取一洁净的载玻片,于中央滴一滴草履虫培养液,再加棉纤维和盖玻片,在盖玻片的一侧滴加稀释20倍的蓝黑墨水,另一侧用吸水纸吸引染色,置于显微镜下观察,可见草履虫射出刺丝,呈乱丝状包裹在虫体周围。

实验思考:草履虫的刺丝有何作用?

4. 其他常见纤毛虫类

天然水体中通常有大量的原生动物,常见的纤毛虫还有绿草履虫(*Paramecium bursaria*)、四膜虫(*Tetrahymena*)、棘尾虫(*Stylonychia*)、游仆虫(*Euplotes*)、钟形虫(*Vorticella*)、喇叭虫(*Stentor*)等。此外,有一种头冠的纤毛也很明显的轮虫,实为轮虫动物门的多细胞动物,结构更为复杂,身体由头、躯干和足三部分组成,且纤毛只存在于头冠,应注意与纤毛虫区分。

(1)绿草履虫 生活在清洁的水域中。因其细胞质内有共生的小球藻而得名,虫体也因此呈绿色。体长80—150 μm,体宽为体长的一半。口沟宽,后端圆钝,其余结构与草履虫相似。

(2)四膜虫 分布在全球的淡水水域中。虫体呈椭圆长梨形或卵形,长28—70 μm。口位于虫体前端腹面,因口的右边缘有一个波动膜,口内有三个小膜,得名四膜虫。全身布满纤毛,纤毛排列成数十条纵列,口后纤毛有2列。

(3)棘尾虫 生活在水生植物较多的水域中。虫体扁,呈椭圆形,体长100—300 μm。纤毛不发达,仅腹面有棘毛,尾端有3条棘毛,棘毛是由纤毛集合形成。口器包括一个弓形口旁小膜带和位于腹面中线前端的波动膜。有2个大核,2个及以上小核。仅一个伸缩泡,位于虫体左侧中部(图4-20A)。

(4)游仆虫 生活于各种淡水和咸水环境中,有些在污水处理厂的活性污泥中普遍存在。虫体呈卵圆形,长50—150 μm,少数种类体长超过150 μm。胞口位于近细胞前端腹部一侧,胞口小膜带的远端形成明显的毛边。同棘尾虫一样,仅腹面有棘毛,尾端棘毛多为4条或5条。大核形态类似带状并弯曲,呈马蹄形、"C"形或类似数字"3"。小核小而呈球形。有一伸缩泡(图4-20B)。

(5)钟形虫 生活在淡水或咸水中。因虫体形似一口钟而得名。虫体能伸缩,收缩后直径为30—40 μm。口缘小膜带有纤毛,其他部位无纤毛。反口端连接一条能螺旋状伸缩且不分枝的柄,直径为3—4 μm,长100 μm,柄的基部常附于水生植物、水生动物或其他被水淹没物体上。大核横向、弯曲,小核1个。伸缩泡1个,开口于胞咽处(图4-20C)。

(6)喇叭虫 生活在富含有机质的淡水中,虫体较大,肉眼可见。能伸缩,因伸展时呈喇叭形而得名。体表布满成行的纤毛,口缘小膜带的纤毛发达,顺时针旋至口旁。虫体后端呈柄状,常以柄附着于其他物体表面。多数种类具有念珠状大核、若干小核。伸缩泡1个,位于虫体前端一侧。

课堂练习:取不同的天然水体制作临时装片,观察鉴别水体中的纤毛虫。

 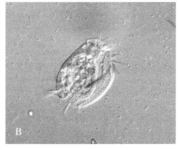 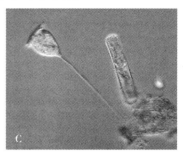

A.棘尾虫   B.游仆虫   C.钟形虫

图4-20 常见纤毛虫

(二)绿眼虫(*Euglena viridis*)及其他鞭毛虫的观察

鞭毛虫类因具有鞭毛而得名,鞭毛与纤毛的区别在于较长而量少,鞭毛既是运动器,还具有感觉与协助摄食的功能。多数种类为单细胞,少数为多细胞。鞭毛虫的细胞质没有明显的内质与外质的分化。生殖方式主要为纵二分裂的无性生殖和有性生殖。大多数种类具有一个大的细胞核,位于身体的近后端,少数种类具有2个核。根据营养方式的不同,可分为两个亚纲:植鞭亚纲(Phytomastigina)和动鞭亚纲(Zoomastigina)。植鞭亚纲一般具有色素体,能进行光合作用,营养方式为自养,自由生活在淡水或海水中,如眼虫(*Euglena*)、盘藻(*Gonium*)、团藻(*Volvox*)、夜光藻(*Noctiluca*)、锥囊藻(*Dinobryon*)等,因其能进行光合作用自养,又被植物学家作为鞭毛藻类进行研究。动鞭亚纲无色素体,营寄生、腐生或吞噬营养生活,如引起黑热病的利什曼原虫(*Leishmania*)、引起昏睡病的锥虫(*Trypanosoma*)、寄生于鱼鳃的隐鞭虫(*Cryptobia*)、共生于白蚁肠道的披发虫(*Trichonympha*)等。

1. 绿眼虫的形态结构与运动观察

绿眼虫一般生活在有机质较多的水域中,大量繁殖后使水体呈绿色。

(1)制片 取一洁净的载玻片,用滴管吸取向光一侧的眼虫培养液,将一小滴眼虫培养液滴于载玻片的中央,盖上盖玻片,吸去多余水分,置于低倍镜下观察。观察时可适当缩小光圈、降低聚光器,从而增大明暗反差。视野中出现的绿色、纺锤形、体形较小的单细胞生物即为眼虫。选择一个较大且不太活泼的眼虫在高倍镜下观察。

(2)眼虫的结构 眼虫体内有叶绿体,使虫体呈绿色,叶绿体的大小、形状、结构与数量等是重要的分类特征。虫体前端顶部有一凹陷,凹陷的前端为胞口,后为胞咽,胞咽附近有一明显的红色眼点,眼点旁可见一泡状无色透明的储蓄泡,具有排泄代谢废物的功能,经胞咽通过胞口排出体外。将显微镜光线调暗,可见胞口中伸出一根鞭毛不停摆动。储存的副淀粉体及伸缩泡不易观察到(图4-21)。有些个体呈圆形,不运动,胞体外包裹着一两层外膜,是眼虫形成的包囊,这是眼虫度过条件不良时期形成的保护性结构,有的还能在包囊中进行分裂繁殖,环境好转时,眼虫破囊而出,恢复生机。

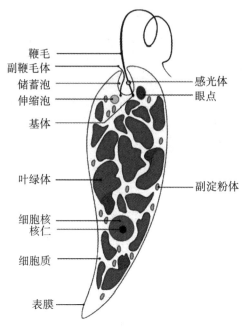

图4-21　绿眼虫模式图

（图中标注：鞭毛、副鞭毛体、储蓄泡、伸缩泡、基体、叶绿体、细胞核、核仁、细胞质、表膜、感光体、眼点、副淀粉体）

实验思考：鞭毛如何摆动？眼点有何功能？

（3）眼虫的运动　绿眼虫体表被覆具斜纹的表膜，有弹性，使虫体能伸缩变形，当眼虫运动时，呈现出蠕动样，称为眼虫式运动。

课堂练习：观察眼虫如何运动，如何前进。

2. 其他常见鞭毛虫类

在富含有机质的池塘、湖泊或水坑中，还能采集到多种鞭毛虫，常见的有衣藻（*Chlamydomonas*）、盘藻（*Gonium*）、实球藻（*Pandorina*）、空球藻（*Eudorina*）、隐滴虫（*Cryptomonas*）等，这些原生动物通常也被植物学家当成藻类来研究。

（1）衣藻　细胞呈卵形、球形、椭圆形等，细胞壁薄。前端具两根等长的鞭毛，鞭毛基本具1个或2个伸缩泡。具有1个大型叶绿体，多数呈杯状，其开口位于细胞前端，基部有1个大的蛋白核，近前部侧面有1个红色眼点。观察完活体后可从盖玻片一侧加一滴I_2-KI溶液进行染色，可见聚集淀粉的蛋白核被染成蓝色，两条鞭毛因吸碘变粗而清晰可见。在环境不利时，细胞停止游动，并进行多次分裂，外围包裹厚胶质鞘，形成临时"不定群体"，等环境好转，群体中的细胞产生鞭毛，破鞘逸出。

（2）盘藻　因其通常由4、16或32个细胞排列成一平板而得名，这些细胞埋藏在一个共同胶被里，形成一个"定形群体"。每个细胞都是一个衣藻型的胞体，有1对等长的鞭毛、1个细胞核、1个具蛋白核的杯状叶绿体、1个眼点和2个伸缩泡。细胞之间有原生质的联系（图4-22A）。

（3）实球藻　因其由8、16或32个衣藻型细胞组成球形或椭球形实心群体而得名。细胞排列紧密，埋藏在一个共同的无色透明胶被里。每个细胞具1个细胞核、1个具至少1个蛋白核的杯状叶绿体、1个眼点及2根鞭毛,鞭毛下有2个伸缩泡。鞭毛伸出胶被之外(图4-22B)。

(4)空球藻　因其由16、32或64个衣藻型细胞组成球形或者椭球形的空心群体而得名,群体中央为充满液体的空腔,群体被包裹在糖蛋白中。空球藻有雌、雄之分。群体有前后端的分化。在生殖时,有时可以看到有一两个细胞失去分裂能力,最后死去,这是营养细胞和生殖细胞分化的开始,说明空球藻发展到了多细胞群体的较高阶段(图4-22C)。

(5)隐滴虫　细胞椭圆或长卵形,略扁平和弯曲,平均体长40 μm。具明显的口沟结构。鞭毛2条,略不等长,一条较短、卷曲,另一条较长、直,此外,鞭毛上布满了纤细的毛,以便于更好地运动。伸缩泡1个,位于细胞前端。色素体常为2个。具2个船形的叶绿体,每一个都有四层膜,在中间两层之间有一个被简化的细胞核,称类核体,表明叶绿体起源于真核共生体(图4-22D)。

课堂练习:取不同的天然水体制作临时装片,观察鉴别水体中的鞭毛虫。

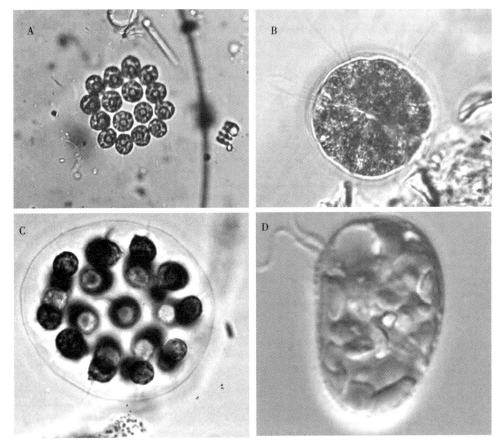

图4-22　常见鞭毛虫

A.盘藻;B.实球藻;C.空球藻;D.隐滴虫。(B. By Deuterostome-Own work, CC BY-SA 3.0, https://commons.wikimedia.org/w/index.php? curid=17064256　C. By Environmental Protection Agency-http://www.epa.gov/glnpo/image/viz_nat6.html, Public Domain, https://commons.wikimedia.org/w/index.php?curid=2776941　D. 自 https://eol.org/media/10642135)

（三）大变形虫（*Amoeba proteus*）及其他肉足虫的观察

肉足虫因依靠细胞质中内质和外质相互转化形成的伪足来实现运动而得名。伪足既有运动功能，还有摄食和排泄等功能。有些种类体表没有坚韧的表膜，因此形态不固定，有些种类有外壳包被。有孔虫和放射虫能进行有性生殖，其余一般行二分裂方式的无性生殖。为了调节渗透压，大多数淡水生活的变形虫都有一个伸缩泡，可以将多余的水从细胞中排出，在海洋中生活的变形虫则没有伸缩泡。不同类群的变形虫大小变异较大，最小的只有2—3 μm，最大的可达20 cm。

1. 大变形虫的形态结构与运动观察

（1）制片 取一洁净的载玻片，用吸管从标本液底部的泥沙表面或从培养液中吸取数滴放在载玻片上，盖好盖玻片，吸去多余水分，置于低倍镜下观察。由于变形虫在制片时受到震动会缩成一团，因此可以静置片刻，等虫体伸展后再进行观察。因为变形虫的胞质内容物几乎无色，观察时应将光源调暗，降低聚光器，如果光线太强会导致不易观察到。需要有耐心，仔细检查整张装片，发现变形虫后，换高倍镜观察。

（2）变形虫的结构 变形虫体的最外面为极薄的质膜，其内为细胞质，明显地分为两部分，外边一层透明的、黏性较大的为外质，外质里面颜色较暗、含有颗粒、流动性较大的部分叫作内质。在内质的中央有一个呈扁圆形、较内质略为稠密的结构即为细胞核。在内质中还可看到一些大小不同的食物泡，以及一个清晰透明、时隐时现的圆形伸缩泡（图4-23）。

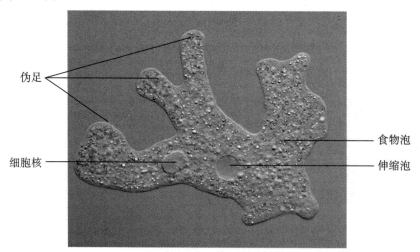

图4-23　大变形虫的显微照片

（3）变形虫的运动与摄食 当变形虫移动时，体表不断突出形成伪足，细胞质随之流动。变形虫借助伪足，通过"胞吞"作用取食，由于伪足的形成没有固定位置，因此食物泡的形成位置也不固定，在内质中随着原生质的流动而移动，不能消化的渣滓经虫体运动中形成的后端，通过"胞吐"作用排出体外。

实验思考：变形虫伸出伪足的结构基础是什么？

课堂练习：观察变形虫的结构、细胞质的流动方向、伪足形成的过程与摄食过程。

2. 其他常见肉足虫类

分子系统学研究表明，肉足虫类并非一个单系类群，因此该类动物实际上有多个子类群以及还未归类的类群。在淡水水体中常见的类群有表壳虫（*Arcella*）、砂壳虫（*Difflugia*）、太阳虫（*Actinophrys sol*），在海洋中常见的类群有放射虫（*Radiolaria*）。

（1）表壳虫　生活在淤泥、静水中的植被上以及土壤中的藻类和植物间。虫体具有浅褐色半圆形的壳，是由细胞分泌形成的，形如表壳，壳的高度约为直径的一半。其腹面中央有一圆形的孔，伪足由此伸出。

（2）太阳虫　生活在多种水体中。虫体呈球形，原生质高度液泡化，因其周围伸出无数放射状的伪足，形似太阳而得名。细胞体直径19—90 μm，细胞核10.0—19.2 μm。

（3）砂壳虫　主要生活在湖泊和池塘中。具椭圆形的壳，是由虫体分泌的胶质物混合许多细沙构成，常可看到伪足自壳口伸出。生长环境不同，壳中的沙粒组成也不一样。多数种类只有一个细胞核，少数为多核。大小在15—500 μm之间。

（4）放射虫　常见的海洋浮游动物。异养，但有许多行光合作用的内共生体。直径100—200 μm。能产生复杂的硅质骨骼，有许多针状的伪足，由成束的微管支撑。

课堂练习：取不同的天然水体制作临时装片，观察鉴别水体中的变形虫。

六、实验记录和结果处理

（1）绘制草履虫、眼虫或变形虫的放大结构详图，准确标注各部分的名称。

（2）观察并比较草履虫、眼虫和变形虫结构与运动方式的差异，填入表4-2。

表4-2　草履虫、眼虫和变形虫结构与运动方式的比较

比较项目	草履虫	眼虫	变形虫

七、注意事项

(1)原生动物一般透光性比较好,观察的时候应注意调节光线,可适当缩小光圈、降低聚光器,以增大明暗反差,增加景深,利于观察。

(2)观察运动较快的原生动物时,可在加盖玻片之前加一层扯散的脱脂棉,以形成阻挡,减缓其运动。此时应该注意的是,脱脂棉不能太密,这样会导致可观察的空间太小,另外,脱脂棉和水都不能太厚,否则形成一定高度的空间,原生动物仍可自由穿梭。

八、思考题

(1)在静置的草履虫、眼虫和变形虫培养液中,分别应在什么位置吸取,才能获得更高密度的相应原生动物?为什么?

(2)如果你观察到的原生动物在同一个位置运动,但是时而清晰、时而模糊、时而又不见,说明什么问题?如何解决?

九、参考文献

[1] 王宏伟.原生动物[J].生物学通报,2004,39(9):13-14.

[2] 刘凌云,郑光美.普通动物学实验指导[M].3版.北京:高等教育出版社,2010.

[3] 白庆笙,王英永,项辉,等.动物学实验[M].2版.北京:高等教育出版社,2017.

[4] 秦浩然,马魁英.浅谈空球藻[J].生物学教学,1986(2):31-33.

十、推荐阅读

[1] R.E.李.藻类学:原书第四版[M].段得麟,胡自民,胡征宇,等译.北京:科学出版社,2012.

十一、知识拓展

草履虫、眼虫、变形虫的采集与培养

(一)草履虫的采集、分离与培养

1.草履虫的采集

草履虫多生活在有机质丰富且水流较缓的污水沟、池塘或稻田沟里,在城市常年排放生活污水或食堂排出污水的水沟中密度往往很高且为优势种,常常形成白色的膜。采集时取白色膜置于塑料瓶中,加入适当的原水,实验室内摇匀后静置1 h左右,倒出上清液即可获得较高密度的大草履虫[1]。为提高采集效率可用网孔为0.05 mm的筛绢制成的手提小网,在水中来回拖拉,让草履虫聚集后,置入采集容器中。另外也可采集一些水域边缘的泥土,用报纸包好带回[2]。如果需要纯培养,也要在立体显微镜下进行分离与接种,分离的方法与眼虫相同。草履虫以细菌为食,培养时不能使培养液发酵,并保持pH在5.8—7.8的范围内,pH 6.8最适宜于草履虫生长。

2.草履虫的分离

(1)牛肉汁分离法 利用草履虫有趋向牛肉汁的敏感性,可以将草履虫与其他原生动物分离开来。将牛肉50 g加水100 mL蒸煮1 h,在载玻片两端分别滴上牛肉汁和草履虫培养液1滴,然后用解剖针从牛肉汁一端向草履虫培养液引一条水线,用立体显微镜或普通光学显微镜观察,不久就会有许多草履虫通过水线游向牛肉汁一端,这时切断水线即可。

(2)微吸管分离法 即利用微型吸管在立体显微镜下直接将草履虫移出,置入培养液中[3]。

3.草履虫的培养

草履虫的培养可用稻草浸出液、麦粒浸出液、牛奶培养液等进行$(25±1)$ ℃光照恒温培养。经我国多数实验室实验,下列培养液和培养法比较适合一般实验应用。将10 g干稻草(或小麦秆)剪成1.5—2.0 cm长的小段,置于1 000 mL烧杯中,加冷水振荡冲洗1 min,以纱布封口,倒去其中的水,再加新水,如此洗涤3次,以去掉易溶性杂质及可能存在的农药。然后加蒸馏水1 000 mL,加盖煮沸10 min,并用蒸馏水补足蒸发掉的部分。放冷后,用5层纱布过滤,滤液中每5 mL加入0.2 g $CaCO_3$,溶解后,分装锥形瓶,用棉花塞住瓶口,120—121 ℃灭菌20 min。冷却后,放入冰箱中备用。也可以接种产气杆菌,以培养草履虫。

(二)眼虫的采集、分离与培养

1.眼虫的采集

大多数眼虫生活于有机质较多的沟渠与池塘等缓慢的流水中,一般在春夏季节,水面漂浮着"油膜"的绿色水体中眼虫较多,冬季温度低,眼虫的采集比较困难,可以用底泥"包囊孵化"法获得。

2.眼虫的分离

眼虫的分离方法同草履虫一样,反复多次,就可以得到纯净的种类。

3.眼虫的培养

眼虫的培养液种类很多,可根据不同的条件选择适当的配方。

(1)麦粒培养液 取麦粒(小麦、大麦或燕麦)8—10粒,水200—250 mL,煮沸10 min,冷却过滤待用。

(2)米粒培养液 取糙米15粒左右,过滤池水200 mL,食用糖0.5—1.0 g,煮沸10—20 min,过滤待用。

---

[1] 温新利,席贻龙,胡好远.淡水无脊椎动物实验材料的采集与培养[J].生物学通报,2011,46(2):53-55.

[2] 齐桂兰,刘桂杰.常见原生动物纤毛虫的采集、分离与培养[J].生物学教学,2008,33(7):38-39.

[3] 赖泽兴.三种原生动物的采集和培养[J].动物学杂志,1980(1):50-52.

（3）菜园土培养液　将粉碎且烘烤过的菜园土7—8 g，放入已经高压消毒具棉塞的试管中，再将已消毒的池塘水趁热倒入，使土液高于土层4—5 cm，即成培养液。

将分离出的眼虫，接种于有培养液的试管中，置向阳但又不被阳光直射的窗口。25 ℃温度下，培养10 d左右，可能得到大量的眼虫，若温度超出30 ℃培养效果不好。若需连续培养，取1/3虫体原液，接种于新鲜培养液中。以后每隔5-7 d，都要重新接种一次，如此处理，可以使种群连续而不衰。

（三）变形虫的采集、分离与培养

1.变形虫的采集

变形虫分布很广，通常生活在含氧相对丰富并有水生植物的浅水水域或水流缓慢且藻类较多的淡水中，一般可以在浸没于水中的植物性物质和其他基质上找到，如荷花池塘的枯荷叶上，室内水族箱底的沉积物中。变形虫取食硅藻或其他藻类，也取食腐败的水生植物叶片，或叶片上的有机物。

采集方法有：（1）刮取有机质丰富的浅水域中的淤泥表膜，或吸取枯枝落叶上的黏稠物，放入瓶中，再装上该水域的水；（2）先将浅水域底部的泥沙用采集容器搅动几下，再将浑浊的水灌瓶中。水量保持在容器约四分之三体积左右，以防止变形虫缺氧死亡。将水样带回实验室后，倒入口径较大的培养皿中，静置数小时即可[①]。

2.变形虫的分离

变形虫可用微吸管进行分离，后转入培养液中。

3.变形虫的培养

变形虫的培养液多采用麦粒培养液。取池水过滤，煮沸，再过滤。取10 mL过滤水，加入麦粒（或稻粒）至总体积的1/8，在20 ℃左右的温度下放置1—2 d，使培养液中的细菌增加，就可以培养变形虫。

变形虫数量过少时，要用悬滴培养法，数量增加后，可以移于培养皿内培养。培养变形虫的最适温度为18—20 ℃，也可以在培养箱内培养。若采集到较多的变形虫，可在立体显微镜下剔除杂物，利用原池水进行培养，并逐日加入1—2滴麦粒水，在18—20 ℃温度下培养。

---

① 祝咪娜,施心路,齐桂兰,等.变形虫的采集、培养及观察[J].生物学教学,2008,33(5):42-43.

实验九　环节动物解剖与观察:蚯蚓

环节动物在动物演化上发展到了一个较高阶段,是高等无脊椎动物的开始。身体分节,由若干相似的体节或环节构成,且身体分为头部、躯干部和肛部。头部位于身体前端,多由口前叶和围口节组成;躯干部位于头部和肛部之间;肛部具有肛门,位于身体后端,由1节或若干节组成。真体腔(次生体腔)出现,相应地促进循环系统和后肾管的发生。脑和腹神经索形成,构成索状神经系统。环节动物约有17 000种,常见种有蚯蚓、蚂蟥、沙蚕等。海水、淡水及陆地均有分布,少数营寄生生活。

环节动物门(Annelida)包括多毛纲(Polychaeta)、寡毛纲(Oligochaeta)和蛭纲(Hirudinea)3纲。在这些环节动物中,有的可使土壤疏松、改良土壤、提高土壤肥力,并可促进固体废物还原;有的可做饵料,增加动物蛋白质;有的可作为环境指示种;有的可用于医疗和入药;另外,有的则是有害生物。环毛蚓属(*Pheretima*)是环节动物的典型代表。

一、实验目的

(1)掌握环毛蚓的外形结构和内部构造,进一步理解环节动物的主要特征。

(2)通过对环毛蚓的外形观察及内部结构解剖,归纳和总结蚯蚓与穴居生活相适应的形态结构特征,并了解蚯蚓在生态系统中的作用。

(3)学习解剖无脊椎动物、观察动物结构的基本技能和方法,学会合作。

二、预习要点

(1)掌握环节动物门的主要形态结构特征。

(2)了解蚯蚓的生活习性和主要的形态结构特征。

(3)掌握蚯蚓的解剖方法。

三、实验原理

蚯蚓是环节动物门寡毛纲动物中陆生种类的统称。蚯蚓生活在土壤中,昼伏夜出,以腐败有机物为食,连同泥土一同吞入,也摄食植物的茎叶等碎片。巨蚓科(Megascolecidae)

是蚯蚓中最大的一科,环毛属(*Pheretima*)是巨蚓科中最大的一属,种类多、分布广。我国有100多种,广泛分布于河北、甘肃、西藏、四川、云南、湖北、安徽、江苏、浙江、江西、湖南、海南、台湾、香港等地①。蚯蚓营养丰富,繁殖迅速,人工养殖产量高,在医药、食品、农业生产、生态等方面均得到广泛的应用②。首先,多种蚯蚓可入药,是中药材"地龙"的药源动物,能够治疗多种疾病,在《神农本草经》和《本草纲目》等医学专著中都有详细记载。其次,蚯蚓可以用作高蛋白食品和饲料。再次,蚯蚓会挖穴松土、分解有机物,为土壤微生物生长繁殖创造良好条件,同时在消除公害、保护生态环境等方面发挥着特殊作用,许多国家利用蚯蚓来处理生活垃圾、有机废物和净化污水③。

蚯蚓身体呈圆柱状、细长、分节,各体节相似,节与节之间为节间沟。头部不明显,由围口节及其前方的口前叶组成。口前叶膨胀时,可伸缩蠕动,有掘土、摄食、产生触觉等功能。围口节为第 I 体节,肛门在身体末端,呈直裂缝状。自第 II 体节开始具有刚毛,环绕体节排列。蚯蚓为雌雄同体,性成熟个体的第 XIV—XVI 体节色暗、肿胀、无节间沟、无刚毛,如戒指状,称为生殖环带。生殖环带的形态和位置,因属不同而有差异。自 XI/XII 节间沟开始,在背线处有背孔,能排出体腔液,湿润体表,有利于蚯蚓进行呼吸作用和在土壤中穿行。

环节动物具有三胚层,身体两侧对称、同律分节,具有真体腔,是无脊椎动物中的高等类群。因此,蚯蚓具有较为复杂的内部构造。(1)蚯蚓的体壁由角质膜、上皮、环肌层、纵肌层和体腔上皮等构成。(2)具有真体腔(次生体腔),为内脏器官系统的发展提供了场所;为营养物质的贮存、积累以及生殖细胞的大量形成提供了空间;体腔内体液是有效的物质运输及循环载体,还能形成一种流体静力起到骨骼作用。(3)消化管纵行于体腔中央,分化为口、口腔、咽、食管、砂囊、胃、肠、肛门等部分。(4)循环系统由纵血管、环血管和微血管组成,为闭管式循环。(5)蚯蚓以体表进行气体交换。氧溶在体表湿润薄膜中,再渗入角质膜及上皮,到达微血管丛,由血浆中血红蛋白与氧结合,输送到体内各部分。(6)蚯蚓的排泄器官为后肾管。(7)蚯蚓的神经系统为典型的索状神经系统。中枢神经系统包括位于第 III 体节背侧的一对咽上神经节(脑)和位于第 III 和第 IV 体节间腹侧的咽下神经节,二者以围咽神经相连。自咽下神经节伸向体后一条腹神经索,每节内有一神经节。(8)蚯蚓为雌雄同体,异体受精。生殖器官仅限于身体前部少数体节内,结构复杂。雌性生殖器官有卵巢一对,很小,由许多极细的卵巢管组成;输卵管一对,开口于雌生殖孔;另有纳精囊。雄性生殖器官有精巢两对,很小;精漏斗两对,紧靠精巢下方,后接输精管开口于雄性生殖孔。

---

① 宋羽葳.舒脉环毛蚓生殖系统和消化系统形态学研究[D].重庆:西南大学,2015:I.

② 吴龙秀,李仲培,方其仙.蚯蚓的药用价值及养殖方法[J].现代农业科技,2011(22):327.

③ 武金霞,赵晓瑜.蚯蚓体内生物活性成分的研究[J].自然杂志,2004(1):27-30.

四、实验器材

成熟的环毛蚓活体、蚯蚓横切面石蜡切片、石蜡盘、解剖镊、解剖剪、解剖针和大头针等。10%—15%的酒精。放大镜、立体显微镜、普通光学显微镜等。

五、实验步骤

(一)外形观察

环毛蚓身体圆长,前端有明显的生殖环带(图4-24)。上课前,在屋前、屋后阴暗潮湿而多腐殖质的土壤中挖取成熟的环毛蚓。将蚯蚓用自来水洗干净,放入盛有自来水的培养皿中,向培养皿中逐滴滴加10%—15%的酒精,直至蚯蚓不再有明显的运动,接触时无明显反应即可。将麻醉好的蚯蚓放置于石蜡盘中,待活体观察完后即可解剖。

肛门

生殖环带

口前叶

图4-24 环毛蚓的外形

外形:身体细长、呈圆柱状,由环节组成,环节之间有节间沟,从第II体节开始中央环上有一圈刚毛,可以用手向前和向后轻轻抚摸感觉。身体可分为背、腹面及前、后端。

背侧:颜色深暗的一面为背侧,在背中线处,每节之前有1个背孔(仅前端几节缺失)。

腹侧:颜色浅淡的一面即为腹面,在VI/VII—VIII/IX节间沟的两侧有受精囊孔3对,在第XIV节腹中线上有1个雌性生殖孔,在第XVIII节腹侧有1对雄性生殖孔。在受精囊孔与雄性生殖孔的附近常有生殖乳突。

(二)内部解剖

将麻醉好的蚯蚓放置于石蜡盘中,用解剖剪沿身体背面略偏背中线剪开体壁,从肛门小心剪到口,到前第Ⅲ、Ⅳ节处要倍加小心,不要剪断脑神经节。一边解剖,一边用大头针对体壁进行固定。对照教材或参考书中的模式图,边解剖边观察下列结构。

隔膜:体腔中相对于节间沟的位置的一层膜就是隔膜,将体腔分隔成许多小室。

消化系统:由以下几部分构成。

(1)口:位于第Ⅰ—Ⅲ节内。

(2)咽:位于第Ⅳ—Ⅴ节内,肌肉发达,隔膜也较厚,旁边有咽头腺。

(3)食管:位于第Ⅵ—Ⅷ节内,细长形。

(4)嗉囊:位于第Ⅸ节之前,不明显。

(5)砂囊:位于第Ⅸ—Ⅹ节,球状或桶状,囊壁肌肉较发达,有研磨食物的功能。

(6)胃:位于第Ⅺ—ⅩⅣ节内,管状,细长。

(7)肠:自第ⅩⅤ节向后均有肠。

循环系统:闭管式,有以下几个主要部分。

(1)背血管:在肠的背面正中央,是1条由后向前行走的直的血管。

(2)心脏:是连接背、腹血管的一种环血管,共4对,分别在第Ⅶ、Ⅸ、Ⅻ及ⅩⅢ节内。

(3)腹血管:是肠腹面的1条略细的血管,由前向后行走,从第Ⅹ节起有分支到体壁上,这些都是微血管。

生殖系统:雌雄同体。精巢囊、卵巢、卵漏斗等位于身体腹面,紧贴神经索两侧,较难观察,故应细心切断隔膜与体壁之间的联系,并摘除消化管方可暴露。

(1)雄性生殖器官。

①精巢囊:2对,位于第Ⅹ、Ⅺ节内,腹神经索的两侧,椭圆形,各包含1对精巢和1对精漏斗。用解剖针戳破精巢囊,置水中,可见精巢囊上方壁上有小白点状物,即精巢;下方皱纹状的结构即精漏斗,由此向后通输精管。

②贮精囊:2对,各在第Ⅺ、Ⅻ节内,紧接在精巢囊之后,大而明显,呈分叶状。

③输精管:细线状,输精管会合成1条,向后通到第ⅩⅧ节处,和前列腺管会合,由雄性生殖孔通出。

④前列腺:发达,呈大的分叶状,位于第ⅩⅧ节及其前后的几节内。

(2)雌性生殖器官。

①卵巢:1对,在第ⅩⅢ节的前缘。

②卵漏斗:1对,在ⅩⅢ/ⅩⅣ隔膜之前,腹神经索的两侧。

③输卵管:1对,极短,在第ⅩⅣ节内会合后,由雌性生殖孔通出。

④受精囊:共3对,在Ⅵ/Ⅶ—Ⅷ/Ⅸ隔膜的前或后,由主体和盲管组成,主体又分为坛及坛管,盲管末端为纳精囊。

神经系统:小心摘除口腔管和咽部肌肉及其他部分,即可观察。

(1)咽上神经节(脑):在第Ⅲ节前部,咽的背面,白色橄榄状,由双叶神经节构成。

(2)围咽神经:由咽上神经节分向两侧,围绕咽的神经。

(3)咽下神经节:两侧围咽神经在咽下方会合处的神经节。

(4)腹神经索:链状,由咽下神经节由前向后纵行的神经索,索上有神经节,并在每一节内分出3对神经。

(三)环毛蚓横切面石蜡切片的观察

体壁:可分为五层。

(1)角质膜:体表的一层薄膜,上面有很多小孔,直通表皮层的单腺细胞。

(2)表皮层:主要由单层柱状细胞组成,其中还有少数腺细胞和感觉细胞。

(3)肌层:外层环列,为环肌;内层纵列,为纵肌。

(4)体腔膜:位于体壁的最内层。

肠壁:最外层为一层排列不整齐的细胞(黄色细胞),为脏体腔膜;紧接其内为纵肌、环肌;最内层为单层柱状上皮细胞(肠上皮细胞)。肠壁背面自盲肠之后下凹成一纵槽,称为盲道,以增加消化及吸收的面积。

真体腔:体壁和体壁之间的空腔,四周被黄色细胞所包围,血管、神经、肾管及生殖器官等均位于真体腔内。背血管位于盲道的上方,四周也有黄色细胞。腹血管位于肠腹面体腔内。神经下血管位于神经索下方。神经索位于肠的腹面体腔内。肾管位于两侧体腔内。有时可见刚毛自体腔穿出表皮层。

实验思考:身体分节和真体腔的出现在动物演化上有何重要意义?

课堂练习:1.普通光学显微镜和立体显微镜的使用。

2.无脊椎动物的解剖。

六、实验记录和结果处理

(1)根据所观察的蚯蚓的形态结构特征,阐述环节动物在动物演化上的进步性及其意义。

(2)绘图:绘制环毛蚓的横切面图,并标出各部分结构名称。

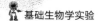

七、注意事项

(1)10%—15%酒精麻醉的时间需灵活把握,向培养皿中逐滴滴加,滴加速度以不引起蚯蚓剧烈扭转或喷射体腔液为宜。待蚯蚓身体全部松弛下来,仅有头部微动时即可取出,并立即用清水冲洗一下,去掉体表黏液。

(2)剪开蚯蚓体壁时,左手执蚯蚓,以中指和食指夹住前端,拇指和无名指夹住后端。右手拿剪刀,刀尖应略微上挑,以防戳破消化管壁使其内泥沙外溢而影响观察。

(3)小心用解剖针划开肠管与体壁之间的隔膜联系,将体壁尽量向外侧拉伸,使两侧体壁完全平展,再以大头针固定。左右两边大头针应交错,并使针头向外倾斜以免妨碍操作,最后加清水没过蚯蚓。

八、思考题

(1)解剖蚯蚓过程中有哪些技术难点? 你是如何解决的?

(2)你认为蚯蚓的哪些生理结构是与其生活习性相适应的?

(3)查找和观察我们周围环境中各种环节动物,并查阅《中国动物志》等资料进行检索,深入了解。

九、参考文献

[1]刘凌云,郑光美.普通动物学[M].4版.北京:高等教育出版社,2009.

[2]刘凌云,郑光美.普通动物学实验指导[M].3版.北京:高等教育出版社,2010.

[3]白庆笙,王英永,项辉,等.动物学实验[M].2版.北京:高等教育出版社,2017.

[4]王正平.解剖蚯蚓实验教学的改进——酒精麻醉法[J].生物学通报,1994,29(1):33.

[5]方卫飞.蚯蚓解剖实验的一点经验[J].生物学通报,1993,28(9):8.

[6]刘孝华.解剖蚯蚓实验指导的几点补充[J].生物学杂志,1994(3):42-43.

十、推荐阅读

[1]斯图尔特.了不起的地下工作者:蚯蚓的故事[M].王紫辰,译.北京:商务印书馆,2015.

十一、知识拓展

蚯蚓

蚯蚓具有分布广、适应性强、繁殖迅速、养殖方法简单等特点,并且其用途非常广泛,有着广阔的应用前景。第一,蚯蚓是我国重要的动物药材之一,这在《神农本草经》和《本草纲目》等医学专著中都有详述。目前发现,蚯蚓具有解热、平喘、增强免疫力、促进伤口愈合和降压等功效,国内外对蚯蚓的需求与日俱增。第二,由于蚯蚓机体含有多种营养物质,包括亚油酸、十三羧酸、核酸、蛋白质、游离氨基酸(含人体所需的全部必需氨基酸)以及丰富的维生素等,所以蚯蚓在食品、化妆品及饲料方面都有广泛的应用。第三,蚯蚓主要以腐烂的有机物为食,有机垃圾等经过蚯蚓砂囊机械研磨、肠道内生物化学作用后以蚓粪形式排出体外,同时被土壤微生物进一步分解,进入物质循环实现再利用。另外,蚯蚓能够促进土肥相融,改善土壤结构,改善土壤通透性,提高土壤保肥能力及深层持水功能。因此,蚯蚓在生态环境中具有极其重要的作用。

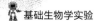

实验十　节肢动物解剖与观察：蝗虫

　　节肢动物是指身体与附肢分节、体表被几丁质外骨骼包裹的一类无脊椎动物。类似于环节动物，节肢动物也是两侧对称、三胚层、身体分节的原口动物[①]。节肢动物门（Arthropoda）是动物界最大的一个类群，种类数估计占动物界已知物种总数的85%以上，包括人们熟知的虾、蟹、蚊、蝇、蝴蝶、蜘蛛、蜈蚣以及已灭绝的三叶虫等。节肢动物生活环境极其广泛，海水、淡水、土壤、空中都有它们的踪迹。有些种类还寄生在其他动物的体内或体外。节肢动物的物种如此之多，数量如此之大，无可争议地表明了它们在演化中取得了重大的成功。

　　按新的分类系统，节肢动物门分三叶虫亚门（Trilobita，已灭绝）、整肢亚门（Chelicerata）、甲壳亚门（Crustacea）、六足亚门（Hexapoda）和多足亚门（Myriapoda）等5亚门[②]。六足亚门相当于以前分类系统中的昆虫纲（Insecta）（广义的），是最重要的一类节肢动物，其中蝗虫是典型的代表。通过观察和解剖蝗虫，能够很好地理解节肢动物的结构特征及其在演化上的优势。

一、实验目的

　　(1)学习和探究蝗虫的解剖方法，学会与同学合作完成任务。

　　(2)通过对蝗虫的外形观察及内部结构解剖，归纳和总结蝗虫与生活环境相适应的形态结构特征，并了解蝗虫成灾的原因与相关防治对策。

　　(3)进一步理解昆虫纲的主要特征。

二、预习要点

　　(1)掌握昆虫的主要形态结构特征。

　　(2)了解蝗虫的生活习性。

　　(3)掌握蝗虫的解剖方法。

[①] 宋大祥,堵南山.节肢动物[J].生物学教学,2004,29(8):1-4.

[②] 宋大祥.节肢动物的分类和演化[J].生物学通报,2006,41(3):1-3.

三、实验原理

昆虫纲属于节肢动物门六足亚门,种类繁多,是动物界最大的一个纲,分为3亚纲30目。

蝗虫(Grasshoppers)并不是一个分类学名词,而是指昆虫纲(Insecta)蝗亚目(Caelifera)蝗总科(Acridoidea)的一类昆虫群体,隶属于新翅下纲(Neoptear)直翅目(Orthoptera),而直翅目在有翅亚纲(Pterygota)中是较原始的类群之一[①]。蝗虫广泛分布于南极洲以外的各大洲,全世界记录有一万余种,能够对牧草和农作物造成为害的蝗虫有500多种,最为著名和危险的蝗虫种类是飞蝗(*Locusta migratoria*)和沙漠蝗(*Schistocerca gregaria*)。我国的蝗虫种类有1 000余种,其中60余种对农、林、牧业造成危害[②]。

蝗虫体型为中到大型,雌雄异体。身体分为头、胸、腹3部分。头部有1对触角,形状多变,有剑状、丝状和棒状3种类型;1对复眼和3个单眼,复眼着生于头部前端两侧;1个口器。胸部有3对足,第一跗节上齿的有无等常作为重要的分类特征;大多数种类均具前、后两对翅,少数种类翅退化成鳞片状,个别种类前、后翅均退化,完全无翅。腹部由11个体节构成,每一腹节都是由背板、腹板及侧膜三部分组成。腹部第一节背板两侧各具1个鼓膜器,第1—8节均具有呼吸孔。腹部末端为生殖器官。雌性生殖器官由下生殖板、产卵瓣、肛上板及尾须等构成。雄性生殖器官由下生殖板、肛上板、尾须及着生于腹部末节背板后缘的尾片等构成。雄性外生殖器包括阳具基背片和阳具复合体两部分,阳具基背片覆盖在阳具复合体上,位于肛上板之下,形状多变,是分类的重要依据。

四、实验器材

活飞蝗或浸制标本、滴管、载玻片、盖玻片、吸水纸、培养皿、解剖盘、解剖镊、解剖剪、解剖针、大头针等。乙醚。放大镜、立体显微镜、普通光学显微镜等。

五、实验步骤

(一)外形观察

飞蝗身体一般呈黄褐色,体形较粗大,明显分为头、胸、腹三部分(图4-25)。上课前一天,采集或购买活而大的飞蝗若干只,不能损伤,用于观察外形、体色和解剖实验。

---

① 张小民.蝗虫消化道的形态结构与进化的相关性研究[D].太原:山西大学,2006.
② 康乐,魏丽亚.中国蝗虫学研究60年[J].植物保护学报,2022,49(1):4-16.

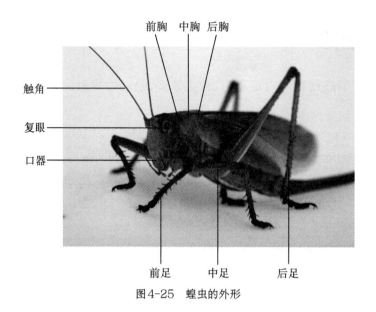

前胸 中胸 后胸

触角

复眼

口器

前足　　　中足　　　后足

图4-25　蝗虫的外形

1. 头部

卵圆形,位于身体最前端,其外骨骼愈合成一坚硬的头壳。头的上方为钝圆的头顶,前方为略成方形的额,额下连一长方形的唇基;复眼以下的两侧部叫颊。

(1)复眼:1对,卵圆形,棕褐色,位于头部两侧。

(2)单眼:3个,1个在额的中央,2个分别在两复眼内侧上方。单眼小,浅黄色。

(3)触角:1对,位于复眼内侧的前方,细长呈丝状,由柄节、梗节及鞭节组成;鞭节又分为许多亚节。

(4)口器:咀嚼式,由以下几部分构成。

①上唇:1片,连于唇基之下,覆盖在口器的前方,用镊子紧镊其基部,向腹面拉下,置于培养皿中,加清水在立体显微镜下观察。

②上颚:1对,几丁质,位于颊部下方,以解剖针沿颊下缝扦入,使缝间联系分离,即可取出上颚。上颚具切齿部及臼齿部,强大而坚硬。

③下颚:1对,位于上颚后方,下唇前方,具有下颚须,用镊子紧镊其与头部相接处,用力可拉下。

④下唇:1片,位于下颚后方,为口器的底板,两侧有一对3节的下唇须。用镊子紧镊基部可将其拉下。

⑤舌:1个,位于上下颚之间、口前腔中央,黄褐色,卵圆形,表面有刚毛和细刺。

2. 胸部

位于头部后方,由前胸、中胸和后胸3节组成。

(1)外骨骼,为几丁质,可分为背板、腹板和侧板。

背板:前胸背板发达,马鞍形,向两侧和后方延伸;中胸背板和后胸背板在前胸背板下方,方形,表面有沟,可分为若干小骨片。

腹板:前胸腹板呈长方形,较小,中有一横弧线;中、后胸腹板合成一块。每块腹板都有沟,可分为若干骨片。

侧板:前胸侧板位于背板下方前端,退化为小三角形骨片。中、后胸节侧板发达,有纵、横沟将每块侧板分为3块骨片。

气门:胸部有2对气门,1对在前胸和中胸侧板间的薄膜上,另1对在中、后胸侧板间,中足基部的薄膜上。

(2)附肢:胸部各节依次着生前足、中足和后足各1对。足由基节、转节、股节、胫节、跗节和前跗节构成。跗节又分为3节,第一节较长,有3个假分节,第二节很短,第三节较长。前跗节包括爪1对,爪间有一个中垫。胫节生有小刺,注意其排列形状与数目。后足强大,为跳跃足。

(3)翅:2对,有暗色斑纹,贯穿有翅脉。前翅革质,长而窄,休息时覆盖在背上;后翅扇形,大,膜质,翅脉明显,休息时折叠在前翅之下。

3. 腹部

由11个体节组成。

(1)外骨骼:每节由背板与腹板组成,侧板退化为连接背、腹板的侧膜。第1腹节与后胸紧密相连,第9、第10腹节背板合并,其间有一浅沟。雌性个体第9、10两节无腹板,第8节腹板往往在后端延伸成一尖突形的导卵器;雄性个体第9、10节腹板愈合,顶端形成下生殖板,第11节背板组成背部三角形的肛上板。两侧各有一块三角形的肛侧板,第10节后缘两侧各有一尾须。

(2)外生殖器:雌蝗的外生殖器为一产卵器,雄蝗的则为一交配器。

①产卵器:由背瓣、腹瓣各1对组成,位于腹部末端。

②交配器:为1对钩状的阴茎。如将第9腹板向下压,即可看到。

(3)听器:位于第1腹节的两侧。

(4)气门:腹部有气门8对,分别位于第1—8节背板两侧下缘前方。

(二)内部解剖

活体蝗虫用乙醚麻醉。浸制标本需新鲜且保存完整。先小心剪去翅和足,再从腹部末端尾须处开始,自后向前沿气门上方将左右两个体壁剪开,剪至前胸背板前缘,然后剪开头部与前胸间的颈膜和腹部末端的背板。最后,用解剖针自前向后小心地将背壁与其下方的内部器官分离开,用镊子将完整的背壁取下,加清水没过。对照教材或参考书中的模式图(图4-26),边解剖边观察下列器官系统。

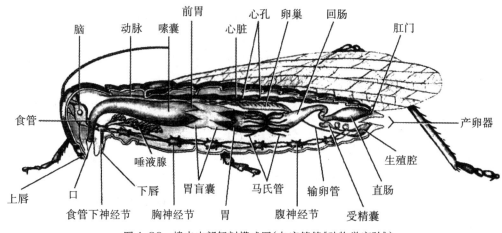

图4-26　蝗虫内部解剖模式图(白庆笙等《动物学实验》)

1. 循环系统

把剪下的腹部背板翻起,小心观察其内壁,可见中央线上有一细长的管状构造,即为心脏。心脏有若干略呈膨大的部分,是为心室。活体可观察到围心窦内7个心室从后向前依次波浪式地跳动,大量无色血液由心脏经背血管向胸、头部方向输出。约3—5 min,心跳停止。

2. 呼吸系统

自气门向体内,可见许多白色分枝的气管,分布于内部器官和肌肉中,在内脏背面两侧有许多膨大的气囊。撕取少量胸部肌肉,放在载玻片上,加水一滴,在显微镜下可观察到许多小形螺旋纹管(气管)。

3. 生殖系统

飞蝗为雌雄异体,实验时交换观察。

(1)雄性生殖器官。

精巢:1对,位于内脏器官的背方,左右相连成为一长圆形结构,其上有许多精巢管。

输精管:精巢腹面两侧向后伸出的一对小管。分离周围组织可以看到,该管绕过直肠后,至虫体腹面会合成单一的射精管,最后再走向背方,穿过下生殖板上部的肌肉,成为一阴茎,开口于下生殖板的背面。

副性腺:位于射精管前端,是伸向前方的许多小管。

(2)雌性生殖器官。

卵巢:1对,位于内脏器官的背方,其中有许多自中线斜向后方排列的卵巢管,卵巢管的端丝集合成悬带,连于胸部背板下。

输卵管:位于卵巢两侧的一对纵行管,卵巢管与其相连。输卵管向后行至第8腹节前缘肠道的下方,形成单一的阴道,以生殖孔开口于导卵器的基部。

受精囊:自阴道背面引出一弯曲小管,其末端形成一小形囊状构造,即受精囊。

副性腺:位于输卵管前方的一段弯曲管状腺体。

4. 消化系统

消化道可分为前肠、中肠和后肠。前肠之前还有口前腔,由上唇、下唇、上颚、下颚围成的腔室。

(1)前肠:包括咽、食管、嗉囊和前胃(砂囊)四部分。

咽:位于口前腔后的一小段管状构造。

食管:为咽后的一段小管。

嗉囊:食管后端膨大的囊状构造。

前胃:接嗉囊之后,较短,壁富含肌肉。

(2)中肠:又叫胃,在与前胃交界处有12个指状的胃盲囊,6个伸向前方,6个伸向后方。

(3)后肠:包括回肠、结肠及直肠三部分。

回肠:马氏管着生处后面的一段较大的肠管。

结肠:较细的肠管,常弯曲。

直肠:小肠之后较膨大的部分,常有皱褶。末端开口于肛门。

(4)唾液腺:1对,位于胸部腹面两侧,白色、葡萄状,有细管通至舌的基部。

5. 排泄器官

马氏管:中、后肠交界处着生的许多细长的盲管,分布于血腔中。

6. 神经系统

神经系统的解剖是蝗虫解剖的最后一个步骤。小心除去胸部及头部的外骨骼和肌肉,但保留复眼与触角,再依次观察。

(1)腹神经索:去掉消化道,在腹中央线上有腹神经索。它由两条神经组成,在一定部位合并成神经节,并分出神经通向其他器官。胸部神经埋藏在肌肉和唾液腺腹侧,去除这些组织便可观察到。

(2)围食道神经:自脑发出的一对神经,绕过食道后,与食道下神经节相连。将虫体腹面向上,头部向背面略弯折,稍微清理口器附近的肌肉,即可暴露食道下神经节。将口器上方至复眼之间的头壳部分剪去,在立体显微镜下剔除表层的少量肌肉即可见到从食道下神经节向前发出的围食道神经。

(3)脑:位于两复眼之间,为淡黄色的块状物。沿着围食道神经继续向前剔除少量肌肉,逐渐可见到与围食道神经相连的脑。

实验思考:

1.思考蝗虫口器各部分的功能。

2.思考复眼和单眼的视觉功能。

3.蝗虫有哪些形态结构特点是与其生活环境相适应的?

课堂练习:学会昆虫的解剖方法。

六、实验记录和结果处理

（1）依据以蝗虫为代表的昆虫的形态结构特征,分析在动物界中节肢动物种类多、分布广的原因。

（2）绘制蝗虫的消化系统和神经系统图,并标出各结构名称。

七、注意事项

（1）使用乙醚麻醉蝗虫时注意安全,尽量放在通风橱里面操作。

（2）不要损伤几丁质壳下面的器官和组织。需观察和分离的结构不能用镊子等工具直接捏取,以免损伤。可钳住非目的物结构如气管、脂肪体等轻轻抽动,或在结构之间进行分离,以保证解剖结构的完整性。

八、思考题

（1）解剖蝗虫过程中有哪些技术难点？ 你是如何解决的？

（2）你认为蝗虫的哪些生理结构是与其生活习性相适应的？

（3）查找和观察我们周围环境中的各种昆虫,并查阅《中国昆虫图鉴》等资料进行检索,鉴定到目。

九、参考文献

[1]刘凌云,郑光美.普通动物学[M].4版.北京:高等教育出版社,2009.

[2]刘凌云,郑光美.普通动物学实验指导[M].3版.北京:高等教育出版社,2010.

[3]白庆笙,王英永,项辉,等.动物学实验[M].2版.北京:高等教育出版社,2017.

[4]鲁莹.东北地区蝗总科昆虫特有属种的分类学研究(直翅目:蝗亚目)[D].长春:东北师范大学,2012.

[5]张丹丹,张兵兰,庞虹.便捷解剖蝗虫神经系统的方法[J].生物学通报,2021,56(9):58.

十、推荐阅读

[1]彩万志,李虎.中国昆虫图鉴[M].太原:山西科学技术出版社,2015.

[2]法布尔.昆虫记[M].陈筱卿,译.南京:译林出版社,2016.

[3]艾斯纳.眷恋昆虫:写给爱虫或怕虫的人[M].虞国跃,译.北京:外语教学与研究出版社,2008.

[4]韩永植.昆虫识别图鉴[M].郑丹丹,译.郑州:河南科学技术出版社,2017.

十一、知识拓展

蝗虫的分类研究

蝗总科的分类系统比较庞杂。新中国成立以前,我国的蝗虫分类研究主要是外国人进行的。1958年,夏凯龄教授撰写的《中国蝗科分类概要》奠定了中国蝗总科分类研究发展的基础,之后有关分类研究工作开始蓬勃发展起来,并且取得较为突出的成就。除此之外,我国在蝗虫的生态学、分子生物学、生态基因组学和控制研究等方面也产生了重要的国际影响,在许多方面甚至引领了国际蝗虫学研究的方向。

根据传统的形态学特征,蝗虫分类有以下几个较为明确的分类系统:

1.Handlirsh 和 Ander 分类系统

Handlirsh(1930)和 Ander(1939)将蝗亚目分为4个科,包括:Tettigidea(Tetrigidae)蚱科,Proscopiidae 蠮蝗科,Pneumoridae 牛蝗科,Acrididae 蝗科。

2.Bey-Bienko 和 Mischenko 分类系统

Bey-Bienko 和 Mischenko(1952)将蝗亚目分为3个科,包括:Eumastacidae 蜢科,Tetrigidae 蚱科,Acrididae 蝗科。

其中蝗科又分为6个亚科,分别为:Catantopinae 斑腿蝗亚科,Pyrgomorphinae 锥头蝗亚科,Pamphaginae 癞蝗亚科,Egnatinae 皱腹蝗亚科,Acridinae 剑角蝗亚科,Oedipodinae 斑翅蝗亚科。

3.Uvarov 分类系统

Uvarov(1966)将建立的蝗总科分为10个科,包括:Xyronotidae,Trigonopiterygidae,Charilaidae,Pamphagidae,Lathiceridae,Pyrgomorphidae,Ommexcechidae,Pauliniidae,Lentulidae,Acrididae。

4.Dirsh 分类系统

1961年 Dirsh 将雄性外生殖器形状引入蝗虫系统分类学中,同时还第一次将发音器结构作为分类性状应用到科以及亚科的确立上。1975年 Dirsh 在其提出的分类系统基础上将半蝗亚科提升为半蝗科(Hemiacrididae)。

5.印象初分类系统

我国昆虫学家印象初在1982年,提出了中国蝗总科的分类系统,将蝗总科分为6个科,包括:癞蝗科、瘤锥蝗科、锥头蝗科、丝角蝗科、槌角蝗科、剑角蝗科。

6.Kevan 分类系统

Kevan(1982)将蝗虫分为4个亚目(每个亚目包含一个总科)。

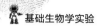

7.夏凯龄分类系统

在印象初1982年建立的分类系统的基础上,夏凯龄进行了系统的修订,建立了夏氏分类系统,将我国的蝗总科昆虫划分为8个科,包括:Pamphagidae 癞蝗科,Chrotogonidae 瘤锥蝗科,Pyrgomorphidae 锥头蝗科,Catantopidae 斑腿蝗科,Oedipodidae 斑翅蝗科,Arcypteridae 网翅蝗科,Gomphoceridae 槌角蝗科,Acrididae 剑角蝗科。

8.Otte分类系统

Otte在1995—1996年间出版了直翅目昆虫名录。同时,在此基础上建立了同名的直翅目分类数据库OSF(Orthoptera Species File)。该数据库包括分类系统,大量的文献、考证以及直翅目各种、亚种形态指标、声学数据、图鉴,并且仍在不断补充、完善。

Otte系统将蝗亚目分为两个下目,分别为:Acrididea和Tridactylidea。

实验十一　鱼类解剖与观察:鲤鱼

　　鱼类是脊椎动物中最适应水生生活的类群。鱼类没有颈部,其头部、躯干部和尾部衔接过渡均匀流畅,多数呈流线型;体表被鳞。鳍呈桨状,是鱼类的运动器官;鳃起源于内胚层,是鱼类的呼吸器官;外鼻孔是鱼类的嗅觉器官,大部分鱼类没有内鼻孔;鱼类血液循环为单循环,流经心脏的血液始终是缺氧血;肾为排泄器官,是调节机体内水分和渗透压的主要器官之一;有卵生、卵胎生和胎生3种繁殖方式。鲤鱼是最常见的淡水鱼类之一,对其进行解剖和观察,有助于理解鱼类与功能相适应的结构特征。

一、实验目的

　　(1)观察描述鲤鱼的外部形态,认识内部结构,了解鱼类主要器官的功能与区别。
　　(2)掌握并应用发散思维、重组思维,分析归纳鱼类主要器官结构与功能的适应性。
　　(3)掌握鱼类解剖的基本操作方法,能理解鱼类对水生生活的适应性。
　　(4)善于通过小组合作共同解决科学问题、技术问题等;了解鱼类研究与应用中需要考虑的伦理道德;愿意采取行动保护水生环境、保护鱼类资源。

二、预习要点

　　(1)通过鱼类鳞片年轮推测鱼类年龄的原理。
　　(2)鱼类活体采血技术、鱼类的外部测量方法、鱼类解剖的操作要点及注意事项。
　　(3)鱼类的外部形态以及消化系统、呼吸系统、排泄系统、神经系统、循环系统、生殖系统等的主要特征。

三、实验原理

　　鱼类身体可分为头、躯干和尾3部分,没有颈部。吻端至鳃盖骨后缘为头部,鳃盖后缘至肛门为躯干部。骨骼分为中轴骨(头骨、肋骨和脊柱)和附肢骨(鳍骨和带骨)两大类,脊柱分为躯干椎和尾椎,无颈椎。躯干部和尾部体表被以覆瓦状排列的鳞片,躯体两侧从鳃盖后缘到尾部具有被侧线孔穿过的鳞片(侧线鳞)。鲤鱼体背和腹侧有鱼鳍,是主要的运动器官;鳍分为奇鳍(背鳍、臀鳍、尾鳍)与偶鳍(胸鳍和腹鳍),由鳍条和鳍棘组成。鲤鱼的消化系统由消化管(口腔、咽、食管、肠和肛门)和消化腺(肝胰脏和胆囊)两部分组成;鳃是鱼类的主要呼吸器官,由鳃弓、鳃耙、鳃片组成,硬骨鱼的鳃间隔退化;鳔是胚胎期由消化管突起分离而形成的,可以辅助呼吸。鱼类循环系统由心脏(1心室、1心房和静脉窦)、动脉、静脉、毛细血管和血液组成。排泄系统由肾脏、输尿管和膀胱组成,对鱼类渗透压的调节至关重要。软骨鱼通过泄殖腔(软骨鱼无膀胱)排尿素;硬骨鱼通过膀胱排铵盐。鲤鱼生殖系统由生殖腺和生殖导管组成,雌雄异体,体内(软骨鱼)或体外受精(硬骨鱼),有些鱼类具有性逆转现象。鲤鱼的神经系统由中枢神经系统(脑、脊髓)、外周神经系统(脑神经、脊神经)和植物性神经系统(交感神经、副交感神经)组成。其中,脑分为端脑、间脑、中脑、小脑和延脑。鱼的眼多数无眼睑、无泪腺和瞬膜,嗅觉发达,侧线感知水流与振动。

与圆口类相比,鱼类的进步特征主要体现在:出现上、下颌,属颌口类;出现了成对的附肢——偶鳍(胸、腹鳍);脊柱替代了脊索,成为支撑身体的纵轴;脑较发达,具有1对鼻孔,内耳具3个半规管,加强了嗅觉和平衡觉。终生水生,具有多种与水生生活相适应的特征。

四、实验器材

鲤鱼、鲤鱼骨骼标本。立体显微镜、解剖盘、解剖刀、解剖剪、镊子、培养皿、载玻片、棉球、直尺、灭菌注射器(5 mL)、针头(5—6号)、试管、肝素(或其他抗凝剂)。

五、实验步骤与内容

(一)外形观察

鲤鱼体呈纺锤形,略侧扁,可分为头部、躯干部和尾部,没有颈部。

1. 头部

吻端至鳃盖骨后缘为头部。口、颌位于头部前端,有2对触须(鲫鱼无触须)。在吻背面、眼的前上方,有外鼻孔,每侧均有皮膜隔开,前后排列的2个鼻孔,前面的称为前鼻孔(进水孔),后面的称为后鼻孔(出水孔),司嗅觉。在头部两侧,有眼1对,形大而圆,无眼睑、瞬膜、泪腺。在眼后头部两侧,有宽扁的鳃盖,鳃盖后缘有膜状的鳃盖膜,覆盖鳃孔(图4-27)。

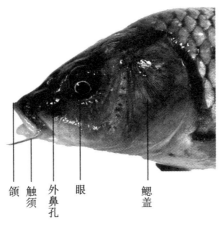

颌　触须　外鼻孔　眼　　鳃盖

图4-27　鲤鱼的头部

2. 躯干部和尾部

鳃盖后缘至肛门为躯干部（图4-28）。肛门至尾鳍基部最后1枚椎骨部分为尾部。躯干部和尾部体表被以覆瓦状排列的圆鳞，鳞片前端在鳞囊内，覆有一薄层表皮。躯体两侧从鳃盖后缘到尾部各有1条由鳞片上的小孔排列成的点线结构，称侧线，是体表感觉器官。被侧线孔穿过的鳞片称侧线鳞。

体背和腹侧有鱼鳍，分为奇鳍与偶鳍。奇鳍包括背鳍、臀鳍、尾鳍（图4-28）。背鳍1个，位于身体背部，较长，约为躯干部的3/4；臀鳍1个，位于身体腹面肛门后方，较短；尾鳍位于身体末端，其末端凹入分成上下相称的两叶，为正尾型。偶鳍包括胸鳍和腹鳍（图4-28）。胸鳍1对，位于鳃盖后方左右两侧；腹鳍1对，位于胸鳍之后、肛门之前；在紧靠臀鳍起点基部前方，紧接肛门后有1个泄殖孔，为输尿管和生殖导管会合后在体外的开口。

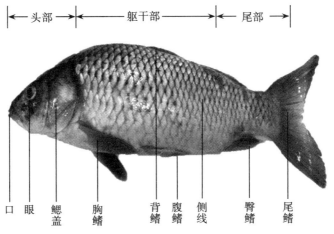

头部　　　　躯干部　　　　尾部

口　眼　鳃盖　胸鳍　背鳍　腹鳍　侧线　臀鳍　尾鳍

图4-28　鲤鱼的形态结构

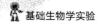

(二)鱼类的测量和主要术语

全长:自吻端至尾鳍末端的长度。

体长:自吻端至尾鳍基部的长度。

体高:躯干部最高处的垂直高度。

头长:自吻端至鳃盖骨后缘(不包括鳃膜)的长度。

躯干长:自鳃盖骨后缘到肛门的长度。

尾长:自肛门至尾部基部的长度。

吻长:自上颌前端至眼前缘的长度。

口裂长:自吻端至口角的长度。

尾柄长:自臀鳍基部后端至尾鳍基部的长度。

尾柄高:尾柄最低处的垂直高度。

侧线:躯体两侧从鳃盖后缘到尾部的小孔排列成的点线结构。

鳞式:鱼鳞的排列方式,表达为侧线鳞数$\dfrac{\text{侧线上鳞数}}{\text{侧线下鳞数}}$;侧线上鳞数是指从背鳍起点斜列到侧线鳞的鳞数;侧线下鳞数是指从臀鳍起点斜列到侧线鳞的鳞数。

鳍条和鳍棘:鳍由鳍条和鳍棘组成。鳍条柔软而分节,末端分支的为分支鳍条,末端不分支的为不分支鳍条;鳍棘坚硬,由左右两半组成的鳍棘为假棘,不能分为左右两半的鳍棘为真棘。

(三)年轮的观察

鱼类的生长具有周期性。由于季节性变化和食物丰富度的不同,鱼类通常在春季和夏季生长迅速,秋季生长转缓,冬季甚至停止生长。这种周期性不平衡的生长,也同样反映在鱼的鳞片或骨片上,可作为鱼类年龄鉴定的基础。

1. 摘取鳞片

选取身体前半部侧线与背鳍之间的完整鳞片。

2. 清洗

将鳞片放在盛有温水的培养皿中用刷子刷去污物,再用清水冲洗干净。

3. 装片

将清洗后的鳞片夹在两块载玻片中间,用胶布固定载玻片两端。

4. 观察

（1）先用肉眼观察，可见鳞片分为颜色不同的前后2部分，前部埋入皮肤内，后部露在皮肤外并覆盖后鳞片的前部。

（2）将载玻片置于立体显微镜下，观察鳞片的轮廓。前部是形成年轮的区域，亦称顶区；上下侧称为侧区（图4-29）。在透明的前部，可见到清晰的环片轮纹，以前后部交会的鳞焦为圆心平行排列。

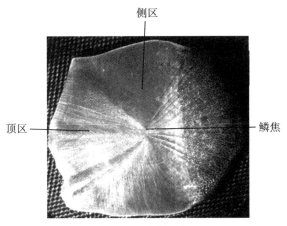

图4-29　鱼鳞结构

（3）将鳞片顶区和侧区的交接处移至视野中央，换较高倍数镜头仔细观察，可见约彼此平行的数行环片轮纹被鳞片前部的环片轮纹割断，这就是1个年轮。如果个体较大，会存在数个年轮。

（4）依据年轮出现的数目，推算出该鱼的年龄。

（四）鱼体尾动脉（或尾静脉）采血

（1）取灭菌干燥的5 mL注射器和5号（或6号）针头，吸取少量抗凝血剂（肝素等）润湿针管。

（2）将鱼体腹部朝上，用解剖刀刮去臀鳍后的鱼鳞，用干布擦去该部位的水分。

（3）持注射器在鱼体尾部臀鳍后约5 mm处针头与鱼体垂直进针（图4-30），当感受到针尖从两相邻尾椎骨的脉刺间穿过，抵达椎体时，即到达尾动脉（或尾静脉）。进针后，针头向前后、左右试探，当感觉针头刺入较软的陷窝时即可。抽取血液使之进入针管内，抽血速度不宜太快或太慢（以防溶血）。抽血完毕后，将针头从鱼体内垂直退出。

（4）取下针头，将注射器管口紧靠1个干燥试管的内壁，将血液缓慢注入试管内。若针筒内最后剩有带泡沫的血，则不要注入试管以防溶血。及时用清水冲洗注射器和针头。

除此尾动脉采血外，还可以从入鳃动脉和背大动脉等处采血。

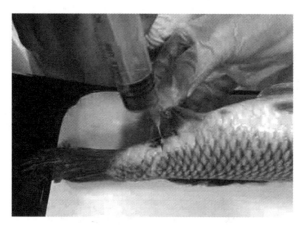

图4-30　尾动脉采血

（五）解剖与观察

外形观察结束后,用镊子的一脚插入顶骨,破坏鲤鱼脑部,直至死亡。将处死的鲤鱼置于解剖盘上,腹部向上,用解剖剪沿着与体轴垂直方向在肛门前剪一小口。再将鱼侧卧,左侧向上,自肛门前的开口向背方剪到脊柱,沿侧线下方向前剪至鳃盖后缘,然后沿鳃盖后缘剪至下颌,这样可将左侧体壁肌肉揭起,使内脏暴露(图4-31)。用棉花拭净器官周围的血迹和组织液,置于解剖盘内观察。

1. 原位观察

在腹腔前方、最后1对鳃弓的腹方有一小腔,为围心腔,它借横隔与腹腔分开。心脏位于围心腔内,心脏背上方有头肾。在腹腔里,脊柱的腹方是白色囊状的鳔。覆盖在前、后鳔室之间的三角形暗红色组织,为肾脏的一部分。鳔的腹方是长形的生殖腺,在成熟个体中,雄性为乳白色的精巢,雌性为黄色的卵巢。腹腔腹侧盘曲的管道为肠管,在肠管之间的肠系膜上,有暗红色、散漫状分布的肝胰脏,体积较大。在肠管和肝胰脏之间细长红褐色的器官为脾脏。

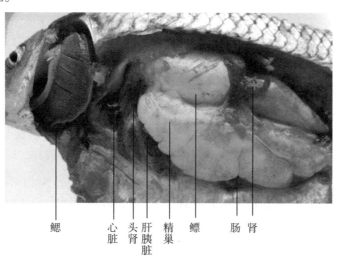

鳃　　心　头　肝　精　鳔　　肠　肾
　　　　脏　肾　胰　巢
　　　　　　　脏

图4-31　鲤鱼主要内脏结构

2. 消化系统

由消化管和消化腺两部分组成。消化管包括口腔、咽、食管、肠和肛门。消化腺包括肝胰脏和胆囊。

(1)口腔和咽：口腔由上下颌包围而成，颌无齿(图4-32)。口腔背壁由厚的肌肉组成，表面有黏膜。腔底后半底有一不能活动的舌，前端呈箭头状。在口腔顶部的两个纵走的黏膜褶壁中间有内鼻孔。口腔后部为咽部，其左右两侧有5对鳃裂，相邻的鳃裂之间生有鳃弓，第五对鳃弓特化为咽骨，内侧着生咽齿(图4-33)。

图4-32 鲤鱼的口腔与咽   图4-33 鲤鱼的咽齿

(2)食管：食管很短，前端与咽部相连，后端以鳔管开口作为食管与肠道的分界。

(3)肠：肠(图4-34)的长度为体长的2—3倍，前2/3段为小肠，后接大肠，最后一段为直肠，肛门开口于臀鳍基部的前方。

(4)肝胰脏：鲤鱼的胰腺细胞散布于肝中，总称为肝胰脏(图4-34)。肝胰脏呈暗红色，无固定形状。分为左、右2叶，弥散分布于肠管之间的肠系膜上。

(5)胆囊：胆囊呈椭圆形，暗绿色，位于肠前部距食道不远的右侧面，大部分埋在肝胰脏内，由胆囊发出粗短的胆管，开口于肠前部(图4-34)。

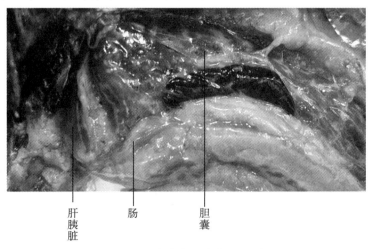

图4-34 鲤鱼的肝胰脏、肠、胆囊

3. 呼吸系统

鳃是鱼类的呼吸器官,由鳃弓、鳃耙、鳃片组成(图4-35)。硬骨鱼的鳃间隔退化。

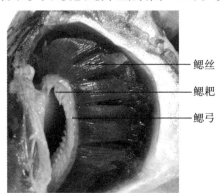

鳃丝

鳃耙

鳃弓

图4-35 鲤鱼的鳃

(1)鳃弓:共有5对鳃弓,位于鳃盖之内,咽的两侧。第1—4对鳃弓外缘各着生2个鳃片,第5对鳃弓没有鳃片。

(2)鳃耙:鳃耙为鳃弓内缘凹面上成行的三角形突起。第1—4对鳃弓各有2行鳃耙,第1对鳃弓的外侧鳃耙较长,左右互生,第5对鳃弓只有1行鳃耙,可阻挡食物的溢出。

(3)鳃片:鳃片呈薄片状,鲜活时呈红色。长在同一鳃弓上的2个半鳃基部愈合,合成为全鳃,只有1个鳃片的称为半鳃。剪下1个全鳃,放入盛有水的培养皿中,置于立体显微镜下观察。可清楚看见组成鳃片的鳃丝,以及鳃丝两侧突起状的鳃小片。鳃小片上分布着丰富的毛细血管,是气体交换的部位。

(4)鳔:鳔为银白色胶质囊,辅助呼吸,位于腹腔消化管背方,从头后一直伸展到腹部后端,分前、后2室,后室前端腹面发出一细长的鳔管,通入食管背壁。

4. 循环系统

由心脏、动脉、静脉、毛细血管和血液组成。心脏位于两胸鳍之间的围心腔内,由1心室、1心房和静脉窦3部分组成(图4-36)。

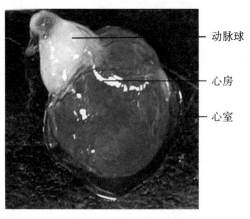

动脉球

心房

心室

图4-36 鲤鱼的心脏结构

(1)心室：心室呈淡红色，位于围心腔中央，其前端有一白色、壁厚的圆锥形小球体（动脉基部膨大），为动脉球。自动脉球向前发出1条较粗大的腹大动脉及其分支入鳃动脉。

(2)心房：心房呈薄囊状，暗红色，位于心室的背侧。

(3)静脉窦：静脉窦呈暗红色，壁很薄，位于心房的背侧面，不易观察。

5. 排泄系统

由肾脏、输尿管和膀胱组成。

(1)肾脏：肾脏1对，为红褐色狭长器官，位于腹腔背壁中线两侧。在前、后鳔室之间扩大呈菱形，成为覆盖鳔的三角形肾脏部分。肾向前扩展，在体腔前背部、鳔前方、心脏背上体积增大，成为暗红色的头肾，是拟淋巴腺。

(2)输尿管：每个肾最宽处各通出1细管，即输尿管，沿腹腔背壁后行，在近末端处2管会合通入膀胱（图4-37）。

(3)膀胱：左右两输尿管会合后稍微膨大形成膀胱，末端开口于泄殖窦（图4-37）。

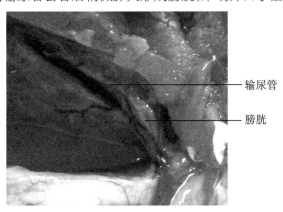

图4-37　鲤鱼的鳃

6. 生殖系统

由生殖腺和生殖导管组成。

(1)生殖腺：生殖腺呈长形囊状，外被有薄膜，位于鳔的腹方。雄性精巢1对，未性成熟时精巢淡红色，性成熟时精巢白色；雌性卵巢1对，未性成熟时卵巢淡橙黄色，性成熟时卵巢微黄色，充满卵粒。

(2)生殖导管：生殖腺表面的膜向后延伸形成短而细的导管，即输精管和输卵管。左右2条管合并通入泄殖窦，以泄殖孔开口于体外。

7. 神经系统

由中枢神经系统、外周神经系统和植物性神经系统等三个部分组成。其中，脑是中枢神经系统的重要组成部分，分为端脑、间脑、中脑、小脑和延脑。

从两侧眼眶下，向后剪开头部背面骨骼，再在两个纵切口的两端横切，移去头部背面骨骼，用棉球擦去脂肪和脑膜，从脑背面观察。

(1)端脑：端脑包括嗅脑和大脑。大脑分左、右2个半球，其内各有一侧脑室。嗅脑由嗅球和嗅束组成，嗅球呈椭圆形，位于脑的前端，与嗅囊相接，嗅球的后方由细长的嗅束连于大脑。

(2)间脑：顶部具有松果体，底部有垂体和血管囊。

(3)中脑：中脑位于端脑之后，较大，受小脑瓣所挤而偏向两侧，各呈半月形突起，又称视叶。用镊子轻轻托起端脑，向后掀起整个脑，可见在中脑位置的颅骨有一陷窝，其内有一白色近圆形的小颗粒，为内分泌腺脑垂体。

(4)小脑：小脑呈圆球形，表面光滑，位于中脑后方，小脑前方伸出小脑瓣突入中脑。

(5)延脑：位于小脑的后方，由1个面叶和1对迷走叶组成。延脑后部变窄，连接脊髓。

8. 骨骼系统

鲤鱼骨骼分为中轴骨和附肢骨两大类，中轴骨包括头骨、肋骨和脊柱，附肢骨包括鳍骨和带骨(图4-38)。脊柱代替脊索成为身体中轴，脊椎骨分化为躯干椎和尾椎。椎体双凹型，凹内有残留脊索，头骨形成脑颅和咽颅两部分。骨块较多，愈合少，成对附肢骨出现，支持鳍运动，但未与中轴骨相连。

(1)骨骼具有保护、支撑和运动的功能。骨骼的组成和分布与骨骼的功能密切相关。

(2)骨块极多，有很多软骨。

(3)肩带固定在头骨上，腰带不与脊柱相连。

(4)无颈椎，头骨无枕髁。

(5)上下颌由舌颌骨相连，为舌接式。

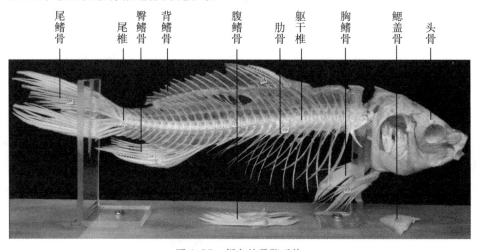

图4-38　鲤鱼的骨骼系统

六、实验记录和结果处理

根据观察,绘制鲤鱼的原位解剖图,标明各结构名称。

七、注意事项

(1)剪开体壁时,剪刀尖不宜插入太深,而应向上挑,以免损伤内脏。
(2)揭开体壁时,先将体腔膜与体壁分开,以免损伤肾脏。

八、思考题

(1)用手触摸鲤鱼体表,是否感觉到黏滑?这有何作用?
(2)鱼体采血的方法除尾动脉采血外,还可以从鳃血管和腹大动脉等处采血,请思考主要操作步骤。
(3)观察鱼鳔的形态结构,阐述其主要功能是什么。

九、参考文献

[1]白庆笙,王英永,项辉,等.动物学实验[M].2版.北京:高等教育出版社,2017.

[2]周波,王德良.基础生物学实验教程[M].北京:中国林业出版社,2016.

[3]王元秀.普通生物学实验指导[M].2版.北京:化学工业出版社,2016.

[4]仇存网,刘忠权,吴生才.普通生物学实验指导[M].2版.南京:东南大学出版社,2018.

[5]刘凌云,郑光美.普通动物学[M].4版.北京:高等教育出版社,2009.

十、推荐阅读

[1]木村清志.新鱼类解剖图鉴[M].高天翔,张秀梅,译.北京:中国农业出版社,2021.

[2]李承林.鱼类学教程[M].北京:中国农业出版社,2004.

[3]孟庆闻,苏锦祥,李婉端.鱼类比较解剖[M].北京:科学出版社,1987.

[4]魏华,吴垠.鱼类生理学[M].2版.北京:中国农业出版社,2011.

十一、知识拓展

鱼鳔的作用

鱼鳔,俗称鱼泡,由浆膜层、纤维层、黏膜上皮组成。鱼鳔含有纤维和肌肉,具有一定弹性,可以通过收缩与松弛,调节鱼在水中的位置。鱼鳔的体积约占身体的5%左右,其形状有卵圆形、圆锥形、心脏形、马蹄形等等。鱼鳔里充填的气体主要是氧、氮和二氧化碳,氧气的含量最多,在缺氧的环境中,鱼鳔可以辅助供氧。大多数生活在水上层和中层的硬骨鱼类都有鱼鳔,但很多软骨鱼类没有鱼鳔。鱼鳔还与鱼类的听觉感知密切相关,例如鲤形目鱼类的韦伯氏器通过传达鱼鳔内空气的振动信息感知外界的振动。潜水艇就是模仿鱼鳔吸气吐气调节鱼体密度使鱼上浮或下沉的过程,通过向水舱注水和排水来实现潜水艇的下沉或上浮。古人用鱼鳔制作发胶,还曾有用特定鱼类的鱼鳔制作胶水的记录。研究发现,鱼鳔还可以作为一种潜在的新型血管材料。

实验十二　两栖动物解剖与观察:蛙

在脊椎动物进化史上,由水生到陆生是一个巨大的飞跃。两栖动物是由水生到陆生的过渡类群,可以在陆地生存,但还不能彻底摆脱对水环境的依赖,其繁殖和幼体发育必须在水中进行。蛙作为常见的两栖动物,其形态结构和生理功能反映了两栖动物对陆地的初步适应。蛙皮肤疏松,角质化程度低,保持体内水分的能力较差;肺是成体的呼吸器官,结构简单,气体交换能力差,必须由皮肤辅助呼吸;循环系统较原始,为二心房一心室,多氧血和缺氧血在心室混合,是不完全的双循环;陆上快速运动的结构不完善,个体运动范围较小。对蛙进行解剖和观察,有助于掌握两栖动物的外形特征与内部结构。

一、实验目的

(1)观察描述蛙的外部形态,认识内部结构,了解蛙类主要器官的功能与区别。

(2)掌握并应用发散思维、重组思维,分析归纳两栖类主要器官结构、功能对环境的适应性。

(3)掌握两栖类解剖的基本操作方法,能辩证分析两栖动物对陆生环境的适应性与不完善性。

(4)善于通过小组合作共同解决科学问题、技术问题等,加深对生物进化历程的认识,了解两栖类研究与应用中需要考虑的伦理道德,愿意采取行动保护生态环境、保护两栖类资源。

二、预习要点

(1)蛙的双毁髓处死方法。

(2)蛙的解剖操作要点以及注意事项。

(3)蛙的外部形态以及消化系统、呼吸系统、排泄系统、神经系统、循环系统、生殖系统等的主要特征。

三、实验原理

两栖类是脊椎动物进化历程中的一个重要类群,处于从水生向陆生过渡的中间地位。它们既保留了水生脊椎动物的某些特征,又形成了一些适应陆生生活的特征。两栖纲的主要特征是:皮肤裸露,出现轻微角质化;成体具五趾型附肢,脊椎有颈、躯、荐、尾椎的分化;幼体用鳃呼吸,成体用肺呼吸;成体心脏3腔,不完全双循环;眼具眼睑,耳除内耳外还出现中耳;新陈代谢水平低,调节能力弱,属变温动物;出现了原脑皮,但仍主司嗅觉;体外受精,体外发育,幼体经变态转为成体。

四、实验器材

青蛙(或牛蛙)、蛙骨骼标本。解剖盘、解剖刀、解剖剪、镊子、刺蛙针、骨钳、大头针和棉花等。

五、实验步骤与内容

(一)外形观察

使活蛙静伏于解剖盘内,观察其外形特征(图4-39)。蛙的皮肤光滑,全体可分为头、躯干和四肢3部分,颈部不明显。

图4-39 蛙的外形

1. 头部

头部扁平,略呈三角形,吻端稍尖(图4-40)。口呈横裂状,阔大,位于头的前端,由上、下颌组成。上颌背侧前端有1对外鼻孔,其内腔为鼻腔,有鼻瓣可以启闭。眼大而圆,位于头的两侧,具可活动的上、下眼睑,在下眼睑的内缘,附有一半透明的瞬膜,能保护眼球。

眼后有圆形的薄膜,为鼓膜,其内为中耳腔。雄蛙的口角后方有浅褐色膜壁,为声囊,鸣叫时鼓成泡状。

图4-40 蛙的头部

2. 躯干部

蛙的鼓膜之后为躯干部,短而宽,后端两腿之间,偏背侧有一小孔,为泄殖孔,是泄殖腔通向外界的开口。

3. 四肢

蛙有典型的五趾型附肢。前肢短小,由近端向远端,分为上臂、前臂、腕、掌和指5部分。拇指无指骨,仅具一短小的掌骨,隐藏于皮内。在繁殖季节,雄蛙第1指基部内侧出现膨大突起(婚垫),用于抱对。后肢强大,由近端向远端,分为大腿(股)、小腿(胫)、跗、跖和趾5部分。具有五趾,趾间有蹼,在第1趾内侧有一突起,称为距。

(二)蛙的解剖观察

1. 蛙的处死(双毁髓法)

(1)蛙固定:左手握住蛙,中指夹在前肢与下巴间,无名指和小指握在前后肢之间躯干处,食指压住其吻部,拇指压住背部,使头前俯。

(2)双毁髓:用刺蛙针(或尖头镊子)沿头骨背中线向后划动,划过头骨后缘时能感觉到刺蛙针突然下降,此处为颈椎和头骨的关节处的凹坑,称为枕骨大孔,即为刺蛙针的刺入点。将刺蛙针由此处垂直刺入,针尖朝向头端,沿与颅顶平行方向(图4-41),穿过枕骨大孔刺入颅腔,在颅腔内捣毁脑髓。然后把刺蛙针稍后退,调转方向,沿脊柱平行方向刺进椎管,转动刺针捣毁脊髓。若准确刺进颅腔和椎管,则能感觉到刺入的过程比较顺畅,几乎无阻力。

(3)确认死亡:若蛙的后肢瘫软,说明双毁髓成功。若蛙的后肢肌肉紧张或活动自如,应重新毁髓。

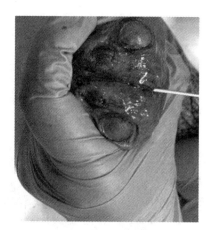

图4-41　双毁髓法操作

2. 蛙的解剖

　　将蛙置于解剖盘,腹面朝上,展开四肢,用大头针在四肢的指(趾)尖固定。用钝头镊子提起腹部皮肤,在泄殖孔稍前方剪一个横切口与一个纵切口,沿纵切口向前剪至下颌。从切口中间分别向左、右剪开,把腹面两侧的皮肤扯向两边,用大头针固定于解剖盘上。

　　在腹中线上有一条纵行的结缔组织白线(腹白线、腹中线),将腹直肌分隔为左右对称的两部分(图4-42)。从腹中线左侧剪开腹直肌,并向前沿胸骨中央剪断肩带,然后在肩带和腰带处向左右横向剪开一段,将腹壁向外翻开,用大头针将剪开部分固定,暴露内脏,仔细观察。

腹中线

图4-42　蛙的解剖

3. 口咽腔

　　口咽腔是消化和呼吸系统共同的通道(图4-43)。

　　(1)舌:剪开蛙的口角,拉开下颌,暴露口腔,可见舌位于口腔底部中央,其基部着生在下颌前端内侧,舌尖向后伸向咽部,呈叉状。

(2)内鼻孔:内鼻孔为一对椭圆形的孔,位于口咽腔顶壁近吻端处,与外鼻孔相通。

(3)齿:蛙上下颌边缘各有1行细而尖锐的颌齿。口腔背面两侧的犁骨上有两丛细齿,为犁骨齿,有些两栖类没有犁骨齿,如蟾蜍。

(4)耳咽管孔:耳咽管孔为口咽腔顶壁两侧、上颌角附近的一对大孔,与中耳相通,可通到鼓膜。

(5)声囊孔:雄蛙的下颌口角处有一小孔,为声囊向口咽腔的开口,即声囊孔。

(6)喉门:喉门为口咽腔后方、食管口腹方的一条紧紧闭合的纵裂缝,是喉气管室在咽部的开口。

(7)食管口:位于喉门的背侧,是咽最后部位的皱襞状开口,与咽腔之间无明显界限。

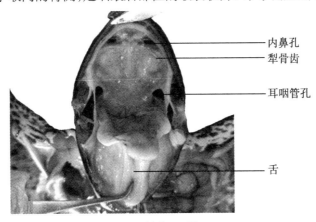

图4-43　蛙的口咽腔

4. 消化系统

由消化管和消化腺组成(图4-44)。消化管主要包括食管、胃和肠等;消化腺主要包括肝和胰。

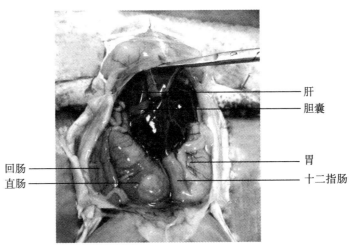

图4-44　蛙的消化系统

(1)食管：食管位于心脏和肝脏背面，为乳白色短管道。前端接口咽腔，后端和胃相连。

(2)胃：胃呈囊状，位于体腔的左侧，由左向右稍弯曲，呈"J"字形。胃连食管的一端称贲门，外形上无明显界限。胃与小肠连接的一端称幽门，该部分显著紧缩，并以此与小肠为界。

(3)肝：肝呈红褐色，由三叶组成，左侧二叶，右侧一叶，左右肝叶之间有一椭圆形的胆囊，呈黄绿色，具导管通入十二指肠。

(4)小肠：小肠包括十二指肠和回肠。与幽门连接处弯向前方的一段为十二指肠。十二指肠的末端折向右后方弯转并盘曲在体腔右下部的为回肠。

(5)大肠：回肠后端较粗的部分为大肠，亦称直肠，后端与泄殖腔相连。

(6)胰：胰为淡红色或黄白色的长状不规则腺体，位于胃和十二指肠的肠系膜上。

(7)脾：在直肠前端的肠系膜上，为一圆形的暗红色腺体，属淋巴器官，与消化无关。

5. 呼吸系统

成年蛙为肺皮呼吸，肺呼吸涉及鼻腔、口咽腔、喉气管和肺。

(1)鼻腔：蛙呼吸时，空气自外鼻孔进入鼻腔，经内鼻孔进入口咽腔，鼻腔关闭，口底上升，将空气压入喉门。

(2)喉气管：位于心脏背方的一粗短略透明的管状结构，在食管腹面，以喉门开口于口咽腔。后端通入左、右肺囊。

(3)肺：呈椭圆形的薄壁囊状结构，位于心脏的两侧（图4-45）。内表面呈蜂窝状。肺上密布血管，并富有弹性，便于进行气体交换。

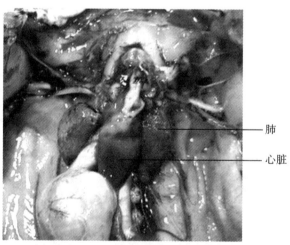

肺

心脏

图4-45　蛙的肺

6. 循环系统

蛙的循环有体循环和肺循环两条循环路线，主要观察心脏和周围的血管。

(1)心脏。

心脏具有2心房、1心室、1动脉圆锥、1静脉窦。

①心房:位于心脏前端(图4-46),左右各1个,壁薄,它们共同开口于心室。肺部净化的血液,由肺静脉直接进入左心房。

②心室:呈圆锥形,位于心脏后端厚壁部分,心室尖向后。

③静脉窦:位于心脏背面,是呈三角形的囊管,前端左、右两角分别连接左、右前大静脉,后面连接后大静脉,身体各部分静脉血汇集于静脉窦,然后由静脉窦流入右心房。

④动脉圆锥:为心室腹面右上方发出的1条较粗的肌质管,色淡。其末端稍膨大,和心室相通(图4-46)。

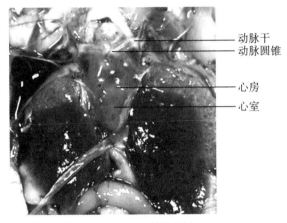

图4-46 蛙的心脏

(2)动脉系统。

由动脉圆锥通出一条短而粗的动脉总干,它向心脏前方分成2支,左右对称,每支各分支成颈动脉、体动脉、肺皮动脉3支动脉。

①颈动脉:是动脉干发出的最前面的1支动脉,向前扩大成腺体,随后又分成2支。颈外动脉,较细,在内侧(输送血液到舌及下颌);颈内动脉,较粗,在外侧(输送血液到上颌及脑部)。

②体动脉:是动脉干发出的中间1支动脉,最粗。左、右体动脉从动脉总干分出不远就折向背壁,顺着背面体壁后行(在前肢基部处分出一对锁骨下动脉,分布到前肢去),两条体动脉再往后约在第6脊椎骨的腹面肾的前端合成一条背大动脉。继续向后行,就在两体动脉会合点的部位,分出一支腹腔系膜动脉,分布到肠、胃、肝等消化器官,分别称为肠动脉、胃动脉、肝动脉等。观察时把消化器官和呼吸器官从体腔内小心地拉开,或把体壁从颈后和髂骨两处横行剪断,可清楚地看到体动脉的主要分支(去除系膜后观察更清晰)。

a.枕椎动脉:起始于体动脉的外部,走行不远即分成前后2支,1支向前行为枕动脉,另1支向后行为椎动脉。

b.锁骨下动脉:体动脉在近前肢基部处左右各分出一支粗大的动脉,分布到前肢。

c.腹腔系膜动脉:在两体动脉会合点分出的粗短动脉,分布到肠、胃、肝等消化器官。

d.肾动脉(尿殖动脉):背大动脉后行经过两肾之间时,从其腹面分出4—6对的细小血管,分布在肾、生殖腺、脂肪体处。

e.腰动脉：从背大动脉背面分出的1—4对细小血管,分布到体腔的背壁。

f.后肠系动脉：从背大动脉背面近末端的腹面发出1根细小的血管分布在后部的肠系膜、直肠(雄性)和子宫(雌性)上。

g.髂动脉：背大动脉在尾杆骨中部分成的左、右两大支动脉,进入左、右后肢,在后肢又分为股动脉(分布到大腿上部的肌肉和皮肤)和臀动脉(分布到臀部)。

③肺皮动脉：由动脉干分出的最后面的1支动脉弓,向背面外侧斜行,以后便分成两支,分别通入肺及皮肤中,入肺的称肺动脉,到皮肤的称皮动脉。

(3)静脉系统。

静脉系统由肺静脉和体静脉组成,可分为肺静脉、腔静脉和门静脉。

①肺静脉：1对,由肺部带回净化血,左右两支会合后通入左心房。

②腔静脉：分为左、右前大静脉和后大静脉。

a.前大静脉：1对,左右对称,分别连接静脉窦前端左右角,带回头部、前肢和皮肤的静脉血,由外颈静脉、无名静脉、锁骨下静脉3对静脉会合而成。外颈静脉位于最前面,接受来自颈部和舌部的静脉血。无名静脉在中间,1支,接受来自头部脑颅内颈静脉和上臂肩胛下的静脉血。锁骨下静脉位于最后面,接受来自前肢的肱静脉和来自皮肤已净化的皮静脉血液。

b.后大静脉：正中一根最大的静脉,后端起于两肾之间,向前越过肝背面,一直通入静脉窦后角,由后向前顺序接受生殖静脉、肾静脉、肝静脉、臀静脉、股静脉、腹静脉等的血液。

③门静脉：门静脉包括肾门静脉和肝门静脉,分别接受来自四肢和消化器官的静脉血,在肾和肝中分散成毛细血管网。肝门静脉位于肝后面的肠系膜内,接受由肠、胃等消化器官来的静脉血,通入肝内毛细血管,最后汇入肝静脉。肾门静脉位于左、右肾外缘,接受尾部毛细血管来的静脉血,通入肾。

7. 泄殖系统

蛙为雌雄异体动物,可交换不同性别的蛙观察其泄殖系统。

(1)泌尿器官。

蛙的泌尿器官包括肾、输尿管、膀胱、泄殖腔。

①肾：为1对暗红色扁平器官,位于体腔的底部,贴近脊柱两侧。肾腹面镶有1条纵走的橙黄色肾上腺,属内分泌腺。

②输尿管：由肾外缘近后端发出,开口于泄殖腔背侧的薄壁细管。

③膀胱：为两叶状的囊,壁薄,位于体腔腹面中央,连附于泄殖腔腹壁。

④泄殖腔：为粪、尿、生殖细胞共同排出的通道,以单一的泄殖孔开口于体外。

(2)雄性生殖系统。

雄性生殖系统包括精巢、输精小管、输精管和脂肪体(图4-47)。

①精巢：1对,位于肾的腹面内侧,淡黄色,卵圆形,其大小常因个体与季节的不同而有

差异。每一精巢内有很多精细管,其上皮产生精子。

②输精小管:用镊子提起一侧精巢,可见精巢和肾之间有膜相连,膜内有很多小管,即输精小管,与肾的前端相通,再由集合细管运至输尿管。

③输精管:雄蛙的输精管和输尿管共用1条管,但内部有各自通道。输精管在进入泄殖腔之前膨大,成为贮精囊。

④脂肪体:1对,呈指状,黄色,位于生殖腺前,其大小在不同季节有较大差异。

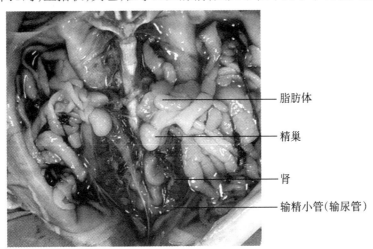

图4-47 雄蛙的生殖系统

(3)雌性生殖系统。

雌性生殖系统包括1对卵巢、1对输卵管和子宫(图4-48)。

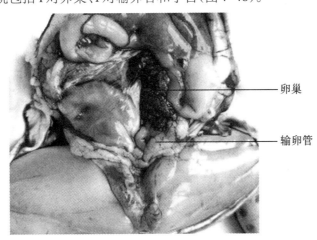

图4-48 雌蛙的生殖系统

①卵巢:1对,呈囊状,淡黄色,位于肾前端腹面,大小因季节不同而不同,生殖季节体积极度膨大,内有很多黑色、颗粒状的卵粒。

②输卵管:1对长而迂曲的管子,呈乳白色,位于卵巢底部,前端紧靠着肺底的旁边,呈漏斗状。后端膨大成囊状,称子宫,子宫直接开口于泄殖腔背壁。

8. 肌肉系统

蛙由于运动的复杂化,肌肉系统已有很高的分化程度,分节现象只保留在少数部位,如腹直肌。大部分肌节均愈合并移位,形成身体一块块的肌肉。剥下全身皮肤,将所要观察的肌肉用刀小心地一块块分离出来。

(1)下颌的肌肉。

①颌下肌:剥开下颌皮肤,在下颌最表面为一薄片肌,肌纤维横行,起于下颌骨,止于腹正中线,当它收缩时,使口腔底上提。

②颏下肌:为三角形小块肌肉,在颌下肌之前,横于二齿骨之间,其前缘又紧贴着颐骨及下颌联合,收缩时能使颐骨上举,推动前颌骨而使鼻瓣关闭。

(2)腹壁肌肉。

腹壁肌肉分为3部分,即前胸部、后胸部及腹部。前胸部肌肉起自肩带的前乌喙骨和中胸骨;后胸部肌肉位于前者后方,起点很宽,自中胸骨到剑胸骨,肌纤维亦向外行,止于肱骨三角肌粗隆旁的凹沟处;腹部肌肉起自腹外斜肌的腱膜,肌纤维斜向上行。3部分集中,止于肱骨的近端内面。功能为支持并扩展腹腔,并牵引上臂向内、向外运动。

①腹直肌:位于腹部正中,被横行的腱划分为对称的小块,仍保持有分节现象。功能为支持腹部内脏,并固定胸骨的位置。

②腹斜肌:分内外两层,肌纤维彼此垂直。起于髂骨,止于腹直肌的外侧。功能为支持并压缩腹部,有助于呼吸作用。

(3)后肢小腿肌肉。

①腓肠肌:为小腿后面最大的肌肉,起于与胫腓骨相接的股骨上,止于脚跟。

②胫后肌:位于腓肠肌腹面,起于胫腓骨后缘,止于距骨。功能为使足向前伸直,且能转足向下。

③腓前肌:位于小腿外侧,甚大,起于股骨后端,以两分支分别止于距骨和跟骨。功能为伸胫部。

④伸脚肌:位于胫前肌与胫后肌之间,起于股骨,止于胫腓骨。功能为伸胫部。

⑤腓骨肌:位于腓肠肌与胫前肌之间,起于股骨后端,止于跟骨。功能为伸胫部。

9. 骨骼系统

蛙的骨骼系统由中轴骨和附肢骨骼组成(图4-49)。中轴骨包括头骨和脊柱,脊柱由颈椎、躯干椎、荐椎和尾椎4部分组成;附肢骨骼包括肩带骨、前肢骨和胸骨、腰带骨和后肢骨。概括起来有如下特点:

(1)整个骨骼系统骨化程度较低,还保留很多软骨。

(2)头骨具有双枕髁。

(3)头骨背面有额顶骨。

(4)脑箱狭长,两侧为大大的眼眶。脑箱内容纳小而没有弯曲的脑。

(5)颈椎1枚。

(6)肋骨与椎体横突愈合,由胸骨、乌喙骨、锁骨、肩胛骨、上肩胛骨和脊柱形成一个弓,弓内容纳心脏,借此保护心脏免受跳跃引起的震动冲击。

(7)典型的五趾型附肢。肩带不附着于头骨,腰带借荐椎与脊柱相连。

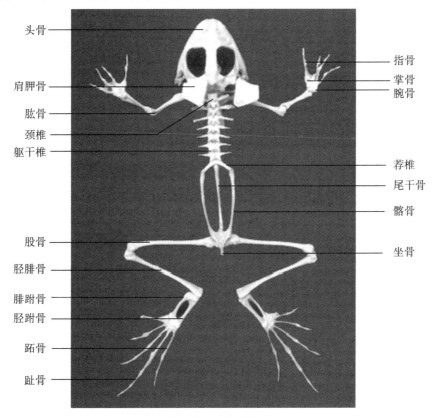

图4-49 蛙的骨骼系统

六、实验记录和结果处理

根据观察,绘制蛙头部和咽腔的结构图,标明各结构名称。

七、注意事项

(1)用双毁髓法处死蛙时,针尖刺入颅腔的倾斜角度必须很小。

(2)剪开蛙腹壁时,应沿腹中线稍偏左侧剪,以免损毁位于腹中线的腹静脉。同时注意剪刀尖应向上挑,以免损伤内脏。

（3）用解剖刀分离所要观察的肌肉时，注意不要伤及神经和血管，并力求保持每块肌肉肌膜的光滑与完整。

八、思考题

（1）通过解剖观察蛙的皮肤、肺，分析两栖类在结构和功能上表现出哪些适应陆生生活的特征。

（2）暴露出蛙的心脏，观察其结构，分析蛙的循环系统有什么特点。

（3）双毁髓法操作时如何有效地找到枕骨大孔位置？进针时力度如何把握？

九、参考文献

[1]白庆笙,王英永,项辉,等.动物学实验[M].2版.北京:高等教育出版社,2017.

[2]周波,王德良.基础生物学实验教程[M].北京:中国林业出版社,2016.

[3]王元秀.普通生物学实验指导[M].2版.北京:化学工业出版社,2016.

[4]仇存网,刘忠权,吴生才.普通生物学实验指导[M].2版.南京:东南大学出版社,2018.

[5]刘凌云,郑光美.普通动物学[M].4版.北京:高等教育出版社,2009.

十、推荐阅读

[1]中国野生动物保护协会.中国两栖动物图鉴[M].郑州:河南科学技术出版社,1999.

[2]罗伯特·L.卡罗尔.两栖动物的崛起:3.65亿年的进化[M].文晶,译.北京:电子工业出版社,2020.

[3]齐硕,史静耸.水陆精灵:中国珍稀濒危两栖爬行动物手绘观察笔记[M].南京:江苏凤凰科学技术出版社,2021.

十一、知识拓展

蝾螈——脊椎动物中的"再生之王"

蝾螈为有尾两栖类的代表动物，因其独特的再生能力在脊椎动物中被冠以"再生之王"的称号。蝾螈的四肢、尾部、颌骨、眼睛、脑组织、脊髓和心肌等均能再生，并且蝾螈是唯一的终生四肢反复被截断后都能完整再生的脊椎动物。

　　经过数十年的研究,科学家发现,蝾螈断肢后,上皮细胞和间充质细胞相互作用形成再生芽基,介导断肢的再生。这一过程涉及多种细胞组织类型,由多个信号分子网络协调。蝾螈肢体再生最显著的特点是信号分子网络能在时间空间维度上精准调控以完美复制损失肢体,即新生肢体可认为是丧失部分的完整复制品,如切除前脚后再生形成的一定是具备相同结构功能的前脚。深入研究有尾两栖类动物肢体的再生机制,对提高人类组织器官再生能力有巨大的潜在应用价值。

实验十三　鸟类解剖与观察:家鸽

　　鸟类是适应陆地和空中生活的高等脊椎动物类群,运动能力强,代谢旺盛,能保持体温恒定。全身被羽,呈流线型,前肢特化为翼;皮肤干燥,缺乏腺体;骨骼薄且多愈合,骨骼内具有充满气体的腔隙,轻便而牢固;胸骨特化出龙骨突,是飞行肌附着的骨骼;进行双重呼吸,有与肺相通的气囊,保证了机体代谢所需的氧气;心脏4室,缺氧血和多氧血完全分离,完全的双循环;神经系统和感觉器官高度发达,繁殖方式完善,繁殖行为复杂。家鸽是鸟类的代表动物,对家鸽进行解剖和观察,有助于掌握鸟类的外形特征与内部结构。

一、实验目的

　　(1)观察描述家鸽的外部形态,认识内部结构,了解鸟类主要器官的功能。

　　(2)掌握并应用发散思维、重组思维,分析归纳鸟类适应飞翔的器官结构与功能。

　　(3)掌握鸟类解剖的基本操作方法,能明确探究的过程与基本方法,能制定出方案比较分析不同鸟类对不同生境的适应性。

　　(4)善于交流合作,协同解决科学问题与技术问题等,理解生物对环境的适应规律,了解鸟类研究与应用中需要考虑的伦理道德,愿意采取行动保护生态环境、保护鸟类资源。

二、预习要点

　　(1)鸟类解剖的操作要点和注意事项。

　　(2)鸟类的外部形态以及消化系统、呼吸系统、神经系统、循环系统、生殖系统等的主要特征。

三、实验原理

　　善于飞翔的鸟类在结构和功能上具有多种适应特征。多数鸟类体形呈流线型。皮肤薄、松;前肢变为翼;具羽毛,有羽区、裸区;骨骼轻而多愈合,为气质骨,具有龙骨突、愈合荐椎,有叉骨,腕掌指骨愈合;胸肌发达,肌腹集中;无齿;不储存粪便;有气囊、发达气管系统,双重呼吸;心脏大,心跳快,血压高,完全双循环,代谢旺盛;排尿酸,无膀胱;纹状体和视叶发达,小脑发达;视觉发达,具有双重调节机制;雌性右侧卵巢和输卵管退化,减轻体重。家鸽善于飞翔,以其为实验对象,有助于掌握鸟类结构与功能上对飞翔活动的适应。

四、实验器材

家鸽、家鸽骨骼标本。解剖盘、解剖刀、解剖剪、镊子、骨钳、钟形罩、药棉、乙醚等。

五、实验步骤与内容

(一)外形观察

家鸽身体呈纺锤形,体表被羽,具有流线型的外廓。全身分为头、颈、躯干、尾和附肢5部分。

1. 羽毛

家鸽体表被羽,有羽区和裸区之分。羽毛按构造可分为正羽(翻羽)、绒羽和纤羽(毛羽)3种。

正羽:正羽为身体最外表的羽毛,由羽轴和羽片构成。羽轴位于正羽中央,羽片位于两侧。

绒羽:绒羽位于正羽的下方,有1羽根,顶部生一圈羽枝,羽枝柔软松散似绒,上面还有小羽枝,但无羽钩、羽槽。

纤羽:纤羽呈毛状,着生在正羽及绒羽之间,仅有光裸的羽干,或在上方有少量短小的羽枝。

2. 头部

①喙:上、下颌向前极度延伸,前端覆有角质膜。

②蜡膜:为上喙基部隆起的软膜。

③外鼻孔:1对,位于蜡膜下两侧,呈裂缝状。

④眼:大而圆,有可活动的眼睑和半透明的瞬膜。

⑤外耳孔:位于眼的后下方,外观为一椭圆形的孔,称为外耳孔。鼓膜内陷形成浅短的外耳道,周围覆以羽毛,称耳羽。

3. 颈

细长,灵活,易于弯曲和扭转。

4. 躯干

略呈卵圆形,紧密坚实,不能弯曲。腹面因具有发达的龙骨突和胸肌而明显突起。

5. 尾

位于躯干部的后侧、尾羽的下方,缩短成小的肉质突起。尾基部背面有1对尾脂腺,呈乳头状突起,能分泌油脂。

6. 附肢

(1)前肢:前肢特化成翼,着生羽毛,弯曲成"Z"形,飞翔时能伸展,为飞行器官。飞羽构成翼的主要部分,可分为初级飞羽、次级飞羽和三级飞羽(图4-50)。

①初级飞羽:着生在腕掌骨和指骨上,为最长的1列飞羽,9—10枚。

②次级飞羽:着生在尺骨上,较初级飞羽短。

③三级飞羽:着生于尺骨上,为最内侧的次级飞羽,但其羽色和羽形常与其余的次级飞羽有所不同。

三级飞羽
次级飞羽
初级飞羽

图4-50　家鸽的飞羽

(2)后肢:后肢下端被有角质鳞而无羽毛。趾4个,3趾向前、1趾在后,先端具爪,为常态足(图4-51)。

头部
颈部
躯干部
前肢
后肢
尾部

图4-51　家鸽的外形特征

（二）家鸽的解剖观察

在实验前20—30 min，将家鸽放入装有乙醚的钟形罩中，麻醉致死。或捂住动物的外鼻孔并紧捏动物的上、下喙，使其窒息而死。

处死后，用水打湿家鸽腹侧的羽毛，将其拔净。把拔去羽毛的家鸽腹面朝上放于解剖盘中，露出裸区（图4-52）。

沿着龙骨突切开皮肤。切口前至喙基部，后至泄殖腔。用解剖刀钝端分开皮肤；当剥离至嗉囊处要特别小心，以免造成破损。沿着龙骨突的两侧及叉骨的边缘，小心切开胸大肌（图4-53）。下面露出的肌肉为胸小肌（图4-53），用同样方法把它切开。自腹腔横开一口，用玻璃管插入喉门吹气，可以观察到前胸气囊、后胸气囊和后气囊3对气囊。然后沿着胸骨与肋骨相连的地方用骨钳剪断两侧肋骨，将乌喙骨与叉骨联结处用骨钳剪断。将胸骨与乌喙骨等一同移去，使内脏暴露。

图4-52　家鸽的裸区

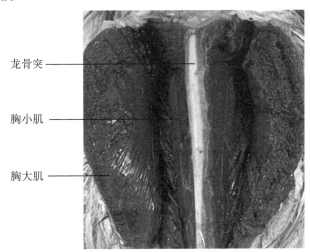

龙骨突

胸小肌

胸大肌

图4-53　家鸽的龙骨突与胸肌

1. 呼吸系统

（1）外鼻孔：外鼻孔呈裂缝状，开口于上喙基部、蜡膜的前下方。

（2）内鼻孔：内鼻孔位于口腔顶部中央，为1条狭长的纵裂。

（3）喉门：位于舌根之后，中央的纵裂为喉门。

（4）气管：气管一般与颈同长，以完整的软骨环支持。在左、右支气管分叉处有一较膨大的鸣管，是鸟类特有的发声器官（图4-54）。

（5）肺：肺具有左、右2叶。位于胸腔的背方，为弹性较小的实心海绵状器官（图4-54）。

（6）气囊：气囊是与肺连接的数对膜状囊，分布于颈、胸、腹和骨骼的内部。

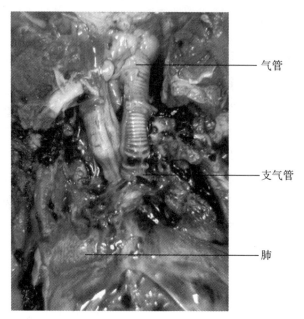

气管

支气管

肺

图4-54　家鸽的气管与肺

2. 消化系统

家鸽的消化系统包括消化道和消化腺。

(1)消化道。

①口腔:剪开口角进行观察。上、下颌的边缘生有角质喙。舌位于口腔内,前端呈箭头状(图4-55)。在口腔顶部的两个纵行的黏膜褶,中间有内鼻孔。口腔后部通咽部。

图4-55　家鸽的口腔

②食管和嗉囊:食管沿颈的腹面左侧下行,在颈的基部膨大成嗉囊(图4-56)。嗉囊可贮存食物,并可软化食物。

③胃:胃由腺胃和肌胃(图4-57)组成。腺胃又称前胃,上端与嗉囊相连,呈长纺锤形。剪开腺胃观察,内壁上有许多的乳状突,其上有消化腺的开口。肌胃又称砂囊,上连腺胃,位于肝脏的内叶后缘,为一扁圆形的肌肉囊。剖开肌胃观察,胃壁为很厚的肌肉壁,内壁覆有硬的角质膜,呈黄绿色。肌胃内藏砂粒,用以磨碎食物。

④十二指肠:十二指肠位于腺胃和肌胃的交界处,呈"U"形弯曲(在此弯曲的肠系膜内,有胰腺着生)。

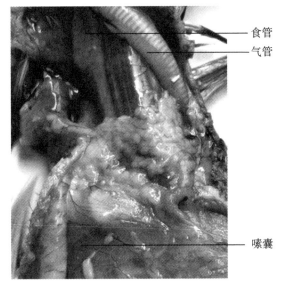

图4-56　家鸽的食管、气管与嗉囊

⑤小肠:小肠细长,盘曲于腹腔内,最后与短的直肠连接。

⑥直肠(大肠):直肠短而直,末端开口于泄殖腔。在其与小肠的交界处,有1对豆状的盲肠。鸟类的大肠较短,不能贮存粪便。

(2)消化腺。

①肝:肝脏呈红褐色,位于心脏后方,分左、右两叶,不具胆囊。右叶背面有一深的凹陷,自此处伸出两支胆管通入十二指肠。

②胰:胰脏呈淡黄色,着生在十二指肠间的肠系膜上

③脾:脾呈近椭圆形,紫红色,位于腺胃右侧系膜上,是淋巴器官。

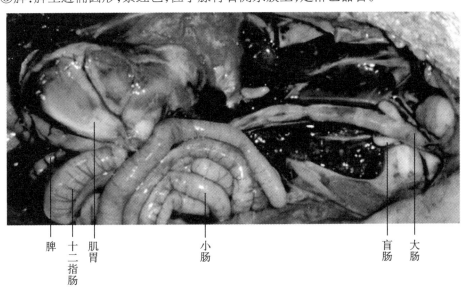

图4-57　家鸽的消化管系统

3. 循环系统

(1)心脏。

心脏位于躯体的中线上,体积较大。用镊子提起心包膜,然后以剪刀纵向剪开。从心脏的背侧和外侧除去心包膜,可见心脏被脂肪带分隔成前后两部分(图4-58)。

①心房:心脏前面褐红色的扩大部分为心房。

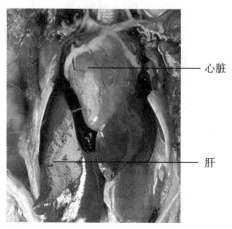

图4-58　家鸽的肝与心脏

②心室:后面颜色较浅的为心室。右心室壁厚,左心室壁薄。

(2)动脉。

靠近心脏的基部,将余下的心包膜、结缔组织和脂肪清理除去,观察无名动脉、背大动脉和肺动脉。

①无名动脉及分支:暴露出来的两条较大的灰白色血管,即无名动脉。无名动脉分出颈动脉、锁骨下动脉、肱动脉(图4-59)和胸动脉,分别进入颈部、前肢和胸部(锁骨下动脉为无名动脉的直接延续)。

②背大动脉:用镊子轻轻提起右侧的无名动脉,将心脏略往下拉,可见右体动脉弓走向背侧后,转变为背大动脉后行,沿途发出许多血管到有关器官。

③肺动脉:再将心房、无名动脉轻轻提起,可见下面的肺动脉分成2支后,绕向背后侧而到达肺。

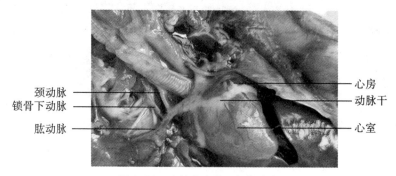

图4-59　家鸽的心脏及相邻动脉

（3）静脉。

①前大静脉：在左、右心房的前方可见到两条粗而短的静脉干，为前大静脉。前大静脉由颈静脉、肱静脉和胸静脉会合而成。这些静脉差不多与对应的动脉相平行，因而容易看到。

②后大静脉：将心脏翻向前方，可见1条粗大的血管由肝脏的右叶前缘通至右心房，这就是后大静脉。与其相连的是分布到相应器官的静脉和肝门静脉，许多静脉几乎与对应动脉平行。

4. 泄殖系统

（1）泌尿器官。

①肾：紫褐色，左右成对，各分成3叶，贴近于体腔背壁。

②输尿管：沿体腔腹面下行，通入泄殖腔。鸟类不具膀胱。

③泄殖腔：将泄殖腔剪开，可见到腔内具2横褶，将泄殖腔分为3室。前面较大的为粪道，直肠即开口于此；中间为泄殖道，输精管（或输卵管）及输尿管开口于此；最后为肛道。

（2）雄性生殖器官。

具成对的白色睾丸（图4-60），从睾丸伸出输精管，与输尿管平行进入泄殖腔，多数鸟类不具外生殖器。

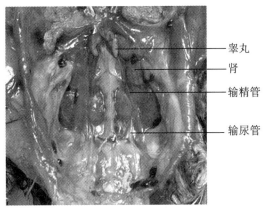

图4-60 雄性家鸽的泄殖系统

（3）雌性生殖器官。

右侧卵巢退化，左侧卵巢内充满卵泡，有发达的输卵管，输卵管前端借喇叭口与体腔相通，后方弯曲处的内壁富有腺体，可分泌蛋白并形成卵壳，末端短而宽，开口于泄殖腔。

5. 神经系统

鸟类的神经系统包括中枢神经系统、周围神经系统和感官。中枢神经系统由大脑、小脑、间脑、中脑、延脑和脊髓等组成，周围神经系统分布在全身各器官、组织之中，传导感觉和支配运动。用解剖剪从头部背方揭开脑颅后，可见脑各部的构造。

(1)大脑:位于脑的前端,其前端有1对不发达的椭圆形小体,即嗅叶;后面发达的大脑半球由膨大的纹状体形成。

(2)间脑:大脑半球的圆形隆起,即间脑。

(3)中脑:2个圆形视叶由中脑两侧突出形成,位于大脑半球后下方的两侧。

(4)小脑:小脑发达,紧接大脑半球。中央为小脑蚓部,两侧为小脑卷。

(5)延脑:位于小脑后部,其后端急剧向下弯曲,变细,与脊髓相接。

6. 骨骼系统

骨骼系统由中轴骨(头骨、脊柱)和附肢骨骼(四肢骨、带骨)组成(图4-61)。

(1)头骨:头骨大都很薄,骨片间几乎没有缝隙。前部为颜面部,由上、下颌形成喙,不具牙齿。后部为顶枕部,腹方有枕骨大孔,并有单一枕髁。

(2)脊柱:整个脊柱分为5部分,即颈椎、胸椎、腰椎、荐椎和尾椎。椎体为异凹型。

a.颈椎:13或14枚,彼此分离,第1、2枚颈椎特化为寰椎和枢椎。枢椎有齿状突可伸入寰椎管腔,很多椎体为马鞍形,旋转自如,因此头部可以做大角度的旋转。另外,颈椎最后2枚椎体有游离肋骨,但末端没有抵达胸骨,借此可以识别颈椎和胸椎的分界。

b.胸椎:5枚,彼此愈合并与腰椎愈合,每枚胸椎上有一对肋骨,这些肋骨和胸骨以关节相接。每一肋骨又分为两部分——胸肋和椎肋,二者也有可以运动的关节。这样构成的胸廓有很大的活动性。另外,前一肋骨还借一钩状突压在后一肋骨上,增强了胸廓的牢固性。胸骨上有大龙骨突,是飞翔肌肉附着的地方。

c.愈合荐骨(综荐骨):腰椎、荐椎与最后1枚胸椎及前5个尾椎愈合而成。

d.尾综骨:愈合荐骨后有6个游离的尾椎,最后4个尾椎形成三角形垂直骨板,即尾综骨。

(3)附肢骨骼。

①肩带:非常健壮,左右各一,在腹面与胸骨连接,由肩胛骨、乌喙骨和锁骨组成。

a.肩胛骨:位于背侧,与脊柱平行,细长。

b.乌喙骨:粗壮,位于肩胛骨的腹方,远端与胸骨连接,另一端则和肩胛骨共同形成肩臼,与肱骨形成活动关节。

c.锁骨:细长,位于乌喙骨前方,左、右锁骨在腹面愈合成"V"形叉骨。

②前肢:由于前肢变为翼,前肢骨变化很大,尤以末端为甚。由基部向末端依次为肱骨、桡尺骨、腕掌骨、指骨。

a.肱骨:粗大,前端头部与肩臼形成可活动关节,肱骨腹面有一气孔,气囊由此入骨腔。

b.桡尺骨:由细的桡骨和粗的尺骨组成。

c.腕掌骨:腕骨只留两块独立骨块,一块在尺骨之下,为尺腕骨,另一块在桡骨之下,为桡腕骨,其余腕骨均与掌骨愈合成为腕掌骨,有腕间关节(尺腕骨和桡腕骨与腕骨之间的关节)。

d.指骨:3指。第1指骨和第3指骨短,第2指骨长。

③腰带:左、右腰带由髂骨、耻骨和坐骨构成,相互愈合形成无名骨。

a.髂骨:位于无名骨的前部。

b.坐骨:位于无名骨的后部。

c.耻骨:细长,位于坐骨腹缘,二者之间形成一裂缝状细孔。左、右耻骨在腹中线处没有愈合,形成开放式骨盆。

④后肢:由股骨、胫腓骨、跗跖骨和趾骨组成。

a.股骨:最上段的粗壮骨,下接腓骨,外部不能看到。

b.胫腓骨:由胫骨和腓骨组成。胫骨长度超过股骨,是由胫骨和近心端跗骨愈合而成,因此也称胫跗骨。腓骨退化成1条不长的细骨。

c.跗跖骨:跗骨的远心端和跖骨愈合而成。胫跗骨和跗跖骨之间的关节称跗间关节。

d.趾骨:具有4趾。第1趾向后,其他3趾向前,趾端有爪。

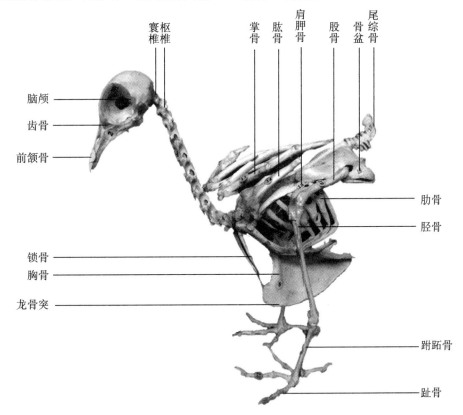

图4-61 家鸽的骨骼系统

六、实验记录和结果处理

(1)根据观察,绘制家鸽消化系统的结构图,标明各结构名称。

(2)正确数出初级飞羽和次级飞羽的数量。

七、注意事项

(1)解剖时,解剖刀沿龙骨突切开,不要竖剖,以免刀具伤人。

(2)在拔颈部的羽毛时要特别小心,每次不要超过2—3枚,顺着羽毛方向拔,同时用手按住颈部的薄皮肤,以免将皮肤撕破。

八、思考题

(1)找出尾脂腺位置,分析其对鸟类梳理羽毛的作用。

(2)如何从形态上区分鸟类的输精管与输尿管?

(3)用镊子拉扯牵引胸大肌、胸小肌,观察鸟类的振翅运动,并分析胸肌的功能。

(4)鸟类气囊主要分布在什么地方?主要有何功能?为了观察气囊,为什么拉开体壁时不能用力过猛?

九、参考文献

[1]白庆笙,王英永,项辉,等.动物学实验[M].2版.北京:高等教育出版社,2017.

[2]周波,王德良.基础生物学实验教程[M].北京:中国林业出版社,2016.

[3]王元秀.普通生物学实验指导[M].2版.北京:化学工业出版社,2016.

[4]仇存网,刘忠权,吴生才.普通生物学实验指导[M].2版.南京:东南大学出版社,2018.

[5]刘凌云,郑光美.普通动物学[M].4版.北京:高等教育出版社,2009.

[6]黄诗笺,卢欣,杜润蕾.动物生物学实验指导[M].4版.北京:高等教育出版社,2020.

十、推荐阅读

[1]郑光美.鸟类学[M].2版.北京:北京师范大学出版社,2012.

[2]赵欣如.中国鸟类图鉴[M].北京:商务印书馆,2018.

[3]樋口广芳.鸟类的迁徙之旅:候鸟的卫星追踪[M].关鸿亮,华宇,周璟男,译.上海:复旦大学出版社,2020.

[4]多米尼克·卡曾斯.鸟类行为图鉴:野外观鸟大师课[M].何鑫,程翊欣,译.长沙:湖南科学技术出版社,2020.

十一、知识拓展

鸟类的气质骨

鸟类骨骼多为中空并充以空气的气质骨,适应于飞翔。在多数长骨、带骨和头骨中都有气囊或在发育早期就形成的众多气腔,具有轻、壁薄的特点。例如家鸽的骨骼重量占体重的4.4%左右,而与它体重类似的大鼠的骨骼重量则占5.6%左右。然而轻的骨骼往往具有易脆性,在演化过程中,鸟类骨骼发生广泛愈合使其坚固,解决了这一问题。相比于其他脊椎动物,鸟类骨骼系统最大的特点就是骨骼愈合程度高。气质骨也并非所有鸟类都具有,例如企鹅、鸵鸟等一些不能飞翔的鸟类不具备气质骨。

实验十四　哺乳动物解剖与观察:家兔

人类是从哺乳类中的灵长类进化而来的。哺乳动物是脊椎动物中结构最完善,功能与行为最复杂,适应能力最强,演化地位最高的类群,具有许多进步特征。全身被毛,运动快速;咀嚼肌强大,大多数物种牙齿为异型齿,唾液腺有初步消化的作用;循环为双循环;体温恒定;神经系统和感觉器官发达;繁殖方式完善,胎生哺乳大大提高了幼仔的成活率并使其能良好地发育成长。家兔作为哺乳动物的代表,对其解剖与观察,有助于了解哺乳动物的外形特点与内部结构。

一、实验目的

(1)观察描述家兔的外部形态,认识内部结构,了解哺乳类主要器官的功能。

(2)掌握并应用发散思维、重组思维,分析归纳不同食性哺乳类的消化器官结构与功能特点。

(3)掌握家兔解剖的基本操作方法,能制定出方案比较分析不同哺乳类对取食、运动的适应性。

(4)善于交流合作,协同解决科学问题与技术问题等,加深对哺乳动物的组织、器官和系统的感性认识,从适应性进化等角度掌握哺乳动物的进步性特征,了解哺乳类研究与应用中需要考虑的伦理道德,愿意采取行动保护生态环境、保护兽类资源。

二、预习要点

(1)家兔的活体采血技术、家兔的处死方法。

(2)家兔的解剖要点以及注意事项。

(3)家兔的外部形态以及消化系统、呼吸系统、代谢系统、神经系统、循环系统、生殖系统等的主要特征。

三、实验原理

哺乳类是全身被毛、运动快速、恒温、胎生和哺乳的高等脊椎动物。由合颞窝的一支古代爬行类进化而来;具有一系列进步而完善的特征,使它成为动物界最高等的类群。哺乳纲的进步性的特征在于:具有高度发达的神经系统和感官;出现口腔咀嚼(异型齿)和口腔内消化;体温恒定,减少了对环境的依赖;具有陆上快速运动能力;胎生、哺乳,保证了后代有较高的成活率。哺乳类动物的形态、结构与功能,与其对环境的适应密切相关。例如植食性兽类的盲肠发达,而肉食性兽类的盲肠不发达。家兔是典型的植食性兽类,以其为实验对象,有助于了解哺乳动物的形态、结构对复杂环境的适应性。

四、实验器材

家兔、兔骨骼标本。兔解剖台、解剖刀、解剖剪、镊子、骨钳、灭菌注射器(20 mL)、针头(6—7号)、酒精棉球等。

五、实验步骤与内容

(一)外形观察

兔体表被毛,用镊子分开体毛,可以看到粗细不同的两种毛。长而粗并有毛向的为针毛,起保护作用;针毛下细、短、密的为绒毛,无毛向,具保温作用。嘴的周围长、粗且较硬的为触毛,具触觉作用。兔全身分头、颈、躯干、四肢及尾5部分。

(1)头部:呈长圆形,眼前为颜面区,眼后为颅区。眼具上下活动的眼睑和位于眼内角下方退化的瞬膜。外耳廓发达。口周围是肌肉质的唇,上唇中央具唇裂,与外鼻孔内缘相连,将上唇分为两半,称为兔唇。

(2)颈部:头后有明显的颈部,但很短。

(3)躯干部:兔的躯干较长,有明显的腰弯曲。雌兔胸腹部两侧具3—6对乳头,幼兔和雄兔不明显。尾基部腹面有肛门和泄殖孔。肛门靠后,泄殖孔靠前。雌兔泄殖孔称为阴门,阴门两侧隆起形成阴唇,雄兔泄殖孔位于阴茎顶端,成年雄兔肛门两侧有1对阴囊,内各有1睾丸。借此从外形上可鉴别雌雄。

(4)四肢:位于躯干部腹面,前肢短小,肘部向后弯曲,5指;后肢长于前肢,4趾,均具爪。

(5)尾部:短小,位于躯干部的末端。

(二)家兔的解剖观察

1. 兔的活体采血(耳缘静脉采血)

用剪刀剪去耳背面耳缘部被毛,用乙醇涂擦耳缘静脉处。一只手的拇指和无名指夹紧耳根部,使静脉充血,食指和中指稳定兔耳缘,另一只手持注射器。将针头的针尖斜面向上,逆静脉血流方向刺入血管后,平行伸入静脉内;用手指将针头稳定在血管内,使之不能摆动,缓缓回抽针栓,血液即徐徐进入针管。采血结束后,原路抽出针头,用消毒干棉球按压进针处止血。取下针头,将针管管口紧靠一干燥试管内壁,将血液缓缓注入试管内。

2. 兔的处死(空气栓塞法)

用注射器在兔耳缘静脉注射10—20 mL空气,造成气栓阻断血液循环,使兔缺氧死亡。

兔耳外缘的血管是静脉,在静脉远端进针处剪毛,用酒精棉球消毒并使血脉扩张。用左手食指和中指夹住耳缘静脉近心端,使其充血,并用左手拇指和无名指固定兔耳。右手持注射器将针头平行刺入静脉,刺入后再将左手食指和中指移至针头处,协同拇指将针头固定于静脉内,右手推进针栓,徐徐注入空气(图4-62)。若针头在静脉内,可见随空气的注入,血管由暗红变白;如注射阻力大或血管未变色或局部组织肿胀,表明针头未刺入血管,应拔出重新刺入。注射结束后,抽出针头,用干棉球按压进针处。随着空气的注入,兔经一阵挣扎后,瞳孔放大,全身松弛而死。

除此之外,也可用蘸有乙醚的棉球塞住鼻孔,并紧闭兔嘴,使其麻醉致死;还可用软木棍,快速打击兔的后脑,可致其瞬间死亡。

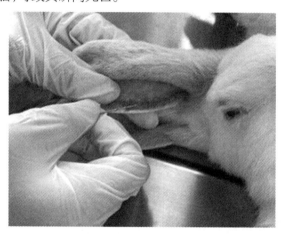

图4-62 空气栓塞法

3. 兔的解剖

将已处死的兔固定于解剖台上。用棉花蘸清水润湿腹部和颈部的毛,沿腹中线剪去泄殖孔到颈部的毛。用镊子将腹部后端的皮拉起,沿腹中线由后向前至颈部,剪开胸腹部的皮肤,然后从颈部向左、右将皮肤剪至耳廓基部。再沿腹中线剪开胸腹腔的体壁,沿着胸骨两侧用骨钳剪断肋骨;用镊子轻轻提起胸骨,分离胸骨内侧的结缔组织,再剪去胸骨。最后将横膈从两侧体壁上剪离,用骨钳沿脊柱两侧把肋骨逐根剪断,使内部器官完全暴露,进行观察。

4. 消化系统

兔的消化系统包括消化管(口腔、咽、食管、胃、小肠、大肠、肛门)和消化腺(唾液腺、肝、胰、脾)。

（1）消化管。

①口腔：沿口角将颊部剪开，拉开下颌观察口腔（图4-63）。口腔的前壁为上、下唇，两侧壁是颊部，上壁是腭，下壁为口腔底。在口腔顶部的前端，用手可摸到硬腭；后端则为软腭。硬腭与软腭构成鼻通路的下壁。口腔底部有发达的肉质舌。舌的前部腹方有系带将舌连在口腔底上。口腔前面牙齿与唇之间为前庭，齿与咽之间为固有口腔。位于最前端的2对长而呈凿状的牙为门牙，后面各有3对短而宽且具有磨面的前臼齿和臼齿。

②咽：咽位于软腭后方背面。由软腭自由缘围成的孔为咽峡。沿软腭的中线剪开，露出的腔是鼻咽腔，为咽部的一部分。鼻咽腔的前端是内鼻孔。在鼻咽腔的侧壁上有1对斜的裂缝是耳咽管的开口，可通中耳腔。咽部后面渐细，连接食管。食管的前方为呼吸道的入口。此处有1块叶状的突出物，称为会厌（位于舌的基部）。食物通道与气体通道在咽部后面进行交叉，会厌能防止食物进入呼吸道。

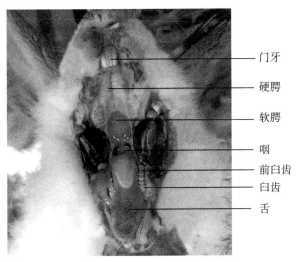

图4-63 兔的口腔

③食管：食管位于气管背面，由咽部后行伸入胸腔，穿过横膈进入腹腔与胃相连。

④胃：胃呈弯曲囊状（图4-64），与食管相连的是贲门部，与十二指肠相连的是幽门部，前缘凹入的弯曲为胃小弯，后缘凸出的弯曲为胃大弯。

⑤小肠：小肠分为十二指肠、空肠和回肠三个部分（图4-64）。十二指肠从幽门发出，呈"U"形弯曲，空肠和回肠也呈弯曲状。在空肠后段和回肠壁上有6—8个卵圆形隆起，为集合淋巴结。

⑥大肠：大肠包括盲肠、结肠和直肠（图4-64）。结肠外表紧缢形成结节状。回肠与结肠交界处有发达的盲肠，其游离端变细称为蚓突。回肠与盲肠连接处有一膨大壁厚的圆小囊，为兔所特有。直肠较短，常存有粪粒，开口于肛门。

⑦肛门：位于消化管末端。

（2）消化腺。

①唾液腺：共有4对唾液腺。

a.腮腺(耳下腺):位于耳壳基部的腹前方,紧贴皮下,剥开皮肤即可看见;腮腺为不规则的淡红色腺体,形状不规则,其腺管开口于上颌第二前臼齿的部分。

b.颌下腺:位于下颌后部腹面两侧,为1对卵圆形的腺体。其腺管开口于口腔底部。

c.舌下腺:位于左右颌下腺的外上方,形小,淡黄色。将附近淋巴结(圆形)移开,即可看到近于圆形的舌下腺。由腺体的内侧伸出1对舌下腺管,开口于舌下部。

d.眶下腺:位于眼窝底部前下方,呈粉红色。

②肝:肝脏呈红褐色,位于横膈后方,分为横膈面和内脏面,包括内侧的左右中叶和外侧的左右外叶共4叶,内脏面尚有尾状突起的尾状叶和乳头状突起的方形叶。胆囊位于右中叶上,胆囊管与各肝叶的肝管合成胆总管,开口于十二指肠。

③胰:散布在十二指肠间的肠系膜上,为淡红色不规则的条状,以胰导管开口于十二指肠。

④脾:呈长条状,暗红色,位于胃大弯左侧。

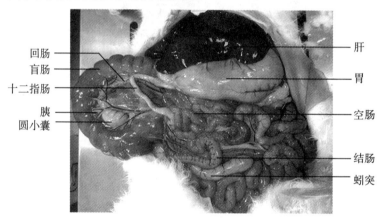

图4-64　兔的消化系统

5. 呼吸系统

(1)喉:喉位于咽后方,除去喉部肌肉,可辨认其软骨(图4-65)。环状软骨背面较宽,腹面较窄,位于第一气管环的前方;甲状软骨是喉软骨中最大者,半环状,构成喉的腹壁和侧壁,位于环状软骨的前方;杓状软骨是1对小型的棒状软骨,位于甲状软骨背面内侧,声门开口于其间;会厌软骨位于喉最前端,匙状,前端游离,后端以膜与杓状软骨相连,吞咽时会厌软骨盖住喉门,以防止食物误入气管。纵剖喉头,可看到喉腔内附有2对黏膜褶形成的声带,前1对为假声带,后1对为真声带。

(2)气管:位于喉头之后,其管壁由许多软骨环支持,软骨环的背面不完整,紧贴着食管。气管后端分成左、右2支进入肺(图4-65)。

(3)肺:肺呈海绵状,粉红色,位于心脏两侧的胸腔内(图4-66)。

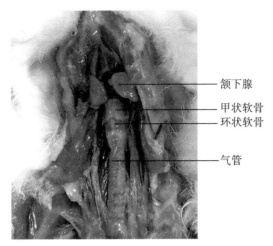

图4-65 兔的喉与气管

6. 循环系统

兔具有体循环和肺循环,为完全双循环。循环系统包括心脏、动脉系统、静脉系统。

(1)心脏:呈卵圆形,位于心包腔中(图4-66)。剪开心包膜,观察心脏。心房壁薄,位于前端两侧,较宽;心室壁厚,位于后端,较尖。心房、心室之间有一绕心脏的冠状沟。剪下心脏,纵剖可见四腔。右心房与右心室间有一房室孔,内有膜质的三尖瓣;右心房有体静脉的入口;右心室内有肺动脉出口,口内缘有能动的3个半月瓣;左心房与左心室间有一房室孔,内有二尖瓣;左心房背方右侧有肺静脉入口;左心室上方有主动脉出口,口内缘亦有3个半月瓣。

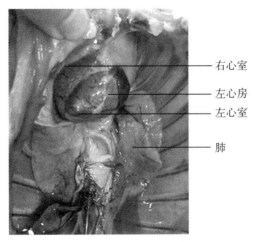

图4-66 兔的心脏与肺

(2)动脉。

①体动脉:哺乳动物仅有左体动脉弓。用镊子将家兔的心脏拉向右侧,可见大动脉弓由左心室发出,稍前伸即向左弯折走向后方。贴近背壁中线,经过胸部至腹部后端的动脉,称为背大动脉。一般情况下,首先分出3支动脉血管,最右侧的称为无名动脉,中

间的为左总颈动脉,最左侧的为左锁骨下动脉。但不同个体大动脉弓的分支情况有所不同。

a.无名动脉:为1条短而粗的血管,具有两大分支,即右锁骨下动脉和右颈总动脉。右锁骨下动脉到达腋部时可成为腋动脉,伸入上臂后形成右肱动脉。右颈总动脉沿气管右侧前行至口角处,分为颈内动脉和颈外动脉。颈内动脉绕向外侧背方,主干进入脑颅供应脑的血液,分支布于颈部肌肉。颈外动脉的位置靠内侧,前行分成几个小支,供应头部颜面和舌的血液。

b.左颈总动脉:分支情况与右颈总动脉相同。

c.左锁骨下动脉:分支情况与右锁骨下动脉相同。背大动脉向后延续为胸主动脉、腹主动脉和尾动脉。

②肺动脉:由右心室发出的大血管,向左背侧弯曲,随后分为2支,分别进入左、右肺。

(3)静脉。

①体静脉:两条前腔静脉在背前方与右心房相连;一条粗大的后腔静脉与主动脉相伴前行,穿过横膈与右心房相连。较粗的颈外静脉和较细的颈内静脉在第一肋骨前缘两侧会合成颈总静脉通入前腔静脉。锁骨下静脉与颈总静脉会合。奇静脉收集后8对肋间肌的血液通入右前腔静脉。后腔静脉由髂内静脉、外静脉会合而成,沿途接受来自后肢、腹部及盆腔的血液。

②肝门静脉:位于胆总管背侧,收集胰、脾、胃、肠等脏器的血液入肝。肝门静脉在横膈后汇入后腔静脉。

③肺静脉:由肺伸出,肺内毛细血管丛经多次会合后形成左、右两支,进入左心房背侧。

7. 泄殖系统

分为排泄系统和生殖系统。

(1)排泄系统。

兔的排泄系统包括肾、输尿管、膀胱等(图4-67)。

①肾:1对,呈蚕豆状,暗红色,位于腹腔腰椎两侧。每肾前方有一黄色圆形腺体即肾上腺。肾内侧凹陷处为肾门。

②输尿管:为肾门发出的1条白色小管,直通膀胱背侧。

③膀胱:为梨形的薄壁囊,向后延伸通入尿道。

(2)雄性生殖系统。

雄兔的生殖系统包括睾丸、附睾、输精管、阴茎、副性腺。

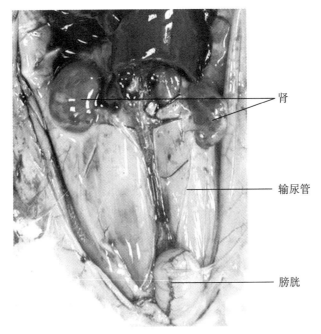

图4-67 兔的排泄器官

①睾丸:为1对白色的卵圆形的器官。在繁殖期下降到阴囊中,非繁殖期则缩入腹腔内。阴囊以鼠蹊管孔通腹腔。

②附睾:为睾丸端部的盘旋管状构造,分为附睾头、附睾体和附睾尾3部分。附睾头呈半月状覆盖在睾丸的头部;附睾体狭细,位于睾丸内侧;附睾尾呈棒状,位于睾丸后端。

③输精管:为附睾伸出的白色管。输精管行经膀胱的基部,膨大后,开口于尿道。

④阴茎:为雄性交配器。横切阴茎,可见位于中央的尿道周围有两个富于血管的海绵体。

⑤副性腺:包括精囊、精囊腺、前列腺等。精囊是位于膀胱基部的扁平囊状体;精囊腺位于精囊后方;前列腺位于精囊腺的后方,前列腺后方是暗红色的尿道球腺。兔还有旁前列腺,位于精囊腺基部两侧,呈指状突起。

(3)雌性生殖系统。

雌兔的生殖系统包括卵巢、输卵管、子宫、阴道、外生殖器(图4-68)。

①卵巢:1对,紫黄色,位于肾脏后方,表面有颗粒状突起。

②输卵管和子宫:卵巢外侧各有一曲折管子,前端以喇叭口开口在卵巢附近的腹腔内,后端膨大为子宫,兔为双子宫,两子宫分别开口于阴道。

③阴道:为子宫后方的直管,向后延伸为前庭,尿道开口于它的腹面。前庭以泄殖孔开口于体外。

④外生殖器:在泄殖孔腹缘有一小突起为阴蒂,外围有阴唇。

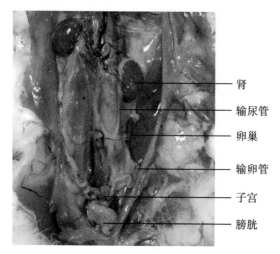

图4-68　雌兔的泄殖系统

右侧标注（从上到下）：肾、输尿管、卵巢、输卵管、子宫、膀胱

8. 神经系统

兔的神经系统包括中枢神经系统(脑、脊髓)、周围神经系统(脑神经、脊神经、神经纤维等)和感官。其中,脑分为五部分,大脑尤为发达;脑神经有12对。

①大脑:两个大脑半球,前方的圆形小球为嗅球。大脑半球的表面为大脑皮层,内含大量的神经细胞体和无鞘神经纤维,呈灰色。兔脑大脑半球的表面光滑,沟回少,两大脑半球之间稍拨开,可见到沟底部有一宽厚的白色结构,称为胼胝体,是连接两半球的神经纤维。

②中脑:小心地把大脑半球的后缘推向前方,即可看清楚中脑。中脑体积较小,背面形成前后2对突起,称为四叠体,前1对突起为前丘,为视觉反射中枢,后1对称为后丘,为听觉反射中枢。

③间脑:间脑被大脑和中脑覆盖,从背面不易看到,可见部分间脑。

④小脑:小脑发达,分3部分。中间为蚓部,两侧为小脑半球,小脑半球外侧是小脑卷。

⑤延脑:延脑前方被小脑的蚓部后缘遮盖,翻起蚓部可看到延脑中的第四脑室,第四脑室上面被薄的血管丛所遮盖。延脑之后是脊髓。

⑥12对脑神经:

a.嗅神经:位于嗅脑的下方,丝状分支。

b.视神经:位于间脑腹面,脑下垂体前方,形成视交叉。

c.动眼神经:位于脑下垂体后方,大脑脚中线两侧,伸至眼球。

d.滑车神经:很小,从中脑侧壁伸出。

e.三叉神经:在脑桥后缘两侧伸出,分布于眼眶壁和上、下颌。

f.外展神经:沿延脑中线向前伸,分布于眼球肌肉上。

g.面神经:位于三叉神经后面,分布于眼眶壁、口腔等。

h.听神经:位于面神经后面,分布于内耳。

i.舌咽神经:由延脑外侧神经之后发出,分布于舌肌。

j.迷走神经:位于延脑两侧,紧接在舌咽神经之后,分布于咽、喉、气管及内脏器官。

k.副神经:位于迷走神经之后,分布于咽、喉等处肌肉上。

l.舌下神经:位于延脑腹面中线上,分布于舌肌。

9. 骨骼系统

兔的骨骼系统包括中轴骨骼和附肢骨骼(图4-69)。

(1)中轴骨骼:包括头骨、脊柱、胸骨和肋骨。

①头骨:颅腔扩大,各骨互相连接牢固,保护机能加强。

②脊柱:由颈、胸、腰、骶、尾5部分组成。

a.颈椎:共7个椎骨组成(为哺乳类特征,少数例外)。第1颈椎为寰椎,呈环形,前面有一对凹陷关节面,与头骨的枕髁相关联。第2颈椎为枢椎,椎体向前伸出,名为齿突,以此插入寰椎的椎孔,周围以韧带固定,成为寰椎转动的枢轴。寰椎和枢椎为陆生脊椎动物所特有,可使头的运动灵活。其余5个颈椎,形态大致相似。

b.胸椎:棘突甚长,斜向背后方,胸椎两侧与肋骨相关联。

c.腰椎:由12—15个椎骨组成,椎体粗大,两侧有伸向前下方的长大横突。

d.骶椎:由4个椎骨组成,成年后愈合为一块骶骨,前部以宽大的横突与腰带连接。

e.尾椎:由15个椎骨组成。前面数个尾椎具有椎管,容纳脊髓的终丝;后部尾椎仅有锥体,呈圆柱状。

③胸骨:由6枚骨块组成,第1块为胸骨柄,最后1块软骨板称为剑突;胸骨柄和剑突之间的4块胸骨统称为胸骨体。

④肋骨:是胸廓侧壁呈弧形棒状的骨骼,有12或13对。各肋骨的背端均连接胸椎,前部肋骨的腹端均与胸骨连接,中部肋骨各以软骨连于其前方肋骨上,后部肋骨腹端游离。

(2)附肢骨骼:包括带骨及游离肢骨。

①肩带及前肢骨。

a.肩带:由肩胛骨、锁骨和乌喙骨组成。肩胛骨为三角形扁骨,腹端有一关节窝,称为肩臼,与前肢骨相关联。锁骨很细小,包埋于胸前肩部的结缔组织中。乌喙骨为肩胛骨上的乌喙突。

b.前肢骨:由一系列长骨组成。分上臂骨(肱骨)、前臂骨(尺桡骨)、腕骨和手骨(掌骨与指骨)。

②腰带及后肢骨。

a.腰带:由髋骨、坐骨、耻骨愈合而成,称为无名骨。前部的一块名髂骨,其内侧中部与骶骨相接;后部背侧的一块名坐骨;腹面的一块名耻骨,左右二耻骨在腹中线连接,为耻骨联合。在三骨相连处有一关节窝,即髋臼,与股骨相关联。髋骨与脊柱的骶骨共同构成骨盆。

b.后肢骨:分大腿骨(股骨)、小腿骨(胫骨和腓骨)、踝骨和脚骨(距骨与趾骨)。

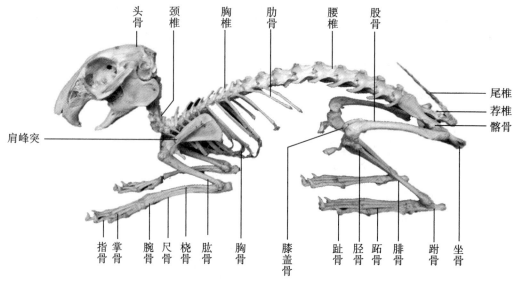

头骨　颈椎　胸椎　肋骨　腰椎　股骨

尾椎
荐椎
髂骨

肩峰突

指骨　掌骨　腕骨　尺骨　桡骨　肱骨　胸骨　膝盖骨　趾骨　胫骨　跖骨　腓骨　跗骨　坐骨

图4-69　兔的骨骼系统

六、实验记录和结果处理

根据观察,绘制家兔消化系统的结构图,标明各结构名称。

七、注意事项

(1)抓取兔时,一只手抓取颈部皮毛,另一只手托住其臀部或腹部,使其四肢向外,以免被兔抓伤和损伤兔的内部结构。

(2)剪下的毛应浸入废物杯中的水中,以免兔毛飘散。

(3)对兔进行空气栓塞致死时,针刺入静脉后应注意将针头稳定在静脉内,以免刺穿血管。

(4)剪开胸、腹壁时,剪刀尖应向上挑,以免损伤内脏。

八、思考题

(1)如何从外部形态区分家兔的性别?

(2)家兔左心房和左心室各有什么血管通入? 左心室和右心室有什么不同? 心脏的瓣膜有什么作用?

(3)用空气栓塞法处死家兔时,可以从耳的近心端开始注射空气吗? 为什么?

(4)抓取兔子时,是否可以只抓双耳? 双耳有骨组织吗?

九、参考文献

[1]白庆笙,王英永,项辉,等.动物学实验[M].2版.北京:高等教育出版社,2017.

[2]周波,王德良.基础生物学实验教程[M].北京:中国林业出版社,2016.

[3]王元秀.普通生物学实验指导[M].2版.北京:化学工业出版社,2016.

[4]仇存网,刘忠权,吴生才.普通生物学实验指导[M].2版.南京:东南大学出版社,2018.

[5]刘凌云,郑光美.普通动物学[M].4版.北京:高等教育出版社,2009.

[6]黄诗笺,卢欣,杜润蕾.动物生物学实验指导[M].4版.北京:高等教育出版社,2020.

十、推荐阅读

[1]杨安峰,等.兔的解剖[M].北京:科学出版社,1979.

[2]李健,李梦云,杨帆.兔解剖组织彩色图谱[M].北京:化学工业出版社,2015.

[3]中国野生动物保护协会.中国哺乳动物图鉴[M].郑州:河南科学技术出版社,2005.

[4]胡杰,胡锦矗.哺乳动物学[M].北京:科学出版社,2017.

十一、知识拓展

胎生的"秘密"

胎生是指动物的受精卵在母体子宫内发育为胎儿后才产出母体的生殖方式,哺乳动物是胎生类型中最普遍、最典型的类群。胎盘是后兽类和真兽类哺乳动物妊娠期间由胚胎的胚膜和母体子宫内膜联合形成的母子间交换物质的过渡性器官。胎儿在子宫中发育,依靠胎盘从母体取得营养,而双方保持相当的独立性。胎盘还产生多种维持妊娠的激素,是一个重要的内分泌器官。

有些爬行类和鱼类也以胎生方式繁殖后代,胚胎生长出一些辅助结构如卵黄囊、鳃丝等与母体组织紧密结合,以实现母子间物质的交换,这样的结构称假胎盘。后兽类胎盘是由绒毛膜、卵黄囊膜与尿囊膜组成的圆囊结构,多数种类胚胎尿囊不发达,仅借卵黄囊与母体子宫壁接触,该类胎盘原始简单。真兽类胎盘由胚体以外的胚泡外壁(滋胚层)、卵黄囊膜和尿囊膜组成,是典型的胎盘。胎盘的形态多样,有弥散型胎盘(散布胎盘)、子叶型胎盘(叶状胎盘)、环带型胎盘(带状胎盘)、盘状胎盘;按绒毛与子宫内膜接触分类还可分为非蜕膜型胎盘、蜕膜型胎盘。

胎生为发育的胚胎提供保护、营养以及稳定的恒温发育条件,能保证酶活动和代谢活动的正常进行,最大程度降低外界环境条件对胚胎发育的不利影响,且子宫中的羊水能减轻震动对胎儿的影响。胎生和哺乳保证了后代较高的成活率。

盲肠的作用

盲肠是大肠的始端,主要用于消化纤维。盲肠下端的后内侧壁上有一游离细长如蚯蚓状的肠管,叫阑尾(或蚓突)。植食性兽类的牙齿有门齿和臼齿,没有犬齿,盲肠发达;而肉食性兽类有发达的犬齿,盲肠不发达,这是自然选择的结果。食草哺乳动物(如兔子)为了能充分地消化植物纤维,盲肠比较发达。人类的食物丰富,不需要消化很多的植物纤维素,就能够摄入足够的养料,盲肠作用不明显,已逐渐退化。植食性哺乳动物的盲肠内含大量微生物,通过发酵把难以消化的粗纤维分解成可以被吸收利用的物质。

实验十五　人体基本组织的观察

我们知道,构成人体的基本单位为细胞。据估计,组成人体的平均细胞数目约为37.2万亿个。如此多的细胞简单地堆积在一起并不能构成能执行复杂功能的人体。人体的结构具有严密的层次,细胞之上的结构层次即为组织。组织是由形态和功能接近的一群细胞以及由其分泌的或多或少的细胞外基质构成。按组织结构以及功能,人体组织可分为4种基本类型,分别是上皮组织、结缔组织、肌组织和神经组织。多种基本组织按照一定的方式有机结合,构成人体的器官,各个器官都具有较为固定的大小和形态,并执行特定的功能。例如,心脏主要由肌组织构成其实质,是心脏搏动功能的结构基础;在肌束间有少许结缔组织,起连接作用;心腔和心脏还分别覆盖有内皮和间皮,两者均属于上皮组织,有保护及分泌功能;属于神经组织的心迷走神经、心交感神经及其分支遍布心脏,对心脏的搏动功能进行调节。

一、实验目的

(1)学会用普通光学显微镜观察永久装片的方法,能在普通光学显微镜下识别上皮组织、结缔组织、肌组织和神经组织。

(2)能说出每种基本组织的子类型以及其分类依据。

(3)能举例说出各种组织在人体中的分布情况,认同器官是由多种组织组合而成。

(4)建立结构决定功能的生命观念。

二、预习要点

(1)普通光学显微镜使用方法与操作步骤,以及永久装片的观察方法。

(2)光镜下人体四种基本组织的结构特征及其分布位置。

三、实验原理

(一)上皮组织的一般特点及分布

上皮组织简称上皮,具有保护、分泌、吸收和排泄等功能。上皮组织有以下特点:①细胞数目多,细胞外基质少,上皮组织由大量形态规则、排列紧密的细胞和细胞周围少量的细胞外基质组成;②上皮细胞具有明显的极性,即各个面特化出了特定的结构,例如,上皮组织的游离面具有微绒毛或者纤毛等结构,基底面有基膜、质膜内褶等结构,侧面有各种各样的细胞连接,如紧密连接、缝隙连接等;③上皮组织内大都无血管,但神经末梢十分丰富。上皮组织分为被覆上皮和腺上皮,本实验主要观察被覆上皮。被覆上皮广泛存在于体表或体内管、腔、囊、泡的内外表面,以及部分内脏器官的表面。根据层数和形态可以分为不同类型,其分类及分布见表4-3。

表4-3　被覆上皮的分类以及分布

被覆上皮的类型		主要分布部位
单层上皮	单层扁平上皮	内皮:心腔、血管以及淋巴管的内表面
		间皮:胸膜、腹膜以及心包膜的内表面
		其他:部分器官浆膜,肺泡以及肾小囊壁层
	单层立方上皮	肾小管上皮、甲状腺滤泡上皮
	单层柱状上皮	胃、肠、胆囊、子宫的内表面
	假复层纤毛柱状上皮	呼吸道等的内表面
复层上皮	角化的复层扁平上皮	皮肤的表皮
	未角化的复层扁平上皮	管腔近体表部位,如口腔、食管、肛门、阴道
	复层柱状上皮	眼睑结膜、男性尿道
	变移上皮	输尿管道,如肾盏、肾盂、输尿管和膀胱腔面

(二)结缔组织的一般特点及分布

结缔组织源自胚胎发育阶段的间充质细胞,具有连接、支持、营养、保护、防御和修复功能。结缔组织分布十分广泛,几乎身体的所有部位都有分布。结缔组织位于器官之间、组织之间,乃至细胞之间。结缔组织有以下特点:①细胞少,但细胞的类型较多,细胞外基质多,基质中有胶原纤维、弹性纤维、网状纤维等多种纤维,还含有无定形基质;②细胞散乱分布,排列不紧密,无极性;③结缔组织有大量的血管、淋巴管和神经分布。

结缔组织可分为疏松结缔组织、致密结缔组织、脂肪组织和网状组织四种。疏松结缔组织分布最为广泛,疏松结缔组织细胞少,但种类多,纤维数量少,呈蜂窝状,所以又被称为蜂窝组织。疏松结缔组织中的细胞类型主要包括成纤维细胞、巨噬细胞、浆细胞、肥大细胞、脂肪细胞、淋巴细胞以及未分化间充质细胞等七种。致密结缔组织细胞含量极少,主要成分为粗大且排列紧密的纤维,主要起支持和连接作用,如运动系统的肌腱、韧带即由致密结缔组织构成。脂肪组织由大量脂肪细胞构成,可分为黄色脂肪组织和棕色脂肪组织,成人黄色脂肪组织较多,主要分布于皮下、腹腔大网膜及器官周围,起到保护和缓冲作用。网状组织由网状细胞和网状纤维构成,是淋巴器官和造血器官的支架,为血细胞以及淋巴细胞的发生提供必要的微环境。以上四种结缔组织又叫作固有结缔组织,属于狭义的结缔组织。广义的结缔组织还包括骨组织、软骨组织以及血液。骨组织相对于一般的结缔组织,其特征在于细胞外基质矿物化。血液是一种液态的结缔组织,由血细胞、血小板和血浆组成,血浆相当于细胞外基质,呈液态。

(三)肌组织的一般特点及分布

肌组织主要由肌细胞组成,肌细胞较长,故一般被称作肌纤维,肌细胞的细胞膜称作肌膜,细胞质称作肌浆。肌组织的功能主要为收缩,产生运动。根据结构和功能的差异,肌组织分为骨骼肌、心肌和平滑肌三种。大多数骨骼肌靠肌腱附着于骨骼上,心肌参与构成心脏,平滑肌主要分布于血管壁、淋巴管壁以及许多内脏器官的被膜内。骨骼肌收缩受意识支配,为随意肌,心肌和平滑肌收缩不受意识的支配,为非随意肌。光镜下,骨骼肌和心肌纤维都可见周期性横纹,故两者均属于横纹肌。平滑肌纤维无横纹。骨骼肌和心肌的差异在于骨骼肌纤维较细长,无分支,含有多个细胞核,构成合胞体,细胞核位于肌纤维边缘;而心肌纤维为短圆柱状,有分支,一般仅有一个细胞核,位于肌纤维的中央。心肌还有特有的结构闰盘,是心肌细胞之间的一种连接方式,呈阶梯型。阶梯的纵位存在缝隙连接,方便细胞间信息传递;横位间存在桥粒连接,使心肌纤维间连接牢固。

(四)神经组织的一般特点及分布

神经组织主要由神经元和神经胶质细胞组成,神经胶质细胞的数量约为神经元的十倍以上。神经组织细胞密集,细胞外间隙少。无论神经元还是神经胶质细胞,都有较多的突起,此为神经细胞的主要结构特点。神经组织集中分布于脊髓和大脑,分散分布于人体的各个组织器官内,感受外界传入的信息,联系、控制各器官的功能活动,使得机体可协调统一地行使功能。

神经元可分为胞体和突起两部分。胞体形态各异,大小悬殊,胞体的胞膜为可兴奋膜,可产生动作电位,借此接受刺激,传递信息。神经元的细胞质含有两种特有结构——尼氏体和神经原纤维。尼氏体呈强嗜碱性,颗粒状或斑块状,由粗面内质网和游离核糖体构成,为神经元旺盛的蛋白质合成提供支持;神经原纤维经HE染色不明显,银染呈棕黑色细丝状,主要起支持和运输功能。

神经元的突起分为轴突和树突,一个神经元只有一条轴突,但树突数量差异巨大,由数条至数千条不等。轴突比树突细。胞体发出轴突的部位呈圆柱形,称为轴丘,轴丘和轴突不含尼氏体,但树突含有,这是光镜下区分轴突和树突的重要标志。神经元胞体、轴突和树突之间连接处形成突触连接,光镜下无法辨认该结构。

神经胶质细胞广泛分布于中枢神经系统和周围神经系统。中枢神经系统的神经胶质细胞包括星形胶质细胞、少突胶质细胞、小胶质细胞、室管膜细胞以及视网膜的放射状胶质细胞。在周围神经系统中还分布有施旺细胞和卫星细胞。神经胶质细胞的体积比神经元小,突起也更少,HE染色下难以观察到其突起,故不易区分胶质细胞的类型。

四、实验器材

上皮组织永久装片(空肠切片、肠系膜铺片、甲状腺切片、气管切片、手指皮肤切片、膀胱壁切片等)、结缔组织永久装片(皮下组织铺片、肌腱切片、淋巴结切片等)、血涂片、骨磨片、肌组织永久装片(心壁切片、舌切片、空肠切片等)、神经组织永久装片(脊髓切片)。普通光学显微镜。

五、实验步骤

(一)上皮组织的观察

1. 单层扁平上皮

选取小肠(空肠)切片进行观察(图4-70)。

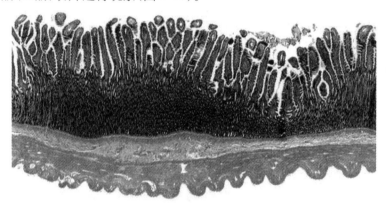

图4-70 人空肠切片(横切,低倍)

(1)肉眼观察,可见组织为长条形,一侧表面起伏不平,为黏膜面(腔面),一侧表面较为光滑,为浆膜面。

(2)将切片置于显微镜低倍镜下观察,可见小肠腔面一侧有大量指状突起,为小肠绒毛,与其相对的一侧为较为光滑的外膜(浆膜)。

(3)选取浆膜一侧上皮细胞排列较为连续整齐的部位,移动到视野中央,切换高倍镜,重点观察。在切片中观察到的为单层扁平上皮(间皮)的侧面,可见细胞很薄,中央有核处较厚,核呈扁平状,染为蓝色,略向表面突出;细胞质较少,染为淡红色,与细胞核之间的界限不是很清楚。

选取肠系膜铺片(镀银染色)观察单层扁平上皮的表面。

(1)肉眼观察可见组织呈现棕黑色,为银染的特征。

(2)将切片置于显微镜低倍镜下观察,可见组织的表面,细胞为不规则的多边形,呈现六边形的较多。

（3）切换至高倍镜，观察细胞之间的连接，可见细胞边缘呈锯齿状，彼此嵌合。细胞核染色浅，染为浅蓝色，呈圆形或椭圆形，位置偏中央。

2. 单层立方上皮

选取甲状腺切片进行观察（图4-71）。

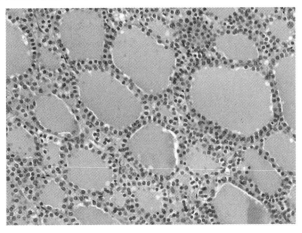

图4-71 甲状腺滤泡（高倍，示单层立方上皮）

（1）肉眼可见粉红色大片组织，若观察到紫色点状结构，为甲状旁腺。

（2）低倍镜下观察，可见甲状腺由一个个细胞围成的略呈圆形的结构组成，该结构称为甲状腺滤泡，显微镜下所见为滤泡的断面，滤泡中央充满了粉红色的物质，为甲状腺球蛋白。

（3）选取一个滤泡，切换到高倍镜下进行观察，可见滤泡壁由单层的正方形细胞组成，细胞核位于中央，十分圆，染色较深，呈深蓝色，细胞核中部分染色更深的区域为核仁，是细胞分泌活动旺盛的标志。

3. 单层柱状上皮

选取小肠（空肠）切片进行观察（图4-70）。

（1）本部分重点观察黏膜面。低倍镜观察，可见小肠腔面形成大量指状突起，即小肠绒毛。

（2）选取上皮细胞排列较为整齐的小肠绒毛，切换到高倍镜下进行观察，可见绒毛表面覆盖一层柱状的细胞，整齐排列为一层。柱状细胞的细胞核大致位于一个平面上，该平面偏细胞的基底部，染为蓝色，细胞核上方细胞质染为粉红色，最表面可见红色染色更深的边缘，为纹状缘，本质为小肠上皮细胞的微绒毛。高倍镜下注意观察单层柱状上皮细胞的形态差异，可见大致有两类细胞。一种呈高柱状，称柱状细胞，为吸收细胞，数量较多，有纹状缘；另一种为高脚杯状，散布在柱状细胞之间，顶部为膨大的空泡状，无纹状缘，底部狭窄，称杯状细胞，数量较少。

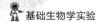
4. 假复层纤毛柱状上皮

选取气管切片进行观察(图4-72)。

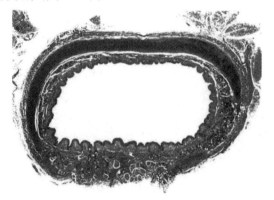

图4-72　气管切片(低倍)

(1)肉眼可见组织呈现为环形,气管外膜有"C"形的软骨环。在标本腔面有一条着色较深的细线状结构即为上皮。

(2)将切片置于低倍镜下,沿该细线进行观察,可见该层上皮较厚,表面和基底面平整,但细胞核高低不一,表面可见一层纤毛。

(3)选取表皮结构较完整的部分,切换到高倍镜下进行观察,可见纤毛为粉红色的细毛状结构,细胞核大致可分为2—4层。高倍镜下注意观察其与单层柱状上皮细胞的形态差异,可见纤毛柱状上皮细胞数量最多,也有空泡状的杯状细胞,除此之外,还存在高矮不等的基底细胞(锥形)以及梭形细胞。以上细胞底部皆与基膜相连,只是因为细胞高低不一,导致细胞核呈现多层分布,看似复层,实为单层上皮。

5. 复层扁平上皮

选取手指皮肤切片进行观察(图4-73)。

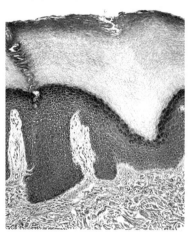

图4-73　指皮切片(高倍)

(引自Anthony L. Mescher, Junqueira's Basic Histology 15th edition)

（1）肉眼可见组织表层为蓝紫色，为表皮，其下方呈红色，为真皮和皮下组织。

（2）低倍镜下观察，可见上皮层较厚，细胞层数多，上表面有一层较为透明的角质层，深面染色较深，与结缔组织交界处凹凸不平，有许多结缔组织呈乳头状伸入上皮。

（3）切换到高倍镜进行观察，隐约可见角质层中有细胞轮廓，为角化死亡的干硬扁平细胞，从角质层到深面，细胞逐渐由扁片状变为立方状或矮柱状。

6. 变移上皮

选取膀胱壁切片进行观察（图4-74）。

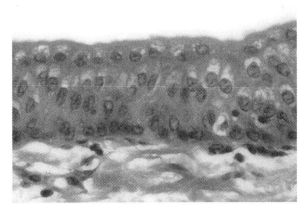

图4-74　膀胱上皮（高倍，示变移上皮）

（1）肉眼可见一面着色较深，且较为平整，是膀胱的腔面。

（2）将该部位移至显微镜载物台中央，低倍镜下观察。可见上皮层厚度均匀，细胞排列为多层，细胞核形态呈圆形或椭圆形。膀胱扩张和收缩状态下，膀胱上皮的形态和层数有所不同。收缩时，上皮表面不平整，较为弯曲，细胞层数较多；扩张状态下，上皮表面光滑（思考所观察的组织处于收缩态还是舒张态）。

（3）切换到高倍镜进行观察，可见上皮最表层的细胞体积更大，多为长方形，靠近腔面一层的胞质染色极深，为浓缩的细胞质。细胞核圆形或椭圆形，部分细胞具有两个细胞核，这层细胞可覆盖下方2—3细胞，故称为盖细胞。中间层细胞为多边形或梨形，基底层细胞为矮柱或立方状。

（二）结缔组织的观察

1. 疏松结缔组织

选取皮下组织铺片进行观察。

（1）肉眼下组织呈紫红色，片状，形态不规则。

（2）低倍镜下观察，可见组织内有许多染成浅红、结构疏松、长短不同的胶原纤维交织成网；纤维之间可见一些紫蓝色的细胞核，为结缔组织细胞的核。疏松结缔组织中含有许多小血管，腔小、壁厚、形状规整的是小动脉；腔大、壁薄、形状不规整的是小静脉。

（3）切换高倍镜观察。可见胶原纤维染成粉红色，直径较粗；还可观察到许多折光性强的弹性纤维，与胶原纤维相比，更细而卷曲，染为深紫蓝色。疏松结缔组织中还存在着网状纤维，HE染色不易显示。胶原纤维之间能见到的细胞核，大多都是成纤维细胞的细胞核，椭圆形或梭形，染色浅，有时可见核仁，但胞质染色浅，细胞轮廓不清。其他细胞光镜下不易分辨，仅巨噬细胞特征较为明显，细胞体积较大，细胞质染为粉红色，内含许多吞噬体，细胞核呈卵圆形或马蹄形，较小。

2. 致密结缔组织

选取肌腱切片进行观察。

（1）肉眼下组织呈长条形，深红色。

（2）低倍镜下观察，可见大量排列密集的胶原纤维，顺着受力的方向平行排列成束，基质和细胞很少，位于纤维之间。

（3）切换高倍镜观察腱细胞，可见胞体伸出多个翼状突起插入纤维束之间，胞核长杆形，着色深，细胞边界不明显。

3. 网状组织

选择淋巴结切片进行观察（图4-75）。

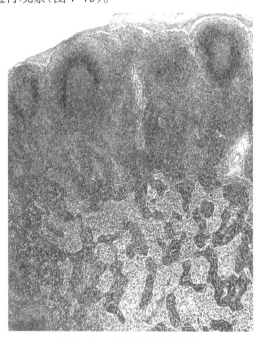

图4-75　淋巴结切片（低倍）

（引自Anthony L. Mescher, Junqueira's Basic Histology 15th edition）

（1）肉眼下可见淋巴结呈蚕豆形，外层染色深，为髓质，中央染色浅，为皮质。

（2）低倍镜下观察，可见网状组织分布在整个淋巴结中，构成支架。选择髓质中染色浅淡处观察，此处为髓质淋巴窦，窦腔中淋巴细胞成分较少，网状组织比较明显。

（3）切换到高倍镜,可见许多具有突起的细胞,胞质染为红色,为网状细胞。相邻的网状细胞的突起彼此相连成网。网状细胞的核大而明亮,核仁明显。网状细胞围成的网眼中可见许多淋巴细胞。淋巴细胞圆形,核大而圆,着色深,胞质少,不易看见。网状组织中还存在着网状纤维构成支架,但在HE染色下难以显示出。

4. 脂肪组织

选取小肠(空肠)切片进行观察(图4-70)。

（1）低倍镜观察最外侧一层的疏松结缔组织,寻找成群的圆形或多边形的空泡状细胞,即为脂肪细胞。

（2）切换到高倍镜观察,可见细胞中央有一空泡,为脂滴在标本制备时被溶解后留下的空间,胞核扁圆形,被脂滴挤到细胞一侧,连同部分胞质呈新月形,为黄色脂肪组织的典型特征。

5. 软骨与骨组织

选取气管切片进行观察(图4-72)。

（1）肉眼可见组织呈现为"C"形,因为气管外膜有"C"形的软骨环。

（2）低倍镜下观察,可见组织外侧面中含有紫蓝色的部分,即为软骨。

（3）切换到高倍镜下观察气管软骨,可见蓝色的软骨基质内有陷窝,陷窝中的细胞即为软骨细胞。比较软骨外侧和中央细胞的分布,可见软骨外侧细胞较小较少,单独存在,梭形;软骨中央细胞较大较多,圆形或椭圆形,常聚集成群,称为同源细胞群。

选取骨磨片进行观察(图4-76)。

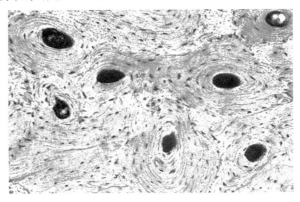

图4-76　骨磨片(低倍)

（1）肉眼可见组织为棕黑色,因为采取的染色方法为硝酸盐染色。

（2）低倍镜下观察,可见一个个的同心圆状结构,即骨单位。骨单位中央的圆形管道为纵行的中央管,围绕中央管的一层一层的板状结构为环骨板。

（3）切换到高倍镜下观察,可见分散于骨板间,染色较深的梭形小腔,为骨陷窝,骨细胞的胞体即位于其中。在骨陷窝周围存在许多染色深的放射性线状结构,为骨小管,骨细胞伸出突起进入骨小管之内。

6. 血涂片

(1)低倍镜观察血涂片的全貌,可见涂片中大多数为圆形的、边缘染色深、中间染色浅、无细胞核圆盘状细胞,为红细胞。在红细胞之间散布的少量有核细胞即为白细胞,散布在白细胞之间,常聚集成群的形状不规则、似碎片的为血小板,实为胞质小体。

(2)切换高倍镜观察白细胞,可见其细胞核明显,且较大,染为深蓝色,且多有分叶现象,部分白细胞还具有颗粒,为粒细胞。

(三)肌组织的观察

1. 骨骼肌

选取舌切片进行观察(图4-77)。

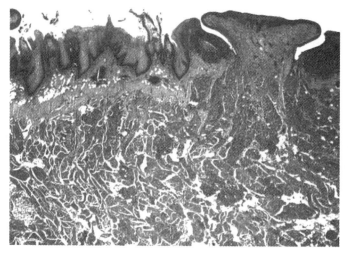

图4-77 舌切片(低倍)

(1)肉眼下可见组织为长条状,粉红色。

(2)低倍镜下观察,可见表面有形态各异的味蕾,上皮为复层扁平上皮,上皮下方有疏松结缔组织,深部组织中有许多条块状结构。条状的为骨骼肌的纵断面,块状的为骨骼肌的横断面,每一条状或块状结构包含多条骨骼肌纤维的断面。肌纤维之间有少量结缔组织。

(3)选择肌纤维较分散、染色较浅的视野,换高倍镜观察。在纵断面上,可见骨骼肌呈条索状,有明暗相间的横纹(观察横纹时,缩小光圈,使通光量减少,横纹更显清晰);每条肌纤维内均有许许多多个紧贴肌膜内面的长卵圆形胞核,染色浅,有时可见核仁;肌浆中隐约可见许多平行于肌纤维长轴排列的丝状结构,即肌原纤维。在横断面上,肌纤维呈圆形或不规则形,每个断面常可见数量不定的胞核位于肌纤维的周边,肌浆内肌原纤维束呈点状均匀分布。肌纤维间的结缔组织中可见小血管。

2. 心肌

选取心壁切片进行观察(图4-78)。

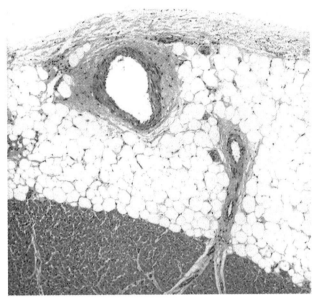

图4-78　心壁切片(示心肌纤维、肌纤维间结缔组织、心脏外覆盖的脂肪组织以及心包的结缔组织和间皮)

(1)肉眼下可见组织染为红色。

(2)低倍镜下观察,心肌纤维染为红色,走向无一定规则,排列不甚紧密,空白或淡染处为心肌纤维束间隙,每束心肌纤维又含许多条肌纤维。

(3)选择心肌纤维的纵断面,切换到高倍镜下观察。可见心肌纤维互相平行排列,但有分叉,彼此交织成网,细胞边界不如骨骼肌纤维清楚;心肌纤维的直径比骨骼肌纤维小,有横纹,但不如骨骼肌纤维明显;细胞核一般单个,卵圆形,染色浅,位于中央;胞质丰富,染色较淡。心肌纤维间有与心肌纤维长轴相垂直的紫红色线状或阶梯状结构,为心肌细胞的闰盘,是心肌细胞特有的结构。心肌纤维的横断面呈圆形或不规则形的小块状,有的有圆形染色浅淡的细胞核,有的无核,横断面的中央常染色较浅。

3. 平滑肌

选取小肠(空肠)切片进行观察(图4-70)。

(1)肉眼寻找凸面染为红色的区域即为小肠壁的肌层。

(2)切换到低倍镜观察,可见空肠平滑肌分为两层,排列相互垂直(内环外纵),内层为平滑肌的纵切面,可见平滑肌纤维呈长梭形,无横纹。外层为平滑肌纤维的横切面,呈块状,部分较大的切面上可见到细胞核。

(3)切换到高倍镜观察平滑肌的纵切面,可见平滑肌纤维无周期性横纹,只有一个细胞核,呈长椭圆形或杆状,位于中央,染为浅蓝色,核两端的肌浆较丰富。

（四）神经组织的观察

选取脊髓切片进行观察（图4-79）。

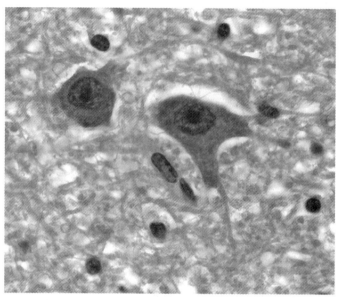

图4-79　脊髓前角运动神经元（高倍，两个体积较大细胞为神经元，体积较小者为神经胶质细胞）

（1）肉眼观察，可见脊髓横切面中央有一小管，即脊髓中央管，中央深红色蝴蝶形部分为灰质，灰质的粗端为前角，细端为后角。灰质周围染色较浅的部位为白质。

（2）低倍镜下观察，可见在红色基质中分布着大量形态不规则的较小的细胞，为胶质细胞，HE染色下其突起不能显示。还有少数体积较大的细胞，呈现为多边形，为神经元部分，可见有突起。

（3）寻找可见突起的神经元，转高倍镜观察。可见胞体形状呈多角形、梭形或三角形。细胞核大，染色浅，核仁很明显。突起从胞体发出，基本只能见到根部。在胞体和某些突起上可见到大小不一的蓝紫色斑块，为尼氏体，尼氏体仅存在于胞体和树突内，轴突及轴丘无尼氏体，据此可区分树突与轴突。

六、实验记录和结果处理

（1）根据显微镜下观察到的各种上皮组织的图像，绘制不同上皮组织的结构模式图。

（2）根据显微镜下观察到的疏松结缔组织切片的图像，绘制疏松结缔组织的结构模式图。

（3）骨骼肌、心肌和平滑肌纤维在光镜下的结构有明显差异，试列表比较。

（4）绘制神经元的结构模式图，突出展示神经元胞体以及突起的特征。

七、注意事项

（1）观察标本时，应按照肉眼、低倍镜、高倍镜的顺序进行观察。

（2）观察标本时，要按照组织的类别按顺序进行观察，并比较不同组织细胞和细胞外基质的差异。

（3）观察标本时，要有空间意识，注意区分是组织的横切面、纵切面还是斜切面，并发挥空间想象能力，在头脑中建立组织器官的立体结构。

（4）组织标本切片的制作要经过复杂的处理程序以及不同的染色，在观察标本时，注意分辨因染色或标本处理人为引入的假象。

八、思考题

（1）以假复层纤毛柱状上皮为例，思考各类基本组织的形态是为了适应什么功能。

（2）在小肠切片中观察到了上皮组织、结缔组织、肌组织等，其分布有何特征？它们如何构成器官？你能否在小肠中发现神经组织？

（3）血涂片中的白细胞可分为中性粒细胞、嗜酸性粒细胞、嗜碱性粒细胞、淋巴细胞、单核细胞等。查阅资料，你能否在显微镜下辨认出这些细胞？

（4）在观察永久装片时，为什么要先用低倍镜，再用高倍镜观察？

九、参考文献

［1］李和，李继承.组织学与胚胎学［M］.3版.北京：人民卫生出版社，2015.

［2］段相林，郭炳冉，辜清.人体组织学与解剖学［M］.5版.北京：高等教育出版社，2012.

［3］李红丽，苏炳银.组织学与胚胎学实训教程［M］.2版.北京：科学出版社，2021.

十、推荐阅读

［1］耶尔·阿德勒.皮肤的秘密［M］.刘立，译.北京：东方出版社，2019.

［2］加特纳，西亚特.组织学彩色图谱［M］.史小林，翁静，染元晶，等译.北京：化学工业出版社，2008.

实验十六　观察根尖分生组织细胞的有丝分裂

细胞分裂是重要的生命活动,是生物体生长、发育、繁殖、遗传的基础,细胞以分裂的方式进行增殖。细胞分裂并非只是母细胞简单的一分为二,而是一个比较复杂的过程,它首先涉及细胞内遗传物质——DNA的复制。DNA完成复制,再均等地分为两份。在原核生物中,这种DNA的复制和分离相对比较简单。而真核生物的细胞核中,DNA的复制和分离相对复杂很多。真核细胞的分裂涉及染色体复制、有丝分裂等过程。

有丝分裂(mitosis)又称为间接分裂,由施特拉斯布格(E. A. Strasburger, 1844—1912)1880年发现于植物及弗莱明(W. Flemming, 1843—1905)1882年发现于动物,是指一种真核细胞分裂产生体细胞的过程。有丝分裂的特点是细胞在分裂的过程中有纺锤体和染色体出现,使已经在间期复制好的子染色体被平均分配到子细胞(图4-80),这种分裂方式普遍见于高等动植物,而动物细胞(低等植物细胞)和高等植物细胞的有丝分裂又有所不同。有丝分裂对于真核生物的遗传稳定性具有极其重要的意义。从微观上来讲,有丝分裂保证了母细胞的遗传物质精准地平均分配到两个子细胞中,从而保证亲代和子代之间遗传性状的稳定性。从宏观来看,有丝分裂维持了多细胞生物个体的正常生长和发育。

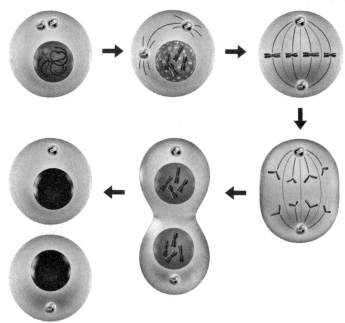

图4-80　动物细胞有丝分裂

一、实验目的

(1)掌握洋葱根尖细胞有丝分裂临时装片的制作方法。

(2)观察植物细胞有丝分裂的过程,识别有丝分裂的不同时期;掌握植物细胞有丝分裂简图的绘制技巧。

(3)使学生掌握基本的科学知识,形成初步的科学观念。

二、预习要点

(1)细胞周期概念。

(2)有丝分裂的过程及各个时期的重要特征。

(3)有丝分裂过程中DNA和染色体的规律性变化。

三、实验原理

(1)染色体易被碱性染料(如龙胆紫溶液、醋酸洋红和改良的苯酚品红溶液)着色。

(2)有丝分裂常见于根尖等分生区细胞。高等植物的分生组织细胞有丝分裂较旺盛(图4-81)。由于各细胞的分裂是独立的,因此在同一分生组织中可看到不同分裂时期的细胞。通过在高倍显微镜下观察染色体的存在状态,就可判断各细胞处于有丝分裂的哪个时期。

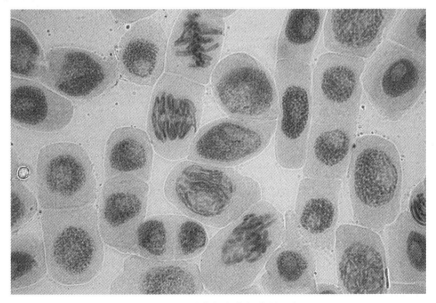

图4-81　洋葱根尖有丝分裂细胞

四、实验器材

洋葱(可用葱、蒜代替)、洋葱根尖细胞有丝分裂固定装片。质量分数为15%的盐酸、体积分数为95%的酒精、质量浓度为0.01 g/mL或0.02 g/mL的龙胆紫溶液或醋酸洋红染液。显微镜、载玻片、盖玻片、玻璃皿、剪刀、镊子、滴管等。

五、实验步骤

1. 材料生根处理

将洋葱置于冰箱内(4 ℃)冷藏1 d,低温起春化作用,能促进洋葱的生根,缩短培养时间。

2. 洋葱根尖的培养

实验课前3—4 d,取一个洋葱放在装满清水的广口瓶/烧杯上,让洋葱根的底部接触到清水,置于温暖(20 ℃)的地方培养。通常2 d就能长到2—3 cm,待根长约5 cm时,取生长健壮的根尖用于制作临时装片。

3. 临时装片的制作

制作流程为:解离→漂洗→染色→制片。

解离:上午10点至下午2点之间(此时洋葱根尖分生组织细胞处于分裂期的较多,这会因洋葱品种、室温等的差异而不同),剪取3—5个洋葱根尖(每个1—2 cm)放入解离液(95%乙醇:15%盐酸=1:1)中浸泡3—5 min,使根尖分生组织中的细胞相互分离开来。

漂洗:待根尖酥软后,用镊子取出,放入盛有清水的玻璃皿中漂洗。取2个50 mL的小烧杯,其中一个烧杯中加入清水,另一个烧杯中不加清水。左手用镊子夹住根尖,右手持滴管在未加水的小烧杯上方将清水以1滴/s的速度滴加在根尖上持续冲洗1 min,然后将根尖放入盛有清水的玻璃皿中漂洗约9 min。通过此步骤洗去药液,防止解离过度。

染色:用镊子将根尖从盛有清水的玻璃皿中取出,放在载玻片中央,用吸水纸吸去水分后,用镊子截取含分生区的乳白色根尖端,去除根尖的其他部分。把洋葱根尖放入盛有质量浓度为0.01 g/mL或0.02 g/mL的龙胆紫溶液或醋酸洋红染液的玻璃皿中染色3—5 min。染色的目的是将染色体与细胞质区分开,染色效果的好坏将直接决定观察的效果。

制片:在载玻片上滴加一滴清水,把根尖放入水滴中,用小刀去除多余的部分,留下2—3 mm长度的根尖,并用刀刃进行纵剖。盖上盖玻片,用手将其固定在载玻片上,用镊子的钝端或铅笔带橡皮头的一端轻轻敲打盖玻片(因为已经充分解离,且在染色时根尖已破碎,细胞很容易分散开来)。反复多次,直到肉眼看到将根尖均匀地分散成薄薄的雾状细胞层为止。然后取一张吸水纸覆盖盖玻片部位,用拇指轻轻垂直按压,完成制片。制片是成功观察有丝分裂不同时期的关键步骤之一。将制作好的临时装片放置于显微镜载物台上进行观察。

六、实验记录和结果处理

1. 洋葱根尖细胞有丝分裂的观察

(1)把制成的装片先放在低倍显微镜下观察,扫视整个装片。找到分生区细胞,其特点是:细胞呈正方形,排列紧密。然后再换成高倍显微镜仔细观察,首先找出分裂中期的细胞(因为中期细胞中染色体的形态更为清晰和固定),然后再找前期、后期、末期的细胞,注意观察各时期细胞内染色体形态和分布的特点,最后观察分裂间期的细胞。

如果自制装片效果不太理想,可以观察洋葱根尖固定装片。

(2)调节显微镜的放大倍数,保证能够在视野里同时看到约50个细胞。仔细统计视野中处于各时期的细胞数,记录在记录表"样本一"中;把视野移动到分生区一个新的区域再统计,记录在记录表"样本二"中。对数据进行整理,填入表4-4中。

表4-4　实验结果统计表

细胞周期	样本一	样本二	总数	各时期细胞数/计数细胞总数
分裂间期				
分裂前期				
分裂中期				
分裂后期				
分裂末期				
计数细胞总数				

2. 绘图

绘出植物细胞有丝分裂前期、中期、后期和末期简图。根据观察结果,用自己的语言描述植物细胞有丝分裂及各个时期的特点。

七、注意事项

(1)洋葱根尖纤细,解离较快,因此,需要控制时间以防解离过度而破坏细胞结构。如果解离时间过短则细胞会重叠。

(2)漂洗要充分,因为解离液中的盐酸会与碱性染料发生中和反应,影响染色效果。

(3)染色时间不宜过长,否则染色体周围其他结构也被着色,影响观察效果。

(4)制片过程中要控制好力度,使细胞分散成云雾状。在敲击过程中可以用吸水纸盖在盖玻片上并用左手固定住。一方面防止盖玻片移位造成细胞变形,影响观察;另一方面可以吸走盖玻片压出的染液。

八、思考题

(1)在观察结果中,处于哪个时期的细胞最多?
(2)为什么要选择观察根尖分生组织?

九、参考文献

[1]胡丽丽,郑涛."观察洋葱根尖分生组织细胞的有丝分裂"实验设计[J].生物学教学,2019,44(1):48-49.

[2]王玉清,凹洪生."观察根尖分生组织细胞的有丝分裂"实验改进综述及思考[J].生物学通报,2017,52(12):22-27.

[3]李志超,席贻龙,周俊."观察根尖分生组织细胞有丝分裂"实验研究[J].生物学通报,2014,49(11):50-52.

[4]马云,王勤,王启钊,等.洋葱根尖细胞有丝分裂制备方法改进研究[J].新乡学院学报(自然科学版),2009,26(5):54-56.

[5]卢小玉,张豪."观察植物细胞有丝分裂实验"的整体优化设计[J].生物学通报,2007,42(7):51-53.

十、推荐阅读

[1]丁明孝,王喜忠,张传茂,等.细胞生物学[M].5版.北京:高等教育出版社,2020.

[2]韩贻任.分子细胞生物学[M].4版.北京:科学出版社,2012.

实验十七　蝗虫精巢的减数分裂

　　减数分裂(meiosis)是生殖细胞的分裂方式,对种族绵延有着十分重要的意义。1883年,比利时胚胎学家贝内登(E. van Beneden,1846—1910),以马蛔虫为材料,发现其精子和卵细胞染色体数目各自只有体细胞的一半,而受精卵的染色体又恢复了正常数目,并且染色体成对。1887年,德国生物学家魏斯曼(A. Weismann,1834—1914)通过进一步的思考和观察,做出了大胆的推测:由于细胞需要保持染色体数目的稳定,在精子和卵细胞成熟的过程中,必然要发生一种染色体数目减少一半的特殊细胞分裂。这个特殊的过程,实际上是特殊方式的有丝分裂,叫作减数分裂。

　　在高等生物的雌雄性细胞形成的过程中,由有性组织(如花药和胚珠、精巢和卵巢)中的某些细胞分化为孢母细胞($2n$),以及精母与卵母细胞($2n$)。进一步由这些细胞进行减数分裂,最终各自产生4个小孢子或精细胞,或是分别产生一个大孢子或卵细胞与3个退化的极体(n)。减数分裂确保了染色体数目的恒定,从而使物种在遗传上具有了相对稳定性。在减数分裂过程中包含的同源染色体配对、交换、分离和非同源染色体的自由组合,体现了遗传学上的三大定律,在丰富基因的多样性中起着重要的作用。

　　在减数分裂过程中,可以辨认染色体形态和数量上的动态变化,从而为遗传学研究中远缘杂种的分析、染色体工程中的异系鉴别、常规的组型分析以及三个基本规律的论证,提出直接与间接的实验依据。

一、实验目的

　　(1)通过对蝗虫精子形成过程中减数分裂的观察,了解动物生殖细胞的形成的一般过程以及染色体在这一过程中的动态变化,从而深刻理解减数分裂的遗传学意义。

　　(2)掌握压片法制作减数分裂玻片标本的技术。

二、预习要点

　　(1)细胞分裂间期、减数第一次分裂时期和减数第二次分裂时期的特点。

　　(2)减数分裂过程中染色体数目及主要行为的变化。

三、实验原理

蝗虫比较常见,容易取材,染色体数目较少(常见的有土蝗和稻蝗等,雄蝗虫$2n=23$,雌蝗虫$2n=24$),且染色体较大,易于观察。在同一染色体玻片标本上可以观察到减数分裂各个时期,还可以观察精子的形成过程。

在减数分裂过程中,DNA复制一次,细胞连续分裂两次,结果形成的4个子细胞染色体数目只有母细胞的一半。减数分裂的结果是形成单倍体(n)配子。减数分裂的全过程划分为3个阶段:间期、减数分裂Ⅰ和减数分裂Ⅱ。配子减数分裂特点是减数分裂和配子发生紧密联系在一起。在脊椎动物中,雄性脊椎动物的一个精母细胞经过减数分裂形成4个精细胞,精细胞经一系列的变态发育最终形成4个成熟的精子;雌性脊椎动物的一个卵母细胞经减数分裂最终形成1个卵细胞和几个极体。

处于第二次减数分裂时期的细胞要明显少于处于第一次减数分裂时期的细胞,且不易观察。由于经过了减数第一次分裂,同源染色体已经分离因而染色体数目减半。从形态上看减数第二次分裂的细胞体积较小。

四、实验器材

雄性蝗虫精巢。卡诺氏固定液(无水乙醇∶冰乙酸=3∶1)、醋酸洋红染液、PBS缓冲液等。显微镜、载玻片、盖玻片、小镊子、剪刀、解剖针、手术剪、大培养皿、酒精灯、吸水纸等。

五、实验步骤

(一)前期准备

在校园操场附近捕捉蝗虫的雄性成体,将虫体的翅膀和后肢剪去(以免飞走),放入200 mL烧杯中,扣上盖子备用。

(二)取材

对采集来的蝗虫雄性个体进行活体解剖。分别将已剪去翅膀和后肢的雄性蝗虫取出,用手术剪剪去头部,沿虫体胸腹部中间从头部端向尾部端剪开,并撑开已解剖的腹部体壁,用小镊子先将胃肠等器官夹出弃去后,在体壁上方两侧处各有一块深黄色的团块,这便是蝗虫的精巢,精巢由许多排列在一起的精小管组成,夹出精巢,放入PBS缓冲液中去除其表面的结缔组织等附着物,用解剖针轻轻剥离精巢,即可看到许多精小管。然后,转入质量分数为0.25%的KCl低渗溶液处理30 min,使细胞膨胀,利于染色体铺展开来。再转入卡诺氏固定液(无水乙醇∶冰醋酸=3∶1)中固定10—24 h,这期间换1—2次固定液,充分脱脂。固定结束后,深黄色精巢变成肉眼能见的由细管组成的白色精巢,直接放入75%乙醇,并置4 ℃的冰箱保存。

(三)制片

1. 染色

随机选取已固定并保存的蝗虫精巢,取2—3根精小管放在干净的载玻片上,用吸水纸将上面的蒸馏水吸净。精小管放入加有0.5%醋酸洋红染液的染色盘中,使染色液淹没精小管,在室温下染色10—15 min;然后,分别取精小管置于载玻片中央,滴加1—2滴1%醋酸洋红染液,用锋利的刀片将细管分成2段或3段,彼此分开,再染色3—5 min。

2. 压片

在载玻片上加盖玻片,用铅笔橡皮头轻敲盖玻片,使细胞分散。将载玻片对光观察,见材料均匀分散成薄雾状即可。然后用吸水纸夹住玻片,在平坦实验台上压片。压片时以拇指指腹加压,左手拇指和食指夹住右手拇指以帮助固定,力度以不压破盖玻片为宜,防止盖玻片的滑动,拇指指腹垂直地用力加压。

(四)观察

将制备好的制片放在显微镜的载物台上,先用低倍镜观察,再用高倍镜,调节视野的明暗度进行观察。观察细胞分裂相中不同形态的染色体,根据所学的理论,判断出细胞的分裂时期。

减数分裂是细胞DNA复制一次细胞连续分裂两次的过程。在显微镜下可以观察到减数分裂的每一次分裂,整个实验操作见表4-5。

表4-5　实验操作步骤列表

序号	操作步骤	重要操作及优化建议	备注
1	材料准备	购买或自行抓捕蝗虫(♂)。	
2	固定及保存	沿蝗虫腹部剪开取出精巢置于卡诺比固定液中固定10—24 h后,移至体积分数为75%的酒精中,4 ℃保存。	
3	取材及染色	用镊子取2—3根精小管放入0.5%醋酸洋红染液中染色10—15 min,然后,置于载玻片上并滴加1—2滴1%醋酸洋红染液……染色3—5 min。	直接在精巢取出精小管再进行染色,避免材料丢失。
4	压片	盖上盖玻片,左手拇指/食指按住盖玻片左侧,用铅笔头等轻敲材料处至雾状。	
5	镜检	吸水纸吸去多余染液,置于显微镜下观察,借助文献资料进行分裂各时期的识别。	借助文献资料附图及解说,分裂时期判断更加容易。

六、实验记录和结果处理

(1)根据显微镜观察到的染色装片,区分细胞减数分裂各时期,并绘图。

(2)根据观察结果,填写实验结果记录表(表4-6),绘制蝗虫精巢细胞减数分裂各个时期染色体和DNA的变化示意图。

表4-6 实验结果记录表

时期	核染色体数量	核DNA数量	染色体/DNA数量

七、注意事项

(1)取材时,精小管的量不宜太多,应选取较粗的、分裂旺盛的。

(2)敲片时注意掌握力度,力度太大会导致盖玻片破碎,力度太小不易使细胞分散开,力度以不压破盖玻片为宜,这样染色体就能较好地分散在一个平面上,还要防止细胞破裂。

八、思考题

(1)叙述有丝分裂和减数分裂的异同点。

(2)观察不同分裂时期蝗虫细胞时,分析处于哪个时期的细胞数目最多。

(3)减数分裂过程中,染色体数目的减半发生在哪个时期?

(4)如何区分减数第一次分裂和减数第二次分裂的细胞?

(5)使用蝗虫作为实验材料的原因有哪些?

九、参考文献

[1]徐根娣,陈析丰,柯卡茹.减数分裂实验材料的优化与染色体制备技术改进[J].生物学杂志,2014,31(1):100-102.

[2]朱蔚云,梁敏仪.蝗虫减数分裂的实验[J].生物学杂志,2003,20(2):50-52.

［3］刘梦豪,赵凯强,王雅栋,等.蝗虫精母细胞减数分裂各时期的识别［J］.遗传,2012, 34(12):1628-1637.

［4］范淑荣,富威,叶继红.蝗虫性细胞减数分裂永久玻片的制备方法［J］.生物学通报, 1988(1):39,37.

十、推荐阅读

［1］丁明孝,王喜忠,张传茂,等.细胞生物学［M］.5版.北京:高等教育出版社,2020.

［2］韩贻任.分子细胞生物学［M］.4版.北京:科学出版社,2012.

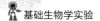

实验十八　脊椎动物四肢骨骼的进化分析

　　脊索动物门包括尾索动物亚门、头索动物亚门及脊椎动物亚门三个类群。脊索动物的原始祖先可能是以鳃裂过滤取食的一种动物。在奥陶纪,脊索动物的脊索被骨骼包围,最早的脊椎动物无颌鱼类出现了。随后在4亿多年前的志留纪出现盾皮鱼等有颌鱼类。泥盆纪鱼类达到鼎盛,肉鳍鱼类中的提塔利克鱼(*Tiktaalik roseae*)登陆形成了最早的两栖类动物。最早的两栖类动物鱼石螈(*Ichthyostega*)奠定了陆生脊椎动物四肢骨骼结构的基础,随后进化出的爬行动物、鸟类和哺乳动物四肢结构的组成与其基本相似。

　　陆生脊椎动物登陆之后,在不同的大陆环境中出现了各种各样的趋异进化,四肢出现了各种的适应性特征,但从解剖学上分析,所有脊椎动物的四肢均能表现出相似的结构特点。不同进化层次的陆生脊椎动物的四肢骨骼表现出明显的相似,这属于同源器官结构相似的表现。例如青蛙、鳄鱼、鸽和人四肢骨骼的相似性,表明它们具有共同的祖先。而生活环境、运动方式相似的各种脊椎动物的四肢在外形上往往也会表现出明显的相似,例如鸟类的羽翼和蝙蝠的膜翼,鱼类的鱼鳍和海豚的鳍状肢,这些四肢器官的相似往往是亲缘关系较远的类型之间表现出的趋同进化,这些器官属于同功器官。所以,通过对陆生脊椎动物四肢骨骼组成的比较解剖学分析,可以清晰分析出陆生四足动物在进化中形成的各种适应性特征。

一、实验目的

　　(1)通过对两栖类、爬行类、鸟类和哺乳类代表动物四肢骨骼标本的比较观察,了解陆生脊椎动物四肢骨骼系统的异同。

　　(2)分析理解陆生脊椎动物四肢骨骼系统的进化适应特征,能够区分同源器官和同功器官。

　　(3)培养从系统性、可变性的角度理解生物结构特征和适应现象的能力。

二、预习要点

　　(1)陆生脊椎动物的进化历程。

　　(2)陆生脊椎动物四肢骨骼的结构组成。

三、实验原理

早期四足动物登陆后,逐渐分布到各种环境之中,采取了适合自己生活方式的各种运动方式,这也使得它们的四肢出现了多种多样的类型。狗和猫有尖锐的爪,牛和马有坚硬的蹄,飞翔的鸟类拥有强大的翅膀,鲸鱼、海豚则重返海洋,进化出了适应水生环境的鳍状肢。

(一)脊椎动物四肢的进化

鱼类是最初的脊椎动物,其鱼鳍类型多种多样,进化成陆生四足动物的肉鳍鱼类恰巧具有四个鳍状肢,在此基础上逐步进化成了陆生动物的四足。正是因为进化形成爬行动物、哺乳动物的迷齿两栖类拥有五指(趾),我们人类才得以拥有五指(趾)的结构。两栖动物的一些类群拥有着更多的指(趾)头,比如棘螈的四肢就分别具有八指(趾)。

目前发现的最早的两栖动物化石是鱼石螈化石,自此基本确定了陆生脊椎动物的四肢骨骼基本特征。青蛙的四肢和一般四足动物相似,但其前肢的桡骨与尺骨愈合成桡尺骨,后肢的胫骨与腓骨愈合成胫腓骨(图4-82)。有尾两栖类蝾螈、大鲵等多数具有四肢,少数种类如鳗螈(Sirenidae)仅具前肢,后肢退化。两栖动物还包括一些无足类,如蚓螈(Gymnophiona),其四肢均退化消失。

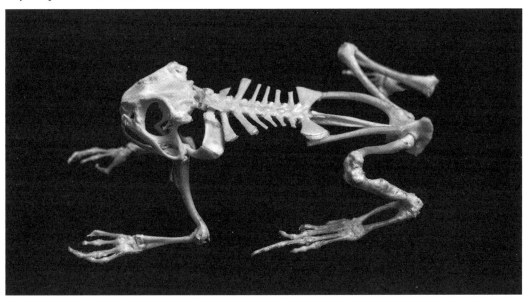

图4-82　青蛙的四肢骨骼

爬行动物的四肢进化成典型的五指(趾)型四肢,比两栖类的肢骨更为强固。指(趾)端具爪,是对陆地爬行运动的适应(图4-83)。蛇在适应钻穴生活的过程中四肢退化,仅蟒蛇有后肢的残迹,在其泄殖腔孔的两侧有一对角质爪,其内部骨骼具有退化的髂骨和股骨。已灭绝的爬行动物四肢变异更多,如适应飞翔的翼龙,其第四指极度增长,体侧和第四指之间生有翼膜。爬行动物和两栖类不同的是后肢踝关节不在胫部与足部之间,而在两列跗骨之间,形成所谓的跗间关节。

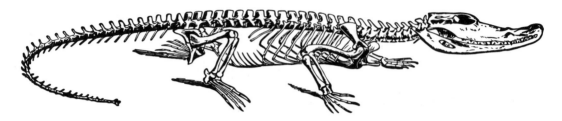

图4-83　鳄鱼的四肢骨骼

鸟类多数主动适应空中领域,前肢进化出了强大的飞翔羽翼,其前肢骨中桡骨较细,尺骨发达,翼羽即着生于尺骨外缘。鸟类后肢的股骨较短,腓骨退化,胫骨长而发达,和近端的跗骨相愈合成胫跗骨。跗骨远端和跖骨愈合为跗跖骨,这可能更有利于鸟类飞翔降落着地时减少冲力。鸟类的爪一般具有四趾,三趾向前一趾向后,其趾数及朝前朝后趾数在不同鸟类中存在明显变化。

多数哺乳动物四肢强大,善于行走,四肢出现扭转,行走时一般四肢着地。哺乳动物的四肢扭转后其近端紧贴身体,肘关节朝后,膝关节向前,这样的变化能更好地支持体重,行走更加稳健灵活。当然哺乳动物的辐射进化也使得其四肢出现了各种类型的适应性改变。

(二)不同类型的哺乳动物四肢

不同的哺乳动物由于行走方式不同,其脚掌着地的方式也出现了不同的类型,如跖行性、趾行性和蹄行性。

棕熊、猿猴与人等多数哺乳动物都采用前肢的腕、掌、指或后肢的跗、跖、趾全部着地行走的方式,所以称为跖(掌)行性动物(图4-84)。跖行性是哺乳动物中比较原始的行走方式。此类动物一般具有强大的捕捉能力,构成其前臂的尺骨和桡骨很发达,活动性强。后肢的腓骨发达,能支持较大的体重。但跖行动物的脚上从趾头到后跟均长有较厚的肉脚板,笨重且缺少弹力,所以奔跑速度较慢。以我们人类的脚为例,跖行动物足部骨骼的组成大致可以分三个部分:趾骨(脚趾骨头)、跖骨(脚面和脚掌的骨头)和跗骨(脚后跟和脚腕的骨头)。而跗骨又可以分为距骨、足舟骨、骰骨、楔骨和跟骨等多块骨骼。手掌与这三部分对应的则是指骨、掌骨和腕骨。

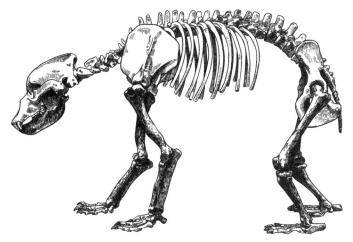

图4-84 熊的四肢骨骼

猫、犬、狼、狮、虎等猫科和犬科动物都以前肢的指或后肢的趾的末端两节着地行走,趾以上的部分抬起离开地面,称为趾行性。趾行性动物是奔跑速度和捕捉能力双方面自然选择的结果,此类动物解放了跖骨和起到轴承作用的跗骨,趾骨前段则进化出了锋利的尖爪,因此它们在奔跑时具有更强的爆发力和抓牢地面的能力,更有利于捕捉猎物(图4-85)。所以趾行一般是快速奔跑的捕食者进化出的一种特有的行走方式。

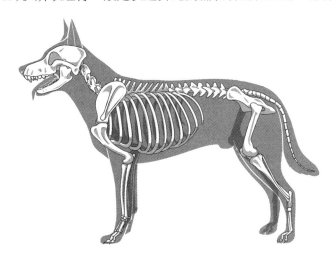

图4-85 狗的四肢骨骼

蹄行性动物则更加突出发展了奔跑能力,它们均进化成以趾尖着地行走,趾尖特化为蹄。蹄行动物的代表物种是鹿、羊、马、羚羊等草食性动物,它们虽然爆发力不如趾行性动物,但是拥有更高的奔跑耐力和奔跑速度。蹄行性动物又可细分为偶蹄类和奇蹄类动物,如牛和马。对于我们熟悉的蹄行类动物马,它长长的"小腿"里,其实是脚掌的跖骨,蹄子和小腿之间较细的部分则是高度愈合的趾骨,以脚趾奔跑的方式更加灵活。马足只有一根趾,其他4根都退化消失,趾退化后,附着在骨骼上的肌肉和肌腱等也随之消失,从而实现了脚的轻量化(图4-86)。这也是蹄行性动物奔跑速度快的原因之一。

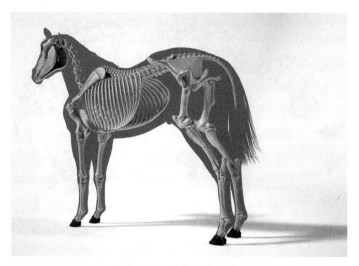

图4-86　马的四肢骨骼

综上所述,陆生脊椎动物四肢由鱼鳍进化而来,虽然出现了各种适应性进化,四肢骨骼均有相应的结构。通过对比各种四足动物的四肢骨骼,我们能够感受到各种动物在进化的历史长河中发生的一系列进化的细节,感受到它们适应各自生活方式形成的各种适应性特征。

四、实验器材

两栖类、爬行类、鸟类和哺乳类代表动物的骨骼标本,如蟾蜍、蜥蜴、家鸡、兔的骨骼标本,跖行性、趾行性和蹄行性动物四肢骨骼的图片。

五、实验步骤

(1)观察两栖动物的四肢骨骼,区分股骨、桡尺骨、胫腓骨和足部骨骼。

(2)观察爬行动物的四肢骨骼,区分四肢骨的各部分组成,观察其指(趾)端的爪结构,思考更利于陆地爬行的适应特征。

(3)观察鸟类翅的骨骼组成,区分桡骨、尺骨,观察分析其翅端的尺腕骨、桡腕骨、腕掌骨和退化的指骨的特征。第一、第三指短,只有一节指骨;第二指长,有两节指骨。观察鸟类后肢的股骨、胫跗骨、跗跖骨。

(4)观察区分哺乳类动物四肢骨骼的各个主要部分。观察图片,分析跖行性、趾行性和蹄行性动物的掌骨特点,分析与其行走方式相适应的骨骼特点。

六、实验记录和结果处理

（1）观察比较不同动物标本四肢骨骼的异同（表4-7），分析其进化的适应性表现。

（2）分析不同运动方式的哺乳动物足部骨骼的区别，思考各自的进化意义。

表4-7 不同脊椎动物四肢骨骼的比较分析

动物名称	共有的骨骼特征	特异性的骨骼进化特征	适应性分析

七、注意事项

（1）对不同进化层次的动物比较其四肢结构的相似性，对于同一进化层次的动物，要注重分析其适应不同行为方式的结构特点。

（2）正确理解鸟类、蹄行类动物指（趾）骨出现退化的进步性意义。

八、思考题

（1）总结鸟类四肢骨骼的结构特征，并与蹄行性哺乳动物进行比较分析。

（2）比较分析趾行类和蹄行类动物四肢骨的不同适应性表现。

九、参考文献

[1] 祁飞燕,施鹏.脊椎动物附肢发育及进化机制的研究进展[J].科学通报,2016,61（32）:3413-3420.

[2] 田耘.趾行动物和掌行动物及其他[J].大自然探索,2012(8):1.

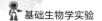

实验十九　生物化石的观察与分类

地球演化46亿年以来，每个时代的地层沉积就像一页页的纸张，其中埋藏的生物化石就像是书写在地层岩石之中的众多文字。通过对化石的发掘和研究，我们能逐渐清晰地揭开生物进化的史卷，回顾几十亿年以来生物演化谱写的精彩诗篇。化石一般是指保存在地层中的古生物遗体、遗物、活动遗迹以及生物体分解后残留的有机分子，这些证据能够帮助我们了解古生物的结构、行为以及周围的生活环境。全新世开始（距今约10 000年）属于现代人的时代，所以化石特指一万年之前的古生物遗存。

地质学家、古生物学家几乎每年都会在世界各地挖掘、鉴定出各种各样的古生物化石，从各个角度逐渐揭示我们从何而来，世间上千万的物种从何而来，各种生物的完美适应结构从何而来。2009年在《科学》杂志报道的440万年前就能直立行走的古人类化石"阿尔迪"，使我们人类直立行走的时代提前了100多万年。2010年对4万年前的3个尼安德特人化石中残留DNA的测序、比对，使我们知道了现代人和早期智人之间的血脉相承。一些重要的过渡性化石则为我们破解了生物进化的关键节点，使我们能够对生物进化的链条更加确认无疑。如2004年对大型肉鳍鱼提塔利克化石的研究，确认了海洋动物迈向陆地的纽带祖先类群。1990年以来，在我国辽宁西部"热河生物群"陆续挖掘出了侏罗纪到白垩纪早期的鸟类"华夏鸟""孔子鸟"（图4-87），还有"小盗龙""北票龙""中华鸟龙"和"尾羽龙"等众多长着羽毛的恐龙，这使全世界的科学家逐渐确认鸟类起源于恐龙。另外，此地1.25亿年前的中华古果、辽宁古果（图4-88）等被鉴定为迄今最古老的被子植物化石。因此，对于生物进化历程的确认，尤其是进化关键节点的判断，古生物化石起着至关重要的作用。

图4-87　孔子鸟化石

图4-88　辽宁古果化石

一、实验目的

(1)通过对化石标本的观察分析,能够判断其分类。

(2)理解各种生物化石的作用。

(3)掌握利用所学知识进行综合分析的科学方法。

二、预习要点

(1)古生物化石的分类。

(2)古生物进化的历程。

三、实验原理

(一)化石的分类

古生物化石并非像我们想象的就是石化的古生物遗骸,其实它的涵盖范围更加广泛,只要是能说明古生物生存状态、身体结构、生活环境的物质,都可以称为化石。按保存特点的不同,化石可分为遗体化石、模铸化石、遗迹化石、遗物化石和化学化石等。

1. 遗体化石

遗体化石是指古生物的遗体被保存在岩层中所形成的化石,又分为变质的遗体化石和不变质的遗体化石。变质的遗体化石其实就是古生物遗骸被矿物质置换、完全石化的化石类型。常见的有恐龙、鱼类骨骼形成的化石,植物树干石化形成的硅化木化石(图4-89)。

不变质的遗体化石是指保存在特殊环境条件下,古生物遗体没有完全降解,还有DNA或蛋白质的遗留。比如琥珀中包裹的昆虫、波兰斯大卢尼沥青湖中的披毛犀化石等,西伯利亚北极圈附近冻土中出土的39 000年前的猛犸象化石,其肌肉仍旧新鲜(图4-90)。

图4-89　硅化木化石

图4-90　冻土中的猛犸象化石

2. 模铸化石

模铸化石是指古生物遗体在岩层或围岩中留下的印痕或空洞。其中第一类为印痕化石,即古生物身体外表在沉积物表面留下了印痕,但其遗体遭到降解破坏。如水母、蠕虫在岩层上的印痕、植物叶片在煤块上的印痕等(图4-91)。第二类是印模化石,也就是古生物遗骸被掩埋到底层之中后,身体降解,岩层中留下了其身体形状的空洞,其身体外表的特征刻印在了空洞的围岩上(图4-92)。

图4-91 煤块表面的叶子印痕化石　　图4-92 岩层中的贝壳印模化石

3. 遗迹化石

遗迹化石是指古代动物活动时留下的痕迹,如恐龙的脚印化石、蠕虫的爬迹化石、古人类在火山灰上走过的脚印等(图4-93)。

图4-93 360万年前古人类遗留的直立行走足迹化石

4. 遗物化石

遗物化石主要指动物的粪便、卵(蛋)(图4-94),植物的汁液形成的化石以及古人类的石器、骨器和装饰品等。

图4-94 完全石化的恐龙蛋化石

5. 化学化石

化学化石也称为标记物化石,是指古生物遗体分解后遗留在岩层中能稳定存在的化学分子,如古蓝藻细胞中叶绿素降解后形成的植烷、古真核细胞中的甾醇类降解后形成的甾烷等,这些存续了几十亿年的稳定化学分子为我们判定古老细胞化石提供了直接证据。

另外,根据化石的用途还可以对其加以区分。标准化石是指存续时间相对较短,但数量又非常多、较为常见的化石。根据这些化石可以大致推测与其埋藏于共同地层的未知化石属于什么时代。比如蜓类动物"纺锤虫"最初出现于石炭纪早期,至二叠纪末期绝灭,此类化石就是划分古生代末期石炭纪和二叠纪地层的标准化石之一(图4-95)。指相化石是一类帮助我们对古生物环境做出判断的依据化石,例如我国内陆云南澄江地区大量的寒武纪三叶虫化石可以指明5亿年前的云南地区曾是浅海环境(图4-96)。

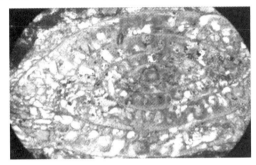

图4-95　"纺锤虫"化石

图4-96　三叶虫化石

(二)化石的形成

生物化石的形成需要很多必要的条件,生物死亡后或者在生活状态都有机会形成化石。一般而言,生物种群数量越大,形成化石的机会就越多。例如,鱼类是脊椎动物中数量和种类最多的一个类群,所以鱼类的化石就比其他脊椎动物的化石多。

生物体中比较坚硬的部分更容易形成化石,如骨骼、介壳、牙齿、角、树干、孢子及花粉等。生物体的软组织,如皮肤、肌肉、内脏器官及植物的果实,极易降解,不易形成化石或最终留下一些印痕化石。

另外,生物体被迅速掩埋、掩埋的环境较为致密才有可能保存为化石。如生物突然被泥石流掩埋、被火山喷发出的火山灰迅速掩埋,就有可能保存为化石。如我国著名的孔子鸟化石就是在火山灰形成的致密岩层中发现的。云南澄江地区大量完美的寒武纪生物化石就是在暴发的泥石流掩埋下形成的。

生物体形成化石的过程可以通过物理作用和化学作用完成。物理作用指的是生物体掩埋后身体被降解,留下的空隙被泥沙或其他矿物质所填充。化学作用则是化学溶液对古生物硬体部分长期置换的过程,即周围溶液中的碳酸钙、二氧化硅和黄铁矿等矿物质成分不断与生物体物质进行化学置换,生物体逐层被矿物成分所取代,因此可以保留生物体原有结构的细致特点。如"硅化木"形成后,其年轮还能清晰可见。

四、实验器材

三叶虫、硅化木、贝壳类、螺类、动物骨骼、植物叶片印痕、琥珀、恐龙蛋、动物足迹等各种生物化石的标本、图片。放大镜。

五、实验步骤

(1)观察各种化石标本,区分其化石类别,分析其基本构造特征。

(2)分析思考各种化石的形成过程。

(3)讨论各种化石的作用、其形成的时代以及其所属的生物分类地位。

(4)对某种生物化石绘制示意简图,尝试还原其生活的形态。

六、实验记录和结果处理

观察分析不同的生物化石,将其分类、形成年代等信息填写到表4-8。

表4-8　不同生物化石的特征分析

化石名称	化石类型	形成年代	推测化石形成的环境

七、注意事项

(1)对不同类型的生物化石进行观察思考,建立起对化石的感性认识。

(2)面对生物化石,要思考其生活的年代、环境、归属的分类群。

八、思考题

(1)为什么火山灰是能够促使生物形成化石的最好外部环境?

(2)为什么单细胞生物的化石非常罕见?

(3)如何判断化石的形成年代?

九、参考文献

[1]江大勇."古生物化石群的自然遗产价值研究"专题导读[J].自然与文化遗产研究,2021,6(5):1-2.

[2]侯先光,冯向红.澄江生物化石群[J].生物学通报,1999,34(12):6-8.

[3]冯进城.古生物化石——开启地球历史之门的一把钥匙[J].资源导刊,2009(9):40-41.

[4]皮照兴,白天莹.辽西化石研究大事纪[J].辽宁师专学报(自然科学版),2008,10(3):106-108.

十、推荐阅读

[1]沈银柱,黄占景,葛荣朝.进化生物学[M].4版.北京:高等教育出版社,2020.

[2]唐永刚,邢立达.中国常见古生物化石[M].重庆:重庆大学出版社,2014.

第五章

综合类实验

实验一　校园植物的观察和分类

　　植物的分类可分为人为的分类和自然的分类。人为的分类中具代表性的有：明代李时珍依据植物的用途将植物分为草、谷、菜、果、木等5部30类；清代吴其濬考订植物名实，尤其青睐药用植物，将1 714种植物分谷、蔬、山草、隰草、石草、水草、蔓草、芳草、毒草、群芳、果、木12类。自然的分类中具代表性的有：恩格勒分类系统、哈钦松分类系统、塔赫他间分类系统、克朗奎斯特分类系统等。

　　植物的分类单位依次为门、纲、目、科、属、种。种是分类上的一个基本单位，也是各级单位的起点。同种植物的个体，起源于共同的祖先，有极近似的形态特征，且能进行自然交配，产生正常的后代。既有相对稳定的形态特征，又不断地发展演化。

　　识别和鉴定植物的基本方法包括利用植物志书籍和手册，查分类检索表，核对植物的描述和插图，到植物标本馆(室)核对标本，请教相关专家，查阅原始资料，进行文献和标本的考证。其中最常用的方法为利用检索工具书进行鉴定。校园植物调查研究可以帮助学生了解和掌握植物分类的基本方法，丰富植物学知识，提高综合实践能力。

一、实验目的

　　(1)学会植物的调查与鉴定的方法，学会分类，比较共同点和差异点。
　　(2)掌握植物标本的采集与制作方法，培养全面、仔细、系统观察的学习态度。
　　(3)学会编制简单的植物分类检索表。
　　(4)学会使用《中国高等植物图鉴》和《中国植物志》等工具书。

二、预习要点

　　(1)掌握植物标本采集与制作的基本原则。
　　(2)掌握植物分类检索表的使用方法。

三、实验原理

　　植物分类是人类利用植物资源和保护植物资源的基础。地球上的植物种类繁多，形态各异。低等植物包括藻类植物和地衣等，高等植物包括苔藓植物、蕨类植物和种子植物

（包括裸子植物和被子植物）。苔藓植物属于非维管植物,蕨类植物和种子植物则属于维管植物。孢子植物包括藻类植物、地衣、苔藓植物和蕨类植物等,被子植物被称为狭义的有花植物。相关检索表的使用见第三章实验四。

四、实验器材

标本采集箱、枝剪、高枝剪、小铁铲、采集桶、植物标本采集记录本、植物标本采集记录签、定名标签、立体显微镜、放大镜、镊子、解剖针、数码相机等。《中国高等植物图鉴》、植物志、植物检索表。

五、实验步骤

根据校园植物分布状况,将班级成员分成若干小组,分别在校园某一区域范围调查植物分布情况。

1. 校园植物形态特征的观察与科学描述

(1)观察每一种植物的生长环境,记录植物栖息地位置、丰度、土壤地形、土壤结构和质地、光照方向和强度、遮阴条件等生态信息。

(2)采集植物的叶片、枝条或花朵等特征部分,制成植物标本。

(3)对植物的形态结构特征进行观察和科学描述,包括植物的根、茎、叶、花、果实和种子。

2. 校园植物种类的识别与鉴定

(1)借助植物检索表等工具书进行检索、识别。把区域内的所有植物鉴定、统计后,写出名录并把各植物归属到科。

(2)通过各科植物的对比观察,归纳总结出校园植物的科、属、种的识别特征,为后面的野外植物识别观察奠定一定的基础。

(3)采集样本,判断样本是否有种子或孢子,有维管束还是无维管束,是单子叶植物还是双子叶植物。

3. 校园植物的归纳分类

在对校园植物识别、统计后,对校园内植物进行归纳分类。分类的方式可根据自己的研究兴趣和校园植物具体情况进行选择。对植物进行归纳分类时要学会充分利用相关的参考文献。

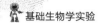

六、实验记录和结果处理(表5-1至表5-3)

表5-1　校园植物种类统计表

编号	植物学名	科	俗名	植物习性	生境	地点	丰度
1							
2							
3							
...							

表5-2　校园植物类别定量分析表

编号	植物类别	科	属
1	苔藓植物		
2	蕨类植物		
3	裸子植物		
4	被子植物		
...			

表5-3　植物样本观察记录表

项目	样本1	样本2	样本3	样本4	……
花(有/无)					
花瓣数					
根(直根系/须根系)					
叶(平行脉序/网状脉序)					
种子(有/无)					
子叶数					
……					

七、注意事项

(1)观察时要记录植物的环境因素。

(2)辨别植物种类需注意同名异物或同物异名现象。

八、思考题

(1)经过对校园植物的调查分析,谈谈你对学校景观绿化现状的意见和建议。

(2)描述校园植物的种类、科属、分布情况。

九、参考文献

[1]陆树刚.植物分类学[M].2版.北京:科学出版社,2019.

[2]中国科学院植物研究所.中国高等植物图鉴[M].北京:科学出版社,2016.

十、推荐阅读

[1]中国科学院中国植物志编辑委员会.中国植物志[M].北京:科学出版社,2010.

[2]刘庆华,刘庆超.园林树木学[M].北京:化学工业出版社,2016.

实验二　植物群落的物种多样性分析

植物群落是指生活在一定区域内所有植物的集合,它是每个植物个体通过互惠、竞争等相互作用而形成的一个巧妙组合,是适应其共同生存环境的结果。每一相对稳定的植物群落都有一定的种类组成和结构。物种多样性是生物多样性最主要的结构和功能单位,物种多样性包括两个方面:一是种的数目或丰富度,它是指一个群落或生境中物种数目的多寡;二是种的均匀度,它是指一个群落或生境中全部物种个体数目的分配状况,反映的是各物种个体数目分配的均匀程度。多样性指数正是反映丰富度和均匀度的综合指标。

植物群落的样方取样法适用于所有主要植物类群,样方法可以取得群落结构、组成的定量数据,是研究植物群落数量特征的主要方法。在野外实习中要求学生必须掌握这个方法,并学会分析、整理样方法所获得的资料,认识实习地区植物群落的特征及分布规律。

一、实验目的

(1)掌握植物群落物种多样性野外调查取样和计算分析的基本方法,初步具备进行野外调查和探究的能力。

(2)加深对物种多样性和植物群落重要意义的认识,培养热爱自然、保护环境的责任感。

二、预习要点

(1)群落的结构和主要类型;生物多样性的层次和概念。
(2)植物的分类和各种类型植物的识别。

三、实验原理

植物群落的多样性是群落中不同物种数量和它们的多度的函数。多样性依赖于物种丰富度、均匀度或物种多度的均匀性。两个具有相同物种的群落,可能由于相对多度的分布不同而在结构和多样性上有很大差异。测定多样性的方法很多,其中最有代表性的2种分别为辛普森多样性指数(Simpson's diversity index)和香农-威纳指数(Shannon-Wiener index)。

四、实验器材

样方测绳（100 m）、皮尺（50 m）、卷尺、植物调查记录表等。测高仪、GPS、计算器等。

五、实验步骤

(一)样地的选择

样地是指能够反映植物群落基本特征的一定地段。样地的选择标准是：各类成分的分布要均匀一致；群落结构要完整，层次要分明；生境条件要一致（尤其是地形和土壤），是最能反映该群落生境特点的地段；样地要设在群落中心的典型部分，避免选在两个类型的过渡地带；样地要有显著的实物标记，以便明确观察范围。在符合上述5个选择标准的基础上确定样地，并观察记录该样地所处的地理位置、环境条件等基本情况。如果群落内部植物分布和结构都比较均一，则采用少数样地；如果群落结构复杂且变化较大、植物分布不规则，则应提高取样数目。

可选择野外实习地点、学校周边公园或校园绿化区中具有典型植物群落特征的地区作为植物群落的调查区域，依照上述标准选择样地并将样地基本情况记入表5-4中。

表5-4　样地基本情况调查表

调查人：	调查日期：	调查地点：	样地编号：
植物群落类型：			
地理位置	经度：	纬度：	海拔：
地貌：		土壤类型：	
人类及动物活动情况			
其他情况说明			

(二)样方法取样技术

样方法即在一块样地单位上选定样点，将仪器放在样点的中心，向正北0°，东北45°，正东90°引方向线，量取相应的长度，4点可构成所需大小的样方。

(1)样方的面积：样方面积直接影响调查植物群落的质量，一般应先确定某地、某植物群落的最小样方面积，统计其中植物的种类和种数，然后逐渐向外扩展地块面积，每扩展一次，登记新发现的种类，当达到一定样方面积后，种数不再增加，这时扩展后的样方面积就是该地段、某种植物群落的样方最小面积。植物群落调查所用的最适样方大小为：乔木层 10 m×10 m 至 40 m×40 m，灌木层 4 m×4 m 至 10 m×10 m，草本层 1 m×1 m 至 3 m×3 m。

（2）样方数目：如果群落的种类组成、结构较为简单，则少数几个样方便能很好地反映出群落的特征；当群落的结构复杂且变化较大，植物分布不规则时，则应适当增加样方的数目，才能提高调查资料的可靠性，但调查时还要考虑人力、物力和财力的限制。

本实验进行植物群落的物种多样性调查时可参考下列指标在群落的典型地段设置样方：①乔木层 20 m×20 m；②灌木层 5 m×5 m；③草本层 1 m×1 m。各群落类型的样方至少设置 3 个重复。实际操作中可以分小组对同一群落进行平行调查，每组作为一次重复，然后将各小组调查资料进行汇总统计。

（三）群落内各数量指标的调查

样方法主要是计算群落的数量特征，而要计算先得有观测数据，具体就是登记每个样方内所有的植物种类，要分层次有顺序地进行，必须认真、仔细地测量，尽可能杜绝遗漏。

（1）乔木层数据调查：在 20 m×20 m 样方内识别乔木层树种的数目，目测出样方的总郁闭度。然后统计每个树种的株数，测量胸径、树高以及目测每个树种的郁闭度。将数据记录到表5-5中。

表5-5　植物群落乔木层调查表

样方编号：　　　　　　　　　　　样方面积：　　　　　　　　　　总郁闭度：

序号	种名	株数	胸径/cm	高度/m	郁闭度/%
1					
2					
3					
4					
5					
6					
7					
…					

（2）灌木层数据调查：在 5 m×5 m 样方内识别灌木层中的物种数，目测每个灌木种类的盖度、平均高度以及多度。将数据填入表5-6中。

盖度测定：盖度指植物地上部分垂直投影的面积占样方总面积的比率。

多度测定：多度是指单位面积（样方）上某个种的全部个体数。

表5-6　植物群落灌木层调查表

样方编号：　　　　　　　　　　　　　　样方面积：　　　　　　　　　　　　　总盖度：

序号	种名	多度	盖度/%	平均高度/cm
1				
2				
3				
4				
5				
6				
7				
...				

（3）草本层数据调查：在1 m×1 m样方内识别草本层中的物种数，目测每个种类的盖度、平均高度以及多度。将数据填入表5-7中。

表5-7　植物群落草本层调查表

样方编号：　　　　　　　　　　　　　　样方面积：　　　　　　　　　　　　　总盖度：

序号	种名	多度	盖度/%	平均高度/cm
1				
2				
3				
4				
5				
6				
7				
...				

（四）物种多样性指数的计算

1. 辛普森多样性指数

$$D = 1 - \sum_{i=1}^{S} P_i^2 = 1 - \sum_{i=1}^{S} (N_i/N)^2$$

式中：S为物种数目；N_i为种i的个体数；N为群落中全部物种的个体数；D为辛普森多样性指数。

2. 香农-威纳指数

$$H = -\sum_{i=1}^{S} P_i \log_2 P_i$$

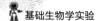

式中:S 为物种数目;P_i 为属于种 i 的个体在全部个体中的比例;H 为香农-威纳指数。公式中对数的底可取 2,e 和 10,但单位不同,分别为 nit,bit 和 dit。

注意:植物尤其是草本植物数目多,且禾本科植物多为丛生的,如在实际调查中存在计数困难,可采用每个物种的重要值来代替相关指标,作为多样性指数的计算依据。即式中 P_i 为种 i 的重要值。

针对乔木而言:重要值=(相对密度+相对频度+相对优势度)/3;

针对灌木、草本植物而言:重要值=(相对密度+相对频度+相对盖度)/3。

其中:相对频度=(该种的频度/所有种的频度总和)×100%;

相对优势度=(样方中该种个体胸面积和/样方中全部个体胸面积总和)×100%;

相对密度=(某种植物的密度/全部植物的总密度)×100%;

相对盖度=(某种植物的盖度/全部植物的总盖度)×100%。

六、实验记录和结果处理

(1)根据调查结果填写相应的调查表(表5-4至表5-7)。

(2)根据植物群落调查表的调查数据计算物种多样性指数,进行小组讨论,分析植物群落的物种多样性、组成、结构和特征。

七、注意事项

(1)进行植物多样性调查时,注意不能破坏植被,严格按照调查标准分工有序进行。

(2)进行调查时务必注意自身和他人的安全。

八、思考题

(1)分析所调查群落的组成、结构、多样性等与当地气候、环境条件的关系。

(2)通过对植物群落物种多样性的调查和分析,谈谈你对生物多样性保护的看法。

九、参考文献

[1]吴相钰,陈守良,葛明德.陈阅增普通生物学[M].4版.北京:高等教育出版社,2014.

[2]牛翠娟,娄安如,孙儒泳,等.基础生态学[M].3版.北京:高等教育出版社,2015.

[3]娄安如,牛翠娟.基础生态学实验指导[M].北京:高等教育出版社,2005.

十、推荐阅读

[1]刘夙.植物名字的故事[M].北京:人民邮电出版社,2013.

十一、知识拓展

《中国的生物多样性保护》白皮书

《中国的生物多样性保护》是中华人民共和国国务院新闻办公室发布的白皮书,首次发布于2021年10月8日。该书以习近平生态文明思想为指导,介绍了中国生物多样性保护的政策理念、重要举措和进展成效,介绍了中国践行多边主义、深化全球生物多样性合作的倡议行动和世界贡献。

白皮书指出,中国幅员辽阔,陆海兼备,地貌和气候复杂多样,孕育了丰富而又独特的生态系统、物种和遗传多样性,是世界上生物多样性最丰富的国家之一。作为最早签署和批准《生物多样性公约》的缔约方之一,中国一贯高度重视生物多样性保护,不断推进生物多样性保护与时俱进、创新发展,取得显著成效,走出了一条中国特色生物多样性保护之路。

白皮书称,中国坚持在发展中保护、在保护中发展,提出并实施国家公园体制建设和生态保护红线划定等重要举措,不断强化就地与迁地保护,加强生物安全管理,持续改善生态环境质量,协同推进生物多样性保护与绿色发展,生物多样性保护取得显著成效。

白皮书指出,中国将生物多样性保护上升为国家战略,把生物多样性保护纳入各地区、各领域中长期规划,完善政策法规体系,加强技术保障和人才队伍建设,加大执法监督力度,引导公众自觉参与生物多样性保护,不断提升生物多样性治理能力。

白皮书指出,面对生物多样性丧失的全球性挑战,各国是同舟共济的命运共同体。中国坚定践行多边主义,积极开展生物多样性保护国际合作,广泛协商、凝聚共识,为推进全球生物多样性保护贡献中国智慧,与国际社会共同构建人与自然生命共同体。

白皮书表示,中国将始终做万物和谐美丽家园的维护者、建设者和贡献者,与国际社会携手并进、共同努力,开启更加公正合理、各尽所能的全球生物多样性治理新进程,实现人与自然和谐共生美好愿景,推动构建人类命运共同体,共同建设更加美好的世界。

实验三　校园动物的调查分类和食物链分析

在生态系统中,动物的种类和数量不计其数,动物在我们生活中随处可见,它们与我们朝夕相处、息息相关,为我们的生活增光添彩。你注意过身边的动物吗?你能说出它们的名称吗?我们知道,生态系统包括由生产者、消费者和分解者组成的生物部分和由阳光、空气、水等组成的非生物部分,它们之间联系紧密。"螳螂捕蝉,黄雀在后","大鱼吃小鱼,小鱼吃虾米",这些谚语都生动地反映了不同生物之间吃与被吃的关系,这也就引出了食物链的概念。为了更好地认识和了解校园的动物,让我们一起做一次调查,对它们进行食物链分析吧。

一、实验目的

(1)通过调查,认识校园、公园、农田或周边其他环境中的动物及其生活环境,以及调查范围内存在的食物链。

(2)小组合作、分享汇报,尝试对所看到的动物进行归类,能初步认识动物的多样性,以及动物与动物、动物与植物、动物与环境的关系,认识人与自然的关系,养成热爱自然的情感。

(3)基于证据调查与逻辑分析,学会运用分析与综合、归纳与演绎的科学思维方法。

二、预习要点

(1)动物的分类与调查方法。
(2)食物链的组成。

三、实验原理

科学探究离不开科学的方法。调查是科学探究常用的方法之一。调查是指为了达到设想的目的,制订某一计划全面或比较全面地搜集研究对象的某一方面情况的各种材料,并作出分析、综合,得到某一结论的研究方法。我国的森林资源每五年清查一次,这就是调查。人口普查也是调查。调查时首先要明确调查目的和调查对象,并制订合理的调查方案。有时因为调查的范围很大,不可能逐一调查,就要选取一部分调查对象作为样本。调查中要及时、如实地记录数据,对调查的结果要进行整理和分析,有时还要用数学方法进行统计。调查中,小组的明确分工也非常重要。

生态系统中的生物种类繁多,并且在生态系统中分别扮演着不同的角色,根据它们在能量和物质运动中所起的作用,可以归纳为生产者、消费者和分解者三类。

生产者主要是绿色植物,能用无机物制造营养物质,这种功能就是光合作用。生产者也包括一些化能细菌(如硝化细菌),它们同样能够以无机物合成有机物。生产者在生态系统中的作用是进行初级生产(或称为第一性生产),因此它们就是初级生产者或第一性生产者,其产生的生物量称为初级生产量或第一性生产量。生产者的活动是从环境中得到二氧化碳和水,在太阳光能或化学能的作用下合成碳水化合物(以葡萄糖为主)。因此太阳辐射能只有通过生产者,才能不断地输入生态系统中转化为化学能即生物能,成为消费者和分解者生命活动中唯一的能源。

消费者属于异养生物,指那些以其他生物或有机物为食的动物。根据食性不同,可以区分为食草动物和食肉动物两大类。食草动物称为第一级消费者,它们吞食植物而得到自己需要的食物和能量,这一类动物如一些昆虫、象。食草动物又可被食肉动物所捕食,这些食肉动物称为第二级消费者,如瓢虫以蚜虫为食,黄鼠狼吃鼠类等,这样,瓢虫和黄鼠狼等又可称为第一级食肉者。又有一些捕食小型食肉动物的大型食肉动物如狐狸、狼、蛇等,称为第三级消费者或第二级食肉者。还有以第二级食肉动物为食物的如狮、虎、豹、鹰、鹫等猛兽猛禽,就是第四级消费者或第三级食肉者。此外,寄生生物是特殊的消费者,根据食性可看作是食草动物或食肉动物。但某些寄生植物如桑寄生、槲寄生等,由于能自己制造有机物,所以属于生产者。杂食类消费者是介于食草动物和食肉动物之间的类型,既吃植物,又吃动物,如鲤鱼、熊等。人也属于杂食类。这些不同等级的消费者从不同的生物中得到食物,就形成"营养级"。

由于动物不只是从一个营养级的生物中得到食物,如第三级食肉者不仅捕食第二级食肉者,同样也捕食第一级食肉者和食草者,所以它属于几个营养级。人类是最高级的消费者,不仅是各级的食肉者,而且又以植物作为食物。所以,各个营养级之间的界限是不明显的。

实际在自然界中,每种动物并不是只吃一种食物,因此形成一个复杂的食物网。

分解者也是异养生物,主要是各种细菌和真菌,也包括某些原生动物及腐食性动物如食枯木的甲虫、白蚁,以及蚯蚓和一些软体动物等。它们把复杂的动植物残体分解为简单的化合物,最后分解成无机物归还到环境中去,被生产者再利用。分解者在物质循环和能量流动中具有重要的意义,因为大约有90%的陆地初级生产量都必须经过分解者的作用而归还给大地,再经过传递作用输送给绿色植物进行光合作用。所以分解者又可称为还原者。

生态系统中贮存于有机物中的化学能在生态系统中层层传导,通俗地讲,一系列吃与被吃的关系,把这种生物与那种生物紧密地联系起来,这种生物之间以食物营养关系彼此联系起来的序列,就像一条链子一样,一环扣一环,在生态学上被称为食物链。简言之,在生态系统内,各种生物之间由于食物而形成的一种联系,叫作食物链。食物链亦称"营养链"。这种摄食关系,实际上是太阳能从一种生物转到另一种生物的关系,也即物质能量通过食物链的方式流动和转换。一条食物链一般包括3—5个环节:一种植物,一种以植物为食料的动物和一种或更多的肉食动物。食物链的起始环节是生产者,例如,兔吃草,狐吃兔,草→兔→狐,这条食物链中的起始环节是草,为生产者。食物链中不同环节的生物数量相对恒定,以保持自然平衡。

四、实验器材

笔、望远镜、放大镜、软尺、手机或照相机等。

五、实验步骤

(1)选择调查范围 选择校园或校园中的某片区域作为调查范围,对动物种类及其生活环境进行调查,确定调查对象。

(2)分组 6—8人为一个调查小组,确定一人为组长。组长负责组内分工,由1—2人进行测量和记数,1—2人拍照,1—2人用纸笔记录,1—2人负责小组汇报整理等。

(3)设计调查路线 选择一条动物种类较多、环境有较多变化的路线。如果校园内动物集中在某一区域,可以忽略此步。

(4)调查 沿着事先设计好的路线,分小组进行调查,注意边调查边将观察到的各种动物及其生活环境中的植物和其他生物的名称、数量以及生活环境的特点——记录在事先设计好的调查表中。要特别注意树皮、草丛和枯枝落叶等处,那里常有容易被忽略的小动物,另外,也要注意空中偶尔飞过的鸟和昆虫。

(5)归类 将全组调查到的动物按照某种共同的特征进行归类。归类的项目和方法可由全组同学讨论决定,并说明归类的理由。

(6)整理 将归好类的动物的资料进行整理,写在记录本上。

(7)汇报 整理好资料后,选取小组代表在全班进行结果汇报。

六、实验记录和结果处理

在调查表(表5-8)上记录所观察到的动物的名称、数量及生活环境,描述特征并对其进行分类,分析调查对象中存在的食物链。

表5-8 动物调查表

调查小组：		班级：	
调查时间：		天气情况：	
调查地点：			
动物名称	特征描述	数量	生活环境

结果与分析：

(1)全组一共调查到几种动物？它们的生活环境有哪些特点？

(2)全班一共调查到几种动物？调查到的动物按等级划分可如何分类？按照其他依据进行归类,可如何分类？

(3)全组调查的结果中,可以写出几条食物链？请对存在的食物链进行分析。

七、注意事项

(1)调查是一项科学工作。对你所看到的动物,不管你是否喜欢它,都要认真观察,如实记录。不能仅凭个人好恶取舍。

(2)不要损伤植物和伤害动物,不要破坏动物的生活环境。

(3)注意安全。全组同学要集体行动,不要一个人走到偏僻的地方;不要攀爬高处;不要下水;防止被动物咬伤;等等。

八、思考题

(1)对动物进行分类有什么意义？

(2)调查工具中尺子有什么作用？

(3)如果调查动物的数量过多应该如何记录？

(4)调查汇报可以分为哪些项目？

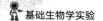

九、参考文献

［1］人民教育出版社,课程教材研究所,生物课程教材研究开发中心.义务教育教科书教师教学用书·生物学:七年级(上册)[M].北京:人民教育出版社,2023.

十、推荐阅读

［1］蒋志刚.西南喀斯特地区重要野生动物调查与研究[M].北京:中国环境出版社,2013.

［2］李奇龙."太和镇外来入侵植物调查"活动设计[J].中学生物学,2022,38(7):42-43.

实验四　土壤微生物的分离培养

我们周围环境中生活着大量的微生物,它们个体微小,体长一般以微米或纳米为单位,通常1 g土壤中就会有10^6—10^9个微生物。土壤微生物种类繁多,包括细菌、病毒、原生生物和一些真菌。它们在土壤中进行氧化、硝化、氨化、固氮、硫化等过程,促进土壤有机质的分解和养分的转化,其种类和数量随成土环境及其土层深度的不同而变化。土壤微生物一般以细菌数量最多,常见的细菌有固氮菌、硝化细菌、反硝化细菌和腐生细菌等。

从土壤中分离、培养与鉴定细菌、霉菌、放线菌等微生物的探究实验,可使我们获得从土壤中分离、筛选和鉴定出功能微生物的感性认识,掌握基础的微生物学分类知识,同时培养我们保护、利用土壤微生物资源的意识。

一、实验目的

(1)掌握从土壤中分离、培养与鉴定微生物的方法。
(2)分析土壤中微生物的种类组成和数量。
(3)掌握综合比较分析的科学方法。

二、预习要点

(1)微生物的分类及各自的形态结构特点。
(2)常用的分离、纯化和培养微生物的方法。

三、实验原理

自然环境中的微生物种类众多,总是杂居在一起,即使一粒土或一滴水中也生存着多种微生物。微生物对于人类生活具有重要的作用,我们可以利用其超强的分解能力降解环境中的污染物,也可以分离出一些产抗生素的微生物用于医药生产。为更好地应用某种微生物,往往要对其进行分离纯化。经过富集、驯化培养的微生物可以更加高效地完成特定的目标。

不同微生物营养类型不同,对营养物质的要求也各不相同。针对需要培养的微生物,我们需要配制不同种类的培养基。另外,不同微生物的培养条件、生长速度也都存在明显差异。因此,根据目标微生物特定的营养和培养条件要求,设计适宜的选择培养基,设定适当的培养条件,是快速高效获得目标菌的关键步骤。

一般而言,细菌对氮源和无机盐要求较高。因此,分离、培养细菌通常使用牛肉膏蛋白胨培养基(表5-9)。放线菌和霉菌对碳源(糖)要求较高。放线菌更偏好多糖(淀粉),其培养常采用高氏1号培养基(表5-10),而霉菌更偏好二糖(蔗糖),因此常用察氏(Czapek)培养基进行培养(表5-11)。另外,霉菌适宜在酸性条件下培养,放线菌耐重铬酸钾的毒性,但乳酸和重铬酸钾在高温下并不稳定。因此,我们将培养基高压蒸汽灭菌后,可以在察氏培养基中添加0.3%乳酸、高氏1号培养基中添加3%重铬酸钾作为筛选的条件。

表5-9 牛肉膏蛋白胨(固体)培养基

牛肉膏/g	蛋白胨/g	NaCl/g	琼脂/g	水/mL	pH
5	10	5	20	1 000	7.2—7.4

表5-10 高氏1号(固体)培养基

可溶性淀粉/g	硝酸钾/g	氯化钠/g	磷酸氢二钾/g	硫酸镁/g	硫酸亚铁/g	琼脂/g	水/mL	pH
20	1	0.5	0.5	0.5	0.01	20	1 000	7.2—7.4

表5-11 察氏(固体)培养基

硝酸钠/g	磷酸氢二钾/g	氯化钾/g	硫酸镁/g	硫酸亚铁/g	蔗糖/g	琼脂/g	水/mL	pH
3	1	0.5	0.5	0.01	30	15	1 000	5.4—5.6

在固体平板培养基上对微生物进行涂布平板法接种之前,往往要对土壤浸出液、废水等含有微生物的样本进行适当比例的稀释,才可培养出独立生长的菌落。一般筛选细菌常用10^{-5}的稀释液进行培养,放线菌常选用10^{-4}的稀释液,霉菌则选用10^{-3}的稀释液。

对于不同种类的微生物,培养温度、培养时间也都存在明显差别。细菌适宜生长的温度是30—37 ℃,一般培养1—2 d就能观察到明显菌落;放线菌适于在25—28 ℃下培养,5—7 d可看到菌落;霉菌同样适于在25—28 ℃下培养,一般3—4 d可观察到菌落。

统计菌落数目一般使用计数法,计数法可分为直接计数法和间接计数法。直接计数法常用的是显微镜直接计数。间接计数法常用的是稀释涂布平板计数法。当样品的稀释度足够高时,固体培养基表面生长的一个菌落,来源于样品稀释液中的一个活菌。一般对土壤浸出液采取逐级稀释的办法(图5-1),选用合适浓度的稀释液进行平板涂布,统计生长出的菌落数,就可以计算出土壤中的菌数。

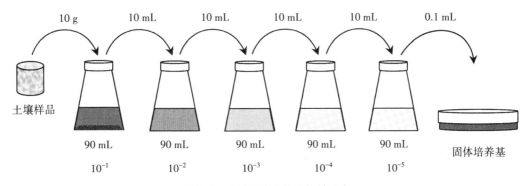

| 10 g | 10 mL | 10 mL | 10 mL | 10 mL | 0.1 mL |

图5-1 土壤浸出液的逐级稀释法

菌落一般是由单个微生物细胞在适宜固体培养基表面或内部生长形成。不同种微生物在不同的培养条件下,菌落特征是不同的。通过这些特征我们可以对菌种进行识别、鉴定。这些菌落特征包括菌落的大小、形状、边缘、光泽、质地、颜色和透明程度等。

霉菌的菌落较大、疏松、干燥、不透明,呈绒毛状或网状。因为不同的霉菌孢子含有不同色素,所以菌落可呈红、黄、绿、青、灰等颜色,菌落正反面颜色有明显差异,一般有霉味。细菌的菌落呈凝胶状,表面较光滑、湿润、透明、黏稠,与培养基结合不紧密,易挑取,菌落正反面颜色一致,一般有臭味和酸味。放线菌的菌落干燥、不透明,呈放线状,生长后期产生孢子,表面呈粉状,不易挑取,菌落正反面颜色有明显差异,带有泥腥味(图5-2)。

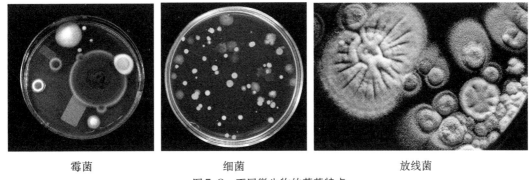

霉菌　　　　　　　　　细菌　　　　　　　　　放线菌
图5-2 不同微生物的菌落特点

经过特异性染料染色后,微生物细胞在显微镜下也会表现出独特的个体形态。霉菌(乳酸石炭酸棉蓝染液染色):菌丝体呈乱粗枝状,整个菌丝由多细胞构成,可能是无隔断多核细胞,也可能是有隔断的单核细胞。细菌(石炭酸复红染色液染色):呈圆球状或小杆状等,无菌丝体和细胞核,菌体较小,需要在油镜下观察。放线菌(美蓝染液染色):具有分枝的菌丝体呈乱线团状,不隔断为单细胞,菌丝内没有完整的核。

四、实验器材

无菌的吸管、三角瓶、玻璃棒、涂棒、接种环、镊子、枪头、微量移液器、载玻片、盖玻片、

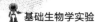

吸水纸、烧杯、量筒等。牛肉膏蛋白胨固体平板培养基、高氏1号固体平板培养基、察氏固体平板培养基、乳酸石炭酸棉蓝染液、石炭酸复红染色液、美蓝染液、无菌蒸馏水等。普通光学显微镜、恒温培养箱等。

五、实验步骤

(一)土壤浸出液的制备和稀释

称取距离地表5—10 cm的潮湿土样10 g,放入盛有90 mL无菌水的三角瓶中,用玻璃棒充分搅动,使土样与水混合形成悬浊液,静置5 min。用无菌吸管吸取三角瓶中的上清液10 mL加入另外一个盛有90 mL无菌水的三角瓶中充分混匀,然后用无菌吸管从此三角瓶中吸取10 mL加入另一个盛有90 mL无菌水的三角瓶中,混合均匀。以此类推,配制成10^{-1}、10^{-2}、10^{-3}、10^{-4}、10^{-5}不同稀释度的土壤悬浮液。

(二)微生物的接种

在超净台中,点燃酒精灯,用微量移液器吸取稀释度分别为10^{-3}、10^{-4}、10^{-5}的土壤悬浮液0.1 mL,分别接种到察氏培养基、高氏1号培养基、牛肉膏蛋白胨培养基上,用无菌涂棒涂布均匀,做好标记,室温下静置5—10 min,使液体吸收进培养基。每种培养基接种3个,以实现3次生物学重复。

(三)微生物的培养

微生物培养需要不同的温度、时间,一般细菌在30—37 ℃下恒温培养1—2 d,放线菌在25—28 ℃下培养5—7 d,霉菌需要在25—28 ℃下培养3—4 d。将完成接种的培养皿倒置放入相应温度的恒温培养箱中进行培养。

(四)微生物的观察分类

将接种有土壤悬浊液的培养皿培养到能观察到明显菌落时,对菌落形态特征进行观察分析,鉴定微生物类别。用接种针挑取少量菌落,根据预判的微生物种类,霉菌类用乳酸石炭酸棉蓝染液染色,细菌类用石炭酸复红染液染色,放线菌用美蓝染液进行染色,在显微镜下观察微生物细节特点,进一步确认菌落的微生物类别。

对菌落进行计数,按照下面的公式计算出土壤样品中的菌数:

每克样品中的菌数$= R \times C \times M$

其中R:稀释液体积和接种溶液量的比例;C:平板上生长的平均菌落数;M:稀释倍数。

实验思考:如何从环境中分离目标微生物?

课堂练习:练习对土壤中微生物进行分类。

六、实验记录和结果处理

(1)根据观察到的微生物菌落特征,鉴定微生物类别。

(2)对土壤中可培养的细菌、霉菌和放线菌进行统计、计数(表5-12)。

表5-12 对土壤微生物的观察和分类

菌种编号	特征描述	微生物类别	稀释倍数	平均菌落数/个	土壤中菌数/(个/g)
1					
2					
3					
4					
5					
6					

七、注意事项

(1)不同的微生物需要采用不同的培养基、培养条件。

(2)微生物培养、统计完成后需要进行灭菌处理再丢弃。

八、思考题

(1)影响土壤微生物生长的环境因素有哪些?

(2)查阅资料并总结我们周围环境中哪些微生物是具有致病性的。

(3)如何筛选获得具有抗菌活性的真菌菌株?

九、参考文献

[1]武凤霞,张淑彬,应梦真,等.不同培养基浓度对土壤耐低温微生物分离效果的影响[J].山东农业大学学报(自然科学版),2019,50(2):315-318.

[2]袁志辉,王健,杨文蛟,等.土壤微生物分离新技术的研究进展[J].土壤学报,2014,51(6):1183-1191.

[3]魏超,杨定清,吴健英,等.重金属污染土壤微生物的分离与研究[J].山西农业科学,2018,46(10):1691-1694.

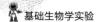

十、推荐阅读

[1] 林建国.土壤环境微生物群落特性分析[M].北京:化学工业出版社,2020.

十一、知识拓展

土壤中的微生物组成

土壤微生物是农田土壤生态系统的重要组成部分,也是土壤环境质量评价的一个主要指标。在土壤生态系统中,土壤微生物参与系统的物质和能量循环,微生物在土壤中的数量、分布与活动情况反映了土壤肥力的高低,对植物生长发育起着重要的作用。

有科学研究者对华北地区的土壤微生物进行了统计研究,结果表明:土壤中微生物总量为 134.5×10^4 个/g,其中细菌类最多,为 125.0×10^4 个/g,放线菌类次之,为 92.4×10^3 个/g,真菌类最少,为 30.5×10^2 个/g。不同类型的土地中土壤微生物数量不同,其中日光温室的土壤中最多,为 173.3×10^4 个/g,粮田次之,为 139.6×10^4 个/g,露地菜田最少,为 107.7×10^4 个/g。

土壤细菌群落,主要由放线菌门(Actinobacteria)、拟杆菌门(Bacteroidetes)和变形菌门(Proteobacteria)构成。其中,放线菌是土壤中广泛分布的微生物之一,如红色杆菌属(*Rubrobacter*)、节细菌属(*Arthrobacter*)、热多孢菌属(*Thermopolyspora*)和链霉菌属(*Streptomyces*)等。数量极少的弗兰克氏菌属(*Frankia*)是土壤肥力的重要贡献者,因此,其作为先锋物种出现在贫瘠的土壤中,对于改善当地的环境显得尤为重要。放线菌之所以能够广泛分布,是因为自身具有发达的产孢能力、广泛的代谢能力、合成次级代谢物的竞争优势和多种紫外线修复机制。

拟杆菌门在土壤中也是广泛分布的类群之一,拟杆菌往往在高 pH 下生长最佳。变形菌门分布在全球各地,也是土壤细菌群落的重要成员,其中苍白杆菌属(*Ochrobactrum*)最为普遍。厚壁菌门在干旱区土壤中很常见。厚壁菌门主要是梭状芽孢杆菌纲(Clostridia),占所有样本细菌群落的30%以上。某些厚壁菌门可以形成内生孢子,有利于在干旱条件下生存。

蓝藻在各种土壤群落中都有发现。在养分贫瘠的干旱区环境中,蓝藻更是扮演着一个十分重要的角色。比如,现有的研究已经证实蓝藻参与了关键的生物地球化学循环过程,具有忍耐恶劣环境的特性。另外,蓝藻还可以提升土壤稳定性、保水性和肥力。

土壤真菌主要包括担子菌门(Basidiomycota)和子囊菌门(Ascomycota),二者都具有很高的物种多样性。真菌在生态系统中具有重要的生态意义。

实验五　食用菌的培养

真核生物出现后,逐渐分化形成动物、植物和真菌三大进化分支。真菌属于具有细胞核但无叶绿体的真核生物,无根、茎、叶的分化,其主要通过无性方式和有性方式产生孢子进行繁殖,因此我们将其归属到微生物类别。

食用菌是指具有大型子实体、可供食用的真菌类,通称为蘑菇。在真菌中能形成大型子实体的有6 000多种,其中可以食用的约600种。我国现在已知的食用菌有400种左右。食用菌根据营养类型可分为木生菌和草生菌。木生菌生活在枯枝朽木上,常见的有平菇、金针菇、香菇、猴头菇、木耳、银耳、灰树花、灵芝等,其人工栽培多采用熟料袋栽方式。草生菌生活在腐烂粪草中,常见的有双孢菇、草菇、鸡腿菇、口蘑、姬松茸等,其人工栽培多采用发酵料覆土出菇的模式。另外有一些野生菌属于外生菌根菌,这类食用菌必须和特定树木的根系形成共生关系才能出菇。脱离这个环境,菌丝可以生长但不能出菇,如块菌、松茸等。这些野生菌的人工栽培多采用半人工栽培,如法国黑孢块菌和云南中华块菌。

食用菌作为菌类食品,不仅营养丰富、风味独特,而且含有多种活性物质,有非常重要的保健功效。据测定,干品食用菌中蛋白质含量高达19%—35%,菌类蛋白质的氨基酸种类更加齐全,含有8种人体必需氨基酸,富含赖氨酸和亮氨酸。食用菌所含的脂类物质主要包括脂肪酸、植物甾醇和磷脂等。脂肪总量很低,为低热量食物。不饱和脂肪酸的含量远高于饱和脂肪酸,并且以亚油酸为主,而亚油酸是人体必需的一种脂肪酸。

碳水化合物是食用菌中含量最高的组分,一般占干重的60%左右,其中海藻糖(菌糖)和糖醇等糖类含量为2%—10%。食用菌还富含多种活性物质,如多糖类、三萜类、核苷类、多肽氨基酸类等。食用菌多糖具有提高人体免疫力、抗肿瘤、抗氧化等保健功效。萜类物质如灵芝中的灵芝酸,有较强的药理活性,具有降脂、护肝、抗氧化、抗菌消炎、抗病毒、抑制肿瘤细胞和止痛镇静等功效。核苷类物质包括环腺苷酸、环鸟苷酸、环胞苷酸、腺苷衍生物等,具有降低血液黏度、抑制血小板聚集、加速血液循环、抗病毒和解毒等作用。

一、实验目的

(1)掌握食用菌接种、出菇的栽培方法。

(2)了解食用菌栽培的关键技术细节。

(3)形成综合分析解决问题、完成复杂科研任务的能力。

二、预习要点

(1)食用菌栽培的技术流程。

(2)食用菌栽培避免污染的操作规范。

三、实验原理

食用菌的大型子实体是通常说的蘑菇可食用部分,是大型真菌的产孢组织,由菌丝体交织而成,包括担子果和子囊果。由菌盖、菌柄、菌褶、菌环、菌托等组织组成。菌褶是菌盖下面呈刀片状的产生担孢子的组织。担孢子是真菌的重要繁殖体。

(一)食用菌的生活史

食用菌的生活史大致包括子实体菌褶产生担孢子、担孢子萌发为单核菌丝、单核菌丝杂交形成双核菌丝、双核菌丝产生子实体的过程,从而完成一个生命周期。具体过程是担孢子萌发后,形成无隔的多核初生菌丝体。在适宜条件下,细胞核之间的隔膜很快形成,形成单核菌丝体,也称初生菌丝体。初生菌丝体发育到一定阶段后,两个单核细胞菌丝体迅速结合,细胞原生质融合在一起,细胞核不匹配,因此菌丝体中的每个细胞都有两个细胞核,称为双核菌丝体,即次生菌丝体。次生菌丝体分枝多、生长快,一般在菌丝进行细胞分裂生长的过程中会形成明显的锁状联合,这也是双核菌丝体的判断依据。当双核菌丝体发育到一定阶段,条件适宜时,菌丝体扭曲成团,形成原基(菌蕾),然后发育成子实体(担子果)。此时双核菌丝体具有一定的排列和结构,被称为第三菌丝体。子实体成熟时,菌褶部位会进行减数分裂,发育形成下一代担孢子。

(二)食用菌的菌种

菌种是食用菌生产的"种子",是生长在培养基质中的双核菌丝体。菌种分为母种(一级种)、原种(二级种)和栽培种(三级种)三级。食用菌生产上所用菌种的菌丝体均为双核菌丝,多数单核菌丝没有形成子实体的能力。

母种一般是在PDA培养基(马铃薯培养基,含有土豆、葡萄糖)上培养的纯度高、生活力旺盛的优质菌丝。母种一般在0—5 ℃保存,每隔一定时间(2—3月)转繁一次。母种扩繁不能长期用PDA培养基,否则容易发生退化,降解栽培料中木质素、纤维素的能力减弱。因此一般培养一年左右,就要把菌种转接到木屑培养基上复壮。

原种是将母种转接到装有栽培料的菌种瓶或菌料袋中进行扩大培养的菌种(二级种)。原种进一步扩大培养即成栽培种(三级种)。平菇、香菇等木生菌常用原种、栽培种栽培料的配方为:木屑79%、麸皮20%、石膏1%,含水量60%左右,pH5.5—6.5。

在进行菌丝接种前,要把接种室打扫干净,喷2%来苏尔或新洁尔灭净化空气,再把已灭菌的菌种瓶等用具全部搬进去,然后按常规要求对接种室(箱)进行严格消毒。接种须严格按照无菌操作进行。具体操作方法是:用酒精灯火焰烧一下接种钩,迅速插入母种试管内贴壁冷却,将菌种分成3—4段,接入原种瓶的接种穴内,封闭瓶口完成接种。

菌种培养室要求保持空气干燥、清洁、避强光,留有能启闭的通风口,空气流通无死角。接种后的原种、栽培种瓶或料袋搬入培养室,保持温度22—25 ℃、空气湿度60%—70%,一般20—30 d菌丝即可长满瓶或袋。

四、实验器材

平菇栽培种菌种、棉籽壳、草木灰、聚乙烯塑料袋、过磷酸钙、生石灰等。镊子、pH试纸、电子天平等。

五、实验步骤

(一)平菇栽培料的配制和接种

平菇栽培料一般采用棉籽壳95%、过磷酸钙1%、草木灰2%、生石灰2%。每个长49 cm、宽22 cm的聚乙烯塑料袋可装干料2 kg左右。按照需要的栽培料总量计算出各种成分的用量,分别称取后混匀,加1.3—1.5倍重量的水拌料,调至含水量60%—65%左右,同时用生石灰水将栽培料的pH调至7.5—8.0。

栽培平菇常采用边装料、边播种的方式,接种量10%—15%,多采用三层栽培料、四层菌种的方式接种。

(二)平菇的发菌培养

接完种后的菌袋(图5-3)转入无菌、洁净的发菌室,保持室温22—25 ℃,空气相对湿度控制在60%—70%。菌丝生长期间,要保持发菌室内黑暗,可有微弱的散射光照,要注意适当通风换气、保持湿度、防止杂菌污染。一般20—30 d菌丝即可满袋。

采用菌袋两端扎口封闭式发菌方式,在发菌早期袋内含氧量可以满足菌丝生长需要,随着菌丝生长量增大,袋内含氧量不足,就会影响菌丝正常生长。因此,在接种10—15 d后,菌袋两端菌丝长进料内2—3 cm时,可在菌丝生长线的后部1—2 cm处用大头针围绕菌袋等距离刺孔8—10个,或将袋两头扎紧的绳稍加松开,让新鲜空气进入袋内,以通气补氧,促进菌丝健壮生长。

图5-3　完成接种的菌袋

（三）平菇的出菇管理

将发菌满袋的料袋打开,进行后续的出菇管理。出菇管理的一般措施:加大昼夜温差刺激,增加菇棚空气相对湿度至85%—95%,加强通风换气管理,增加散射光线刺激,促使子实体原基形成。

平菇出菇首先是纽结期,料袋上出现白色突起,此时不能往料面喷水。随后是桑葚期(菌蕾期),在纽结上形成小米粒大小突起,此时料面也不能喷水,要加强通风换气。然后的珊瑚期菇蕾布满料面,出现菌盖分化,此时料面可以喷雾状水,幼菇最怕风吹失水。伸长期子实体具清晰的菌柄、菌盖,每天向料面喷雾状水3—4次,促使子实体敦实肥厚。成熟期菌柄停止生长,菌盖加速生长、展开、中间下凹、边缘平展,呈浅灰色,此时即可采收(图5-4)。

图5-4　平菇的出菇阶段

实验思考: 如何对自然界野生食用菌进行驯化培养?

课堂练习: 掌握食用菌的发菌、出菇管理技巧。

六、注意事项

(1)在栽培料制备、装袋、菌种接种过程中尽量保证洁净无菌。

(2)平菇发菌期间既要保证足够的氧气,又要保证湿度,因此要注意处理好湿度保持和通风的矛盾。培养室适度通风,保持空气流动即可。

七、思考题

(1)影响平菇出菇的关键因素有哪些?

(2)为什么加大昼夜温差刺激会促进平菇出菇?

(3)查阅相关资料,了解香菇的培养技术细节。

八、参考文献

[1]朱坤,任帅,刘文静,等.平菇冬季出菇管理技术要点[J].食用菌,2022,44(2):33-34.

[2]王国梁,王在勤,庄夕江,等.平菇越夏高产高效栽培模式[J].西北园艺,2022(3):29-31.

[3]张云野,姜明,孙传博,等.食用菌保健功效综述[J].上海农业科技,2016(1):19-21.

九、推荐阅读

[1]王立安.食用菌栽培常见问题解答[M].石家庄:河北科学技术出版社,2012.

[2]边银丙.食用菌栽培学[M].3版.北京:高等教育出版社,2017.

十、知识拓展

食用菌生长发育的影响因素

食用菌的生长发育对环境有特殊的要求,在食用菌栽培过程中发菌、出菇管理尤为重要。促进食用菌生长的因素包括:通气好,适宜的温度和湿度,适宜的酸碱度,散射光照。

(1)通气好 食用菌是异养生物,它要消耗氧气来分解栽培料中的有机质,以获取其生长所需的营养物质,同时分解有机物质时会释放大量的 CO_2。因此,食用菌栽培过程中的通风换气既可对氧气进行补充,又可排放代谢废物 CO_2。食用菌菌丝对 CO_2 的耐受能力较强,菌袋发菌阶段可以封闭培养,但出菇阶段 CO_2 浓度过高会影响子实体的发育,造成畸形菇。

(2)适宜的温度和湿度 食用菌菌丝生长的最适温度一般为 25 ℃左右,出菇适宜温度一般比菌丝生长最适温度低。在食用菌栽培不同阶段,对湿度有不同的要求。栽培基料的含水量,一般为 55%—60%,即干料与水的比例为 1∶1.2—1∶1.5。在发菌和出菇阶段,主要测定空气的相对湿度,可利用干湿度计来测定。发菌期要求在 70% 左右;出菇期要求在 85%—95%,一般不能低于 65%,否则会影响到子实体形成,但高于 95%,容易导致病害的发生。

(3)适宜的酸碱度 多数食用菌菌丝喜欢偏酸环境。菌丝适宜的 pH 为 5.0—5.5,大于 7.0则菌丝生长缓慢,pH 8.0 以上则停止生长(草菇除外)。配制栽培料时一般要添加生石灰,主要是为了改善栽培料的 pH,使其偏碱性(pH 7.5—8.0),一方面为了防污染,另一方面是为了中和菌丝代谢过程中产生的有机酸。多数食用菌耐碱能力较强,在人工栽培过程中可以加生石灰,但有少数食用菌对碱敏感,如猴头菇、香菇、金针菇、黑木耳等,人工栽培时最好不加生石灰或少量添加。

(4)散射光照 食用菌发菌阶段一般不需要光照,保持黑暗或弱光条件有利于发菌。但大多数食用菌菌丝生理成熟,分化成子实体后,都需要散射光。光照强度可用光度计测量,单位为勒克斯。实践经验表明,对大多数食用菌来说,如在出菇的菇棚内可以看清报纸上的字,就说明光线基本合适。不同食用菌出菇期对光照强度的要求不一样,双孢菇、大肥菇可在完全黑暗的条件下生长,灵芝、香菇、滑菇、草菇在完全黑暗的条件下虽能形成子实体,但生长畸形,只长柄,不长盖,也不形成孢子。黑木耳可以说是最喜光的食用菌,越晒越黑。

实验六 芽苗菜的种植

芽苗菜是利用植物的种子或其他营养贮藏器官,在人工创造的适宜条件下直接培养出嫩芽、芽球、幼苗或幼茎等而供食用的蔬菜。芽苗菜具有生长速度快,生产周期短,营养价值高,洁净无污染,栽培环境易于控制,易于实现周年供应等特点,具有广阔的发展前景。

我国早在宋代即有食用绿豆芽、黄豆芽、豌豆芽和蚕豆芽4种芽苗菜的习惯,但长期以来芽苗菜一直未被单独列为一个菜类,直到1990年,芽苗菜才被列为独立菜类。芽苗菜的研究和利用改变了传统的生产方式和技术措施,缩短了生长周期,有利于充分挖掘和利用野生蔬菜等植物资源。

一、实验目的

(1)通过实验观察并了解以种子为材料,依靠种子本身贮藏营养生产芽苗菜的栽培技术,提高科学探究意识。

(2)掌握芽苗菜种植过程中的环境条件控制方法,能够对现象进行描述并归纳总结,树立求真务实的科学态度。

二、预习要点

(1)胚的结构及种子、幼苗的主要类型和结构特点。
(2)植物的生长和发育过程。

三、实验原理

凡是利用植物种子、根茎枝条等繁殖材料,在黑暗、弱光条件下(或遮光)直接培养出可食幼苗、球球、嫩芽、幼茎等的蔬菜,均可称为芽苗菜。芽苗菜根据其所利用的营养来源不同又分为籽芽菜与体芽菜两类:籽芽菜指利用种子贮藏的养分直接培育而成的幼嫩芽。如黄豆、绿豆、蚕豆、芥兰、豌豆、花生、萝卜、香椿、苜蓿芽苗等。多在子叶展开,真叶露心时采收最佳。体芽菜指以营养器官繁殖的二年生或多年生蔬菜,可利用其宿根、肉质直根、根茎或枝条中积累的养分,在适宜的环境下培育出芽球、嫩芽、幼茎或幼梢等。下面以籽芽菜为例进行实验。

四、实验器材

麻豌豆、青豌豆、白豌豆、甜荞麦、萝卜、小油葵等适于生产芽苗菜的种子。0.5%高锰酸钾溶液等消毒药品。塑料盆、育苗盘、吸水纸、无纺布、芽苗菜育苗架、喷水壶等。

五、实验步骤

(1)种子筛选:筛选种子,去除虫蛀、破残、畸形、霉烂、不成熟的种子和杂质。

(2)消毒、浸种:将经过初选的种子用0.5%高锰酸钾溶液浸泡30 min后用清水洗净,再用25—28 ℃温水浸种。不同种类的浸种时间不同,常见种类浸种时间详见表5-13。浸种完成后淘洗种子2—3次,捞出、沥干。注意浸种容器不可用铁器,不能有油渍。

用放大镜观察浸泡后的种子(以豌豆或蚕豆种子为例),观察种子的形态和结构。种子外包裹着种皮,种子的一侧有明显的种脐,种脐的一端有一个小孔即种孔。用手指挤压可从种孔挤出水来。然后将种皮去掉,可见胚充满种皮内的空间。胚由子叶、胚轴、胚芽和胚根组成,两片子叶肥厚,胚根很短,胚根的末端顶着珠孔,胚芽夹在两片子叶之间。

表5-13 不同芽苗菜种类浸种时间及收割高度

序号	芽苗菜种类	浸种时间/h	收割高度/cm
1	麻豌豆	8—12	12
2	青豌豆	8—12	10
3	白豌豆	8—12	12
4	黑眼豌豆	8—12	12
5	红萝卜	6—8	8
6	白萝卜	6—8	8
7	甜荞麦	8—12	12
8	小油葵	16—20	10
9	小白菜	4—6	5
10	鸡毛菜	4—6	5
11	小麦	8—12	10
12	蚕豆	20—24	20
13	苜蓿	4—6	5
14	松柳	8—12	12

（3）播种：选用下层密闭不透光，上层底部有网格的塑料育苗盘，清洗干净。将浸好的种子在网格盘内平摆一层，然后喷20 ℃左右的温水，在上面覆盖一层保湿物（吸水纸、无纺布、湿毛巾等），保持种子湿润吸水。

（4）催芽：将播种后的育苗盘放在恒温培养箱、光照培养室或温室内催芽，温度18—22 ℃。催芽期间必须保证种子充分吸水，一般每隔6—8 h喷1次20 ℃左右的清水。催芽期间应尽量保持黑暗或弱光。注意适当通风，防止种子腐烂。

可以观察记录从播种到种子膨大所需时间，从种子膨大到种皮裂开的时间，注意观察最先突破种皮的是什么结构。

（5）去掉盖纸：当苗高1—2 cm，根扎下网格盘时，去掉上面的盖纸，底盘加水够到网格，为种子根系供水，底盘的水夏季1天换1次，其他季节2—3天换1次。光照强度以3 000—6 000 lx为宜，不宜强光照射。温度白天不超过30 ℃，夜间不低于10 ℃。适时通风，以确保芽苗菜的生长环境趋于一致，这样生长整齐度较好。

注意观察不同时期的幼苗形态，图5-5和图5-6所示分别为豌豆芽苗菜和小麦芽苗菜。可以分小组种植不同种类的芽苗菜，比较不同植物幼苗的异同。

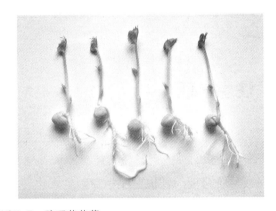

图5-5 豌豆芽苗菜

图5-6 小麦芽苗菜

（6）采收：大部分芽苗菜在高度达到10 cm左右时采收（不同作物的标准参照表5-13）。芽苗菜的营养质量（维生素C含量）随着采收期延迟而下降，纤维素含量随采收期延迟而增加。在一定范围内芽苗菜产量与质量呈相反变化趋势。白豌豆、麻豌豆等可以收割2次,在秆高3 cm左右处收割。

六、实验记录和结果处理

(1)观察记录芽苗菜的整个生长过程(表5-14),拍照记录并附照片。

表5-14　芽苗菜种植记录表

种类	形态	时间	采收量	照片

(2)分析芽苗菜种植培养过程中存在的问题。

七、注意事项

(1)芽苗菜种植过程中,要注意消毒,防止滋生霉菌。种植过程中所用的器具和种子均须清洗干净。清洗时须先用高锰酸钾消毒水或自来水清洗,然后再用温开水冲洗1—2次,防止器具或种子带菌。种植过程中喷洒的水也要求是较为干净的自来水,最好用温(冷)开水。

(2)种植过程中的温度应控制适当,温度过高易引起徒长,苗细弱,产量低,品质变劣,而温度过低,则生长缓慢,生长周期加长。

(3)控制光照,暗室生长过程要避免光照,否则可能因光照而出现纤维化严重、品质下降的问题。幼苗生长阶段光照也不能过强。

(4)在整个生长过程中要控制好水分的供应,如湿度过高,则可能出现腐烂,也不能水分过少,防止幼苗失水萎蔫。

八、思考题

(1)芽苗菜种植过程中应注意的关键技术问题有哪些?

(2)通过实验结果分析和查阅文献资料,分析比较不同种类芽苗菜的种植技术异同点。

九、参考文献

[1]高丽红,别之龙.无土栽培学[M].北京:中国农业大学出版社,2016.
[2]王幼芳,李宏庆,马炜梁.植物学实验指导[M].2版.北京:高等教育出版社,2014.

十、推荐阅读

[1]索尔·汉森.种子的胜利:谷物、坚果、果仁、豆类和核籽如何征服植物王国,塑造人类历史[M].杨婷婷,译.北京:中信出版社,2017.
[2]中国农业百科全书总编辑委员会蔬菜卷编辑委员会.中国农业百科全书:蔬菜卷[M].北京:农业出版社,1990.

十一、知识拓展

芽苗菜的营养价值及功效

随着生活水平的提高和饮食习惯的改变,绿色食品普遍受到人们的喜爱,人们已不仅仅满足于蔬菜的供应数量,而更关注蔬菜的外观、品质及食用安全性等质量指标。芽苗菜作为富含营养、优质、无污染的保健绿色食品而受到广大消费者青睐,已成为一类很有发展前途的新兴蔬菜。

多种谷类、豆类、树类的种子都可以培育出能食用的"芽菜",种子中丰富的营养在生长过程中进行着一系列的物质转化,使得其生长出的芽苗菜营养丰富,风味独特,并有特殊的保健功能。例如种子在水解酶的作用下,将贮藏的高分子物质转为可溶性的、人体易吸收的简单物质,因而芽苗菜不但色泽美观,而且食用口感脆嫩,易于消化吸收。芽苗菜还比原料(如种子)增加了营养成分,如黄豆发芽后使胡萝卜素增加2倍多,核黄素增加3倍多,维生素B_{12}增加10倍;种子中常含少量的维生素C,而芽苗菜中却含有大量的维生素C。芽苗菜在生产过程中,还能增加氨基酸和矿物质的含量,同时还有独特的微量元素。如香椿芽中含有与性激素相似的物质,枸杞芽中含芸香苷和肌苷等,这些都是人体正常生理活动所必需的。芽苗菜在发芽过程中还可以形成大量活性植物蛋白,有助于消化,易被人体吸收。有特殊保健功能的芽苗菜食用后消化水解产生的盐基可以中和体内多余的酸,达到酸碱平衡,经常食用芽苗菜感到精神饱满就是这个缘故。此外,芽苗菜中还含有丰富的膳食纤维,能帮助胃肠蠕动,防止便秘,经常食用可以降低血脂血糖,并有减肥效果。

实验七　家蚕生长发育和繁殖

　　家蚕由野桑蚕经人工驯化而来,是具有重要经济价值的鳞翅目昆虫。据考古资料记载,家蚕的驯化略晚于水稻,在距今约4 000年前驯化成功,经历的驯化时间约为3 000年。先秦孟子弟子录《寡人之于国也》中曾记载"五亩之宅,树之以桑,五十者可以衣帛矣"。我国的桑蚕养殖业有着悠久的历史,形成的丝绸文化不仅世界闻名,还创造了丝绸之路的世界神话,为我国创造了巨大的物质财富和精神财富。我国丝绸产品消费量高于国外市场,约占70%,是一个国际化丝绸贸易中枢[①]。

　　家蚕主要分布于温带、亚热带和热带地区,盛产于我国珠江三角洲、华东平原和四川盆地等地区。随着近年来社会的不断发展,桑蚕养殖的规模也在不断地扩大,已经从传统的南方扩大到全国范围内。桑蚕至今在人们的生活中依旧发挥着重要的作用,各种桑蚕丝制品丰富了人们的物质生活,同时先进的桑蚕养殖技术为人们带来巨大的经济效益,成为人们创富增收的重要来源。

　　蚕是一种鳞翅目昆虫的总称,大概有以下种类[②]:(1)桑蚕,又称家蚕,属鳞翅目蚕蛾科,以桑叶为食料;(2)柞蚕,隶属于鳞翅目大蚕蛾科,以柞树叶为食料;(3)蓖麻蚕,又称木薯蚕、马桑蚕,属鳞翅目大蚕蛾科,主要以蓖麻叶为食料;(4)天蚕,又称山蚕,属鳞翅目大蚕蛾科,以壳斗科栎属植物树叶为食料;(5)琥珀蚕,又称阿萨姆蚕或姆珈蚕,属鳞翅目大蚕蛾科,以楠木叶和樟树叶为食料;(6)樟蚕,又称天蚕、枫蚕、渔丝蚕,属鳞翅目大蚕蛾科,以樟树叶为食料;(7)栗蚕,属鳞翅目大蚕蛾科,以核桃叶、板栗叶为主食料;(8)樗蚕,属鳞翅目大蚕蛾科,主食樗树叶(臭椿),兼食乌桕、蓖麻、冬青、含笑、泡桐、梧桐、樟树叶等;(9)乌桕蚕,属鳞翅目大蚕蛾科;(10)柳蚕,属鳞翅目大蚕蛾科。

一、实验目的

　　(1)掌握家蚕的养殖方法和技术。

　　(2)掌握家蚕生长发育过程。

　　(3)掌握观察和测量等生命科学研究的基本方法。

　　(4)培养团队合作意识与能力,增强热爱自然和敬畏生命的思想观念。

---

① 程爱民,朱木富.桑蚕养殖技术推广现状与解决对策[J].农业开发与装备,2020(5):32.

② 许翀,储一宁.蚕的种类及其用途简介[J].云南农业科技,2009(3):34-36.

二、预习要点

(1)家蚕的生活史。
(2)家蚕养殖的技术流程。
(3)家蚕养殖的注意事项。

三、实验原理

(一)家蚕的生活史

家蚕的一生中经过卵、幼虫(蚕)、蛹以及成虫(蛾)4个形态和功能上完全不同的发育阶段。

家蚕生长发育到一定时期,必须蜕去旧皮,蜕皮时不吃不动叫眠,眠与眠之间称为龄,根据蚕的生理发育及外界环境条件的不同,1—3龄蚕称为小蚕,4—5龄蚕称为大蚕。家蚕在生长过程中从孵化到结茧,经过4次睡眠,5个龄期。一般1龄食桑3 d眠20 h左右,2龄食桑2.5 d眠22 h左右、3龄食桑3 d眠1 d左右、4龄食桑3—4 d眠2 d左右、5龄食桑7—9 d左右。蚕期的长短因品种、饲养季节而不同,一般春蚕26—28 d,秋蚕30 d左右上架采茧。

(1)卵期　家蚕以卵繁殖,受精卵产下后,在外界条件配合下大约经过3 h,细胞核开始分裂,逐渐形成胚,然后由胚发育成幼虫而孵化。卵分越年卵和不越年卵。越年卵的卵期长,受精卵产下后经7 d左右胚就停止发育,进入"滞育期",在自然条件下,必须经过寒冷的冬天,到第2年春暖时才能继续发育和孵化。不越年卵的卵期短,受精卵产下后经过10 d左右就能孵化出幼虫。

(2)幼虫期(蚕期)　家蚕刚孵化出来的幼虫形似蚂蚁,故称"蚁蚕",以后随着食桑而成长,体色逐渐变成白色。幼虫长到一定程度时,必须经过蜕皮、休眠。蜕皮就是蜕去旧皮换上新皮。每休眠1次蚕体质量、长度和体积都有显著增加。眠是划分龄期的界限,每眠1次增加1龄。孵化后到第1眠的蚕称为"第1龄蚕",第1眠后称为2龄蚕,第2眠后称为3龄蚕,第3眠后称为4龄蚕,第4眠后称为5龄蚕。幼虫发育到最后一龄的末期,逐渐停止食桑,身体稍缩,略呈透明,这时的蚕称作"熟蚕",其开始吐丝结茧。

(3)蛹期　幼虫结茧完毕后,即在茧内蜕皮化蛹。蛹期是由幼虫向成虫过渡的阶段。一般要经过15—18 d。

(4)成虫(蛾)　发育完成后,蜕去蛹皮,羽化为成虫,从茧内钻出。成虫不取食,交配产卵后,经7 d左右即自然死亡。蚕的一个世代到此结束。家蚕的生活史见图5-7。

图5-7　家蚕的生活史

(二)家蚕的生活环境

生活环境对家蚕的生长发育至关重要。影响家蚕生长发育的环境条件主要有温度、湿度、空气、光线以及密度等因素①。

(1)温度　家蚕属于变温动物,体温随外界温度的变化而变化。家蚕正常发育的温度范围为20—30 ℃,在23—28 ℃这个温度范围内,温度越高发育越快。

(2)湿度　在适温范围内,其他条件正常时,蚕的饲育湿度1龄为80%—90%,以后逐龄降低5%—6%,到5龄时为60%—70%。90%以上的高湿和50%以下的干燥环境对任何龄期家蚕都是不利的。

(3)空气　家蚕养殖环境内要保持空气新鲜,特别是大蚕期,室内要保持一定的气流,感觉有微风吹拂。

(4)光线　家蚕有趋光性,在全龄期中,蚕的趋光性逐龄减弱,在同一龄期中起蚕的趋光性最强,盛食蚕、将眠蚕较弱。在高温条件下,光线对蚕的发育有抑制作用。在低温下有促进作用。养蚕的光线以日间薄明,而夜间黑暗的自然状态为宜。

(5)密度　家蚕幼虫个体之间借触觉和嗅觉聚在一起方可安定下来,这种特性称为趋密性。一般小蚕趋密性较强,大蚕弱。另外趋密性与蚕品种有关。根据蚕的趋密性特点,特别是对于趋密性强的品种和小蚕期,饲育密度要大一些,以符合其习性需要,利于生长发育①。

四、实验器材

蚕种、桑叶、蚕室(纸箱或纸盒)、黑布、塑料薄膜、保鲜膜、结茧蔟具、蚕种纸、电子天平、直尺等。

---

① 胡美玲,孟令玉.如何利用家蚕的生活习性[J].河南农业,1998(12):25.

五、实验步骤

(一)蚕种选择

家蚕品种选择是其养殖前的一项重要工作,选种应结合本地区的地理环境和气候特点,选择存活率高和快速生长的家蚕品种。

(二)蚕种催青

蚕种出库4 d后,将其置于24 ℃恒温环境下孵化,保证温度适宜,避免温度过高或过低而影响孵化率,连续孵化4 d,当发现蚕卵(图5-8)出现小黑点时须进行蚕卵点青,利用黑布包种10 d,然后将黑布揭开,开灯补光,加快孵化[1]。

图5-8　蚕卵

(三)收蚁

收蚁时,应控制好时间,一般春季在上午8:00—9:00适宜,夏秋季在上午7:00—8:00最为适宜。应在收蚁1 d前采摘嫩桑叶,将其切成丝状,撒在蚕纸上,供蚁蚕食用。

(四)幼蚕饲养

(1)温度控制　幼蚕养殖时,要保证温度适宜(以28 ℃左右为宜),避免温度过低引发冻害。需要注意的是,3日龄内的幼蚕需要覆盖塑料薄膜,利于保温保湿,保证幼蚕良好生长。

(2)桑叶喂养　1—3日龄幼蚕(图5-9),应选用桑树顶部的嫩叶进行喂养。采摘桑叶后,须及时覆盖保鲜膜,并贮藏在阴凉处,避免桑叶枯萎降低营养价值。应控制好喂食次数,每日以3—4次为宜,喂食时应将桑叶摊匀,便于幼蚕进食。

(3)分批提青　针对迟眠蚕,可通过撒石灰粉的方式将其引出,另行饲养,家蚕入眠前须覆盖保鲜膜,入眠后再揭开保鲜膜,然后撒入适量石灰粉,这期间应避免蚕室有强光及强风[2]。

---

① 朱建华.桑蚕养殖及病虫害防治要点[J].特种经济动植物,2022,25(4):52.
② 朱建华.桑蚕养殖及病虫害防治要点[J].特种经济动植物,2022,25(4):52.

图5-9　幼蚕

(五)大蚕饲养

养殖大蚕(图5-10)时,应保证蚕室通风良好,及时开门窗通风,排出蚕室内的污浊气体。要控制好蚕室温度,以24 ℃左右为宜,保证桑蚕良好生长。要重视对蚕座的清洁,每天可使用石灰粉对蚕座消毒1次,如遇潮湿多雨天气,应适当增加清洁次数。应密切留意桑蚕生长状况,发现病蚕、死蚕须及时清理,避免滋生病菌及病菌传播。桑蚕进入4龄后,是丝腺生长关键期,此时要保证营养供给充足,确保桑蚕每天处于饱食状态,避免营养不良影响发育。

图5-10　大蚕

(六)上蔟采茧

上蔟是指将熟蚕放置于蔟具(图5-11)上让其吐丝结茧。家蚕长至5龄后,进食量逐渐下降,部分桑蚕逐渐成熟停止进食,当家蚕身体柔软透明,粪便呈绿色时,即可让其上蔟吐丝,最后结茧。待全部成熟家蚕完成上蔟后,要控制好室内温度,一般以24 ℃为宜,同时要保证室内通风良好。上蔟后第2天,应及时挑拣病死蚕,避免造成污染。上蔟7 d后,家蚕完全成蛹时即可采茧,采茧前需要清除死蚕茧、烂蚕茧及双蚕茧,避免影响整体蚕茧质量,同时要结合蚕茧品质进行合理化分类。

图5-11　结茧蔟具

(七)交配产卵

蚕蛹经过12—15 d后就将变成蚕蛾(成虫)。蚕蛾的全身被白色鳞毛。雌蛾体大,爬动慢;雄蛾体小,爬动较快,翅膀飞快地振动,寻找着配偶。将蚕蛾放到蚕种纸上,交尾后,雌蛾就可产下受精卵(图5-12)。

图5-12　交配产卵

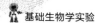

六、实验记录和结果处理

观察家蚕整个生长发育过程并记录于表5-15中,拍照记录并附照片。

表5-15　家蚕养殖记录表

记录日期	体长/cm	体重/g	形态特征	温度/℃	湿度/%

实验思考:如何准确测量家蚕的体长?

课堂练习:根据表5-15的数据,分析家蚕生长发育规律。

七、注意事项

(1)在养殖前应对相关器具进行全面清洁和消毒。

(2)在养殖过程中应当让家蚕远离各种化学污染源。

(3)在养殖过程中避免投喂带水桑叶和变质桑叶。

(4)在养殖过程中及时拣出弱小或不健康的家蚕个体,预防病害侵袭。

八、思考题

(1)影响家蚕生长发育的关键因素有哪些?

(2)查阅相关资料,了解家蚕配对繁殖技术细节。

(3)分析家蚕养殖过程中存在的问题及改进措施。

(4)在家蚕饲养过程中,如何有效防治其病虫害的发生?

九、推荐阅读

[1]秦凤.家蚕优质高效养殖技术[M].合肥:安徽科学技术出版社,2021.

[2]艾均文.栽桑养蚕新技术[M].长沙:湖南科学技术出版社,2020.

[3]陈伟国.桑树栽培技术150问[M].2版.北京:中国农业出版社,2014.

十、知识拓展

第一张家蚕基因组框架图

2003年,中国家蚕遗传育种学家向仲怀院士带领研究团队主持完成世界第一张家蚕基因组框架图,覆盖了家蚕基因组95%的区域,奠定了中国在家蚕基因组研究中的世界领先地位。这是我国科学家继完成人类基因组1%计划、水稻全基因组计划之后取得的又一里程碑式成果。

家蚕基因组框架图项目采用"全基因组乌枪法"测序策略,进行家蚕基因组约6倍覆盖度的测序和约10万反应的表达基因片段(EST)测序,主要发现有:(1)家蚕基因组中的编码基因有18 510个,其中有约6 000个基因为新发现的基因;(2)基因组中21.1%为重复序列,其中50.7%为gypsy-Ty3-like LTR结构反转录重复序列,推测该序列的大规模插入发生在约490万年前;(3)基因组中大部分重复序列的插入都较"年轻",所插入的基因组区域GC含量很高(人和小鼠基因组中重复序列较古老、所在基因组区域GC含量较低);(4)鳞翅目(家蚕)和双翅目(果蝇和按蚊)的分化约发生于2.8亿—3.5亿年前,但两个目中大部分蛋白质功能域相当保守,特别是发育相关基因;(5)识别了与家蚕丝腺相关的1 874个基因,其中相当一部分和蜘蛛的产丝相关基因同源。

家蚕是我国具有重要科学价值和广泛用途的独特资源。利用家蚕独特的蛋白质转化能力,生产基因药物、蜘蛛丝等特殊材料,将成为家蚕功能基因组研究的重要方向。农业和森林害虫半数以上属鳞翅目昆虫,家蚕是鳞翅目昆虫的典型代表,是农林害虫防治研究的重要的不可替代的生物模型。该成果将从根本上推动害虫防治的基础研究工作,在现代制药、林业害虫、昆虫学及仿生学中具有重要地位。为生物仿生领域,从生物的机械性模拟仿生到生物功能和生物过程模拟仿生的转变开辟新的思路和途径。对阐明家蚕生物学的遗传基础,及蚕丝产量、质量密切相关性状的分子机制奠定了坚实基础;对蚕丝产业的技术改造和产业的可持续发展起到重要作用。[1]

---

[1] 中国科学院北京基因组研究所.基因组学研究领域的两个重要成就——家蚕基因组框架图和家鸡基因组多态性图谱的绘制[J].中国科学院院刊,2007,22(5):421-422.

第六章

设计类实验

实验一　环境因素对小动物行为或习性的影响探究

对动物行为或习性的观察,是人类的生存本能之一。人类只有通过观察掌握了相关动物的特定行为或习性之后,才开始驯化和饲养动物,如马、牛、狗等。在《诗经》中就有动物行为或习性相关的诗句,如"关关雎鸠,在河之洲",说明了雎鸠是生活在河之洲的。今天对动物本能的研究发展为一个全新的学科——动物行为学,著名的动物行为学家有伊万·巴甫洛夫(I. P. Pavlov, 1849—1936)、康拉德·洛伦兹(K. Z. Lorenz, 1903—1989)、卡尔·冯·弗里希(K. R. von Frisch, 1886—1982)、尼可拉斯·廷伯根(N. Tinbergen, 1907—1988)等。后三人因为动物行为学的研究获得了1973年的诺贝尔生理学或医学奖,伊万·巴甫洛夫则在1904年因为对消化系统的研究而得到该奖。

动物行为学研究的对象包括动物的沟通行为、情绪表达、社交行为、学习行为、繁殖行为等。由于动物行为学对于动物学习和认知等方面的研究,以及与神经科学的相关性,它对心理学、教育学等学科产生一定的影响。奥地利学者康拉德·洛伦兹被称为"现代动物行为学之父",他经常和蛙、鸭、鹅、猴、狗等动物为伍,甚至还学会了几种动物的"语言",使自己能以同等的身份去接近它们。

无论是基于前辈们的研究,还是出于朴素的生活经验,我们也积累了不少关于动物行为或习性的一些知识,如:公鸡会在特定时间"打鸣"、蚂蚁下雨前会"搬家",而蚯蚓在下雨前会钻到地面上爬行,蜗牛会经常出现在相对潮湿的植物叶片上等。但这些经验,都是零碎的,没有形成系统的科学体系,甚至有一些前科学概念。这就需要通过动物行为学研究方法,系统地观察研究。如通过对某种小动物(如涡虫、蚯蚓、蚂蚁、蜗牛等)的受控实验来获得其在某种条件下行为的变化信息。动物在某一环境中生活就会产生特定的表现,如睡觉、聚集、繁殖等,统称为"动物的行为"。那么光照、温度、湿度(干燥与潮湿)等环境因素,对动物行为有怎样的影响呢?

一、实验目的

(1)掌握小动物(如鼠妇)采集与饲养的技术。

(2)通过小动物(如鼠妇)受控实验验证环境因素对其习性或行为影响的假设。

(3)运用生物统计的方法对实验数据进行分析。

(4)引导学生进行小动物受控实验的科学探究,领悟动物实验的伦理规范。

二、预习要点

(1)动物行为学的一般研究方法。

(2)小动物(如鼠妇)受控实验设计的要领。

三、实验原理

鼠妇:鼠妇科动物平甲虫(图6-1、图6-2),俗称西瓜虫、豌豆虫,南朝齐梁时道教学者、炼丹家、医药学家陶弘景称之为鼠姑。《诗经》称之为伊威、《尔雅》称之为鼠负。中医用之入药。

图6-1 运动着的鼠妇　　　　　图6-2 受惊卷成球形的鼠妇

1. 鼠妇的采集

鼠妇喜栖息于朽木、腐叶、石块等下面,有时也会出现在房屋、庭院内。鼠妇在20—25 ℃之间生活较为正常。若室内外温度在25 ℃左右,在房前屋后的石块、瓦砾下面、花盆里、花坛内均可以找到;温度低于25 ℃,需要选择温暖的花园、庭院的下水道旁边进行采集,也可在平房的厨房地砖下面进行收集。在校园里采集时,可以查看花盆底下,或砖瓦下面。如果花盆是放在水泥地上的则其数量会很少,而且水分过多数量也会大大减少。在鼠妇的收集过程中,必须小心地保护,收集后,容器内应带一些湿土,注意通风。湿土最好是富含有机质的,颜色以黑色最佳,同时可放几片烂树叶或一些植物的幼根。

2. 鼠妇的饲养

可用大的盆子如塑料盆,也可用各类纸盒子。在盆子内放一些经过筛选后松软的土壤,土壤以富含有机质为好,若是黑色的土壤则效果更佳,同时可放一些烂树叶。土壤的含水量不宜太大,每天可向土壤中喷洒少量的清水,水滴入过多,土壤容易形成泥块或泥浆,这样会使鼠妇的活动减慢,甚至造成死亡。可以用手抓起一把泥土,用力捏,没有水从指缝流出,松开手,轻轻一碰,泥土疏松,表明土壤的湿度适中。同时每2天换一次土,换土时间最长不要超过5 d,换土不要全换,可换一半留一半。鼠妇的密度不宜过大,大概每

1 000 mL的容器内可饲养15—20只鼠妇,密度过大,鼠妇容易死亡。盆子上可用绿化遮光网遮盖,保证有充足的空气,同时用橡皮圈扎住遮光网,防止鼠妇逃跑。也可在晚上开灯,能有效防止鼠妇逃跑。有几个要领:

(1)每次换土时,最好保留一部分原来的土壤。

(2)在实验室放置鼠妇时,要留心周围是否有其他动物如老鼠、蟑螂等。

(3)土壤中水分不宜过多,保持湿润即可。如果不小心加入的水太多,可用细沙进行调节。

(4)不要将饲养的鼠妇放在太亮的地方,尽可能给它提供较为黑暗的环境。

从鼠妇采集与饲养中,我们大致可以了解到鼠妇的行为或习性与环境因素密切相关,容易受环境光照、温度、湿度等的影响,这是我们形成研究假设的基础。

四、实验器材

鼠妇。培养皿、吸水纸、纸板、橡皮圈、黑布等。

五、实验步骤

参照鼠妇的采集与饲养要领,进行下列鼠妇的受控实验。一般要求采用单一变量控制法,即一组实验只操作控制一个变量,并保持其他变量不变,这样可以观察到自变量与因变量的变化关系。

(一)实验设计和实施

(1)每组在课前观察鼠妇的生活环境,捕捉鼠妇若干只(注意:不要破坏学校或社区的草坪或花坛等)。针对鼠妇的生活环境提出问题。

(2)通过交流自己是在什么地方捕捉到鼠妇的,对影响鼠妇分布的主要环境因素做出假设。

(3)利用教师提供的器具和实验室可利用的其他器具,设计一个实验方案用以验证自己的假设。确定好的方案由教师审阅,提出意见。

(4)根据教师批准后的实验设计,进行实验。观察并记录鼠妇在一定时间内的活动变化。

(二)实验结果和数据

(1)描述并记录观察到的鼠妇行为变化情况。

(2)对记录到的鼠妇行为分类并计数(表6-1、表6-2、表6-3)。

表6-1 光照影响鼠妇分布的观察记录表

鼠妇	环境因素	观察时间点	鼠妇行为描述	数量/个	特殊行为个例
30只	光照较强				
	光照较弱				

注:可以根据需要设计多个不同观察时间点。

表6-2 温度影响鼠妇分布的观察记录表

鼠妇	环境因素	观察时间点	鼠妇行为描述	数量/个	特殊行为个例
30只	温度A				
	温度B				

注:必须通过文献确定鼠妇的生存温度区间,实验温度的设计不能超出极限值;可以根据需要设计多个不同观察时间点。

表6-3 湿度影响鼠妇分布的观察记录表

鼠妇	环境因素	观察时间点	鼠妇行为描述	数量/个	特殊行为个例
30只	潮湿				
	干燥				

注:必须通过文献确定鼠妇的生存湿度区间,实验湿度的设计不能超出极限值;可以根据需要设计多个不同观察时间点。

(三)实验结果分析和讨论

(1)各组交流实验数据。分析小组和全班的数据,讨论实验数据是否支持假设。分析实验结果,得出科学结论,对实验中实验设计思路的创新、实验结果是否符合预期进行讨论,探讨实验实施过程中遇到的问题和心得、实验统计数据偏离的原因。

(2)讨论光照、温度、湿度等环境因素对于鼠妇的行为或分布有什么影响后,交流并写出探究报告。

活动完成后将鼠妇放归大自然。

六、开放实验建议

学生分成若干组,在课前研讨本组选择的研究对象。如涡虫、蚯蚓、蚂蚁、蜗牛、蜜蜂等小动物,或是常见家养动物,如鸡、鸭、鹅、猫、狗等。既要考虑研究成本,又要考虑经济价值或社会效益。

七、注意事项

（1）鼠妇分布广泛，作为一种无害小动物（可以作为中药材），应该保护。这也符合动物伦理规范。

（2）鼠妇的培养与实验对照设计，应该先查阅文献，了解实验条件对其影响大小，实验设计必须不影响鼠妇生存。

八、思考题

（1）环境中对小动物行为或习性的影响因素有哪些？

（2）参照本次环境因素对鼠妇行为或习性的影响实验，尝试通过人为控制环境条件来处理蚊子、苍蝇、老鼠、蟑螂等"四大害虫"。

（3）查阅资料并思考，我们周围环境中的小动物，是否可以通过控制环境来防治，如与人类日常生活极为密切的螨虫等。

九、参考文献

[1]朱晓林.研究鼠妇行为 体验科学方法[J].生物学教学,2009,34(8):59-61.

[2]康拉德·洛伦茨.动物与人类行为研究:第一卷[M].李必成,译.上海:上海科技教育出版社,2017.

[3]康拉德·洛伦茨.动物与人类行为研究:第二卷[M].邢志华,译.上海:上海科技教育出版社,2017.

[4]尚玉昌.动物行为学[M].2版.北京:北京大学出版社,2014.

[5]法布尔.昆虫记[M].陈筱卿,译.南京:译林出版社,2016.

十、推荐阅读

[1]袁缓,冉春燕,陈斌.重庆市松墨天牛的形态变异与环境因素的关系[J].重庆师范大学学报(自然科学版),2022,39(2):38-45.

[2]王傲.田间环境因素对菜粉蝶三维飞行轨迹的影响[D].福州:福建农林大学,2019.

[3]史树森,崔娟,徐伟,等.温度对大豆食心虫卵和幼虫生长发育的影响[J].中国油料作物学报,2014,36(2):250-255.

实验二　果蝇的杂交与遗传规律分析

　　果蝇(fruit fly)是双翅目果蝇属(*Drosophila*)昆虫,全世界有 3 000 多种,我国就存在 800 多种。果蝇一般以腐烂的水果或植物体为食,少部分以真菌、植物汁液或花粉为食物。20 世纪初,摩尔根(T. H. Morgan,1866—1945)等科学家就以果蝇作为遗传学研究材料,利用其突变品系研究生物基因和表型的关系。至今,果蝇在遗传学各个研究领域还具有极其广泛的应用。通常用作遗传学实验材料的是黑腹果蝇(*Drosophila melanogaster*)。

　　用果蝇作为遗传学实验材料有许多优点:首先,果蝇容易饲养。在常温下,以玉米粉、酵母粉等制作培养基就可以使其生长、繁殖。其次,果蝇生长发育周期短、繁殖系数大。黑腹果蝇大约 10 d 就可完成一个世代。每只雌蝇在受精后可产卵 400—500 枚,短时间内就可以杂交繁殖大量子代,便于进行遗传学分析。另外,果蝇突变性状很多,而且多数是单基因控制的形态突变,便于观察、统计和分析。

一、实验目的

　　(1)掌握果蝇培养和杂交的实验技术。
　　(2)设计相关实验方案,验证分离定律、自由组合定律和伴性遗传规律。
　　(3)运用生物统计的方法对实验数据进行分析。

二、预习要点

　　(1)遗传学分离定律、自由组合定律和伴性遗传规律。
　　(2)果蝇各种基因突变的表型特点。
　　(3)果蝇杂交实验的操作流程。

三、实验原理

　　果蝇生长发育的最适温度为 20—25 ℃。25 ℃时,黑腹果蝇从卵到成虫约 10 d。雌果蝇交配 2 d 后开始产卵,每只雌蝇一生中可产卵 400—500 枚。黑腹果蝇的卵长 0.5 mm,椭圆形,腹面扁平,表面具有花纹。卵的前方伸出一对纤丝,可以将卵固定在食物或培养瓶壁上。受精卵经1—2 d即可孵化成幼虫。一龄幼虫经过4—5 d两次蜕皮后发育为3龄幼虫,此时幼虫的体长可达4—5 mm。幼虫发育7—8 d后,会在培养瓶干爽的瓶壁上逐渐形成梭形的蛹。幼虫在蛹壳内发育为成虫,最后从蛹壳前端钻出,羽化为成蝇。雌性果蝇在羽化后的12 h内不能交配,所以遗传杂交实验必须挑选羽化12 h之内的处女蝇进行配对杂交。

果蝇的性别在幼虫期很难区分,一般在其发育到成虫期再进行区别。成虫期的雄性个体一般较雌性个体明显偏小,其腹部具有5条环纹,腹尖颜色呈深黑色,腹末端钝而圆(图6-3),在其第一对步足的跗节前端表面有黑色鬃毛流苏,称性梳(sex combs)(图6-4)。雌性果蝇的个体相对较大,其腹部具有7条环纹,末端较尖、颜色较浅(图6-3),无性梳结构。

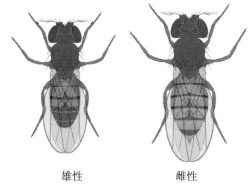

雄性　　　　　雌性
图6-3　果蝇的性别特征

图6-4　雄性果蝇第一对步足的性梳

黑腹果蝇的体细胞中含有4对8条染色体($2n=8$),其中一号染色体为性染色体,在雌性果蝇中是XX,在雄蝇中为XY。遗传杂交实验中选用的黑腹果蝇突变性状一般都可用肉眼鉴定,例如红眼与白眼、正常翅与残翅等。常用的性状中灰身(+)对檀黑体(e)为完全显性,控制这对相对性状的等位基因位于三号染色体上,利用这对相对性状的纯合亲本进行杂交,其后代的性状遗传应符合分离定律。长翅(+)对残翅(vg)(图6-5)为完全显性,这对等位基因位于二号染色体上,同时选用控制基因位于三号染色体上的灰身(+)和檀黑体(e)相对性状纯合亲本进行杂交,其性状遗传应遵循自由组合定律。白眼(w)、棒眼(B)(图6-6)、黄身(y)突变性状(表6-4)的控制基因都位于X染色体上,因此其遗传与果蝇性别相关联,表现为伴性遗传。对于伴性遗传可以设计正反交实验进行检测验证。

表6-4　果蝇常见的几种突变性状特征

突变性状	性状特征	所在染色体
白眼	复眼白色	X
棒眼	复眼横条形	X
檀黑体	体呈乌木色,黑亮	III
黄身	体呈浅橙黄色	X
残翅	翅退化,部分残留不能飞	II

野生型　　　　　　　白眼残翅突变体

图6-5　果蝇眼色和翅型突变体

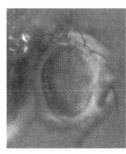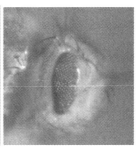

野生型　　　　　　　棒眼突变体

图6-6　果蝇棒眼突变体

四、实验器材

野生型黑腹果蝇、各种突变型黑腹果蝇。果蝇培养基、乙醚等。放大镜、小镊子、麻醉瓶、白瓷板、新毛笔、立体显微镜等。

五、实验步骤

(一)基本实验方法

(1)称取8.5 g琼脂倒入适量水中,加65 g红糖,煮沸,然后缓慢搅拌加入用凉水搅好的85 g玉米面,再次煮沸后加水到1 000 mL,冷却到50 ℃左右加入7 g酵母粉,再加入5 mL丙酸作为防腐剂,搅拌均匀后分装到无菌的培养瓶中。

(2)刚羽化的雌蝇一般在12 h内无交配能力。在杂交前放出亲本培养瓶中的所有成蝇,每隔10—12 h收集一次羽化的成蝇。用乙醚麻醉可使其保持静止状态,以便区分雌雄,进行配对杂交。方法是将果蝇转移到干净的麻醉瓶中,在其封口的棉花团上滴加适量乙醚,稍等片刻果蝇便麻醉失去活动能力(种蝇一般以进行轻度麻醉为宜,如果麻醉后其翅膀外展45°,表明已死亡)。

(3)将麻醉后的果蝇倒在白瓷板上检查,分辨雌雄蝇,鉴定其各种突变性状特征。根据设计好的杂交方案,每种实验设计选取3—5对雌雄果蝇转入新的培养瓶中,进行杂交培

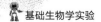

养。为了防止昏迷果蝇被培养基粘住,可将培养瓶放倒,将果蝇置于干燥的瓶壁部位,待其苏醒后再将培养瓶直立,贴上标签,标明杂交组合。

(4)将杂交瓶置于20—25 ℃恒温箱内,培养7—8 d,放飞杂交亲本。

(5)再培养4—5 d,F_1成蝇出现,观察并统计其遗传性状。

(6)收集6—10对F_1果蝇放入新的培养瓶,在20—25 ℃恒温箱内继续培养7—8 d,放飞F_1杂交亲本,再过4—5 d观察并统计F_2成蝇遗传性状。

(二)实验设计和实施

(1)根据表6-4信息,利用实验室培养的果蝇突变体,学生分组讨论确定杂交方案,设计正、反交杂交实验,对分离定律、自由组合定律和伴性遗传进行验证。

(2)确定好的方案由教师审阅,提出意见。

(3)学生配制培养基,实施杂交方案,及时统计、记录实验数据。

(4)其间组织一次交流,分析杂交F_1表型,交流解决实验中遇到的问题。

(5)组织各组学生汇报杂交实验数据,集体讨论实验数据是否支持假设,能否验证相应遗传定律。

(6)撰写研究报告。

(三)实验设计与结果统计

1. 分离定律杂交实验

(1)杂交方案:

正交实验:_____×_____。

反交实验:_____×_____。

(2)实验结果:

杂交F_1果蝇的表型为:_____。统计F_2果蝇的表型和数量,填写表6-5。

表6-5　分离定律杂交实验统计结果

正交	F_2表型		
	数量		
反交	F_2表型		
	数量		

2. 自由组合定律杂交实验

(1)杂交方案:_____×_____。

(2)实验结果:_____。

杂交F_1果蝇的表型为：_____。统计F_2果蝇的表型和数量,填写表6-6。

表6-6　自由组合定律杂交实验统计结果

F_2表型				
数量				

3. 伴性遗传杂交实验

(1)杂交方案：

正交实验：_____ × _____。

反交实验：_____ × _____。

(2)实验结果：

统计杂交F_1的雌性、雄性果蝇的表型,填写表6-7。统计杂交F_2果蝇的性别、表型和数量,填写表6-8。

表6-7　伴性遗传杂交实验F_1统计结果

表型	雌性果蝇	雄性果蝇
正交F_1表型		
反交F_1表型		

表6-8　伴性遗传杂交实验F_2统计结果

正交	F_2的性别和表型			
	数量			
反交	F_2的性别和表型			
	数量			

(四)实验结果分析和讨论

分析实验结果,判断亲代、F_1和F_2各种表型的基因型,得出科学结论,对实验中设计思路的创新性、实验结果是否符合预期进行讨论,探讨实验实施过程中遇到的问题和心得,探讨实验统计数据出现偏离的原因。

六、开放实验建议

在学生进行实验设计前,需要培训其果蝇培养基配制、果蝇麻醉、性别分辨和各种突变体的识别等基本实验技能,要组织学生观察果蝇生活史中的卵、幼虫、蛹等各个阶段。要引导学生统筹安排好完成杂交的时间,既要保证用于杂交的雌蝇羽化不超过12 h,又要避免与其他课程时间冲突。

七、注意事项

（1）果蝇培养温度不能过高,高温下野生型果蝇的长翅也会发育成残翅表型。

（2）果蝇放飞最好能做处死处理。

八、思考题

（1）果蝇杂交实验的亲本雌蝇为何一定要选用未受精的处女蝇?

（2）杂交实验的亲本在培养7—8 d后为何要及时放飞?

九、参考文献

[1]龙秋月,赵辉.基于科学史的摩尔根果蝇杂交实验再探究[J].中学生物教学,2019（12）:39-42.

[2]李光裕.利用果蝇验证遗传定律的实验设计[J].中学生物教学,2018(1-2):71-73.

[3]黄淑峰,朱小碗.通过果蝇杂交实验重现自由组合定律[J].生物学教学,2018,43（1）:54-56.

[4]熊大胜,席在星.果蝇杂交实验设计与综合创新能力[J].实验室研究与探索,2005,24(4):60-63.

十、推荐阅读

[1]杨大翔.遗传学实验[M].3版.北京:科学出版社,2016.

实验三　常用生长调节剂对植物生长的影响探究

植物激素是指植物体内天然存在的对植物生长、发育有显著作用的微量有机物质,也被称为植物天然激素或植物内源激素。它的存在可影响和有效调控植物的生长和发育,包括从细胞生长、分裂,到生根、发芽、开花、结实、果实成熟和脱落等一系列植物生命过程。到目前为止,共发现五大类植物激素,分别为赤霉素、脱落酸、乙烯、细胞分裂素、生长素。

关于植物激素的发现,最早可以追溯到著名科学家查尔斯·罗伯特·达尔文(C. R. Darwin,1809—1882)。据记载达尔文父子利用金丝雀虉草胚芽鞘进行向光性实验,发现在单方向光照射下,胚芽鞘向光弯曲;如果切去胚芽鞘的尖端或在尖端套以锡箔小帽,单侧光照便不会使胚芽鞘向光弯曲;如果单侧光线只照射胚芽鞘尖端而不照射胚芽鞘下部,胚芽鞘还是会向光弯曲。他们在1880年出版的《植物运动的本领》一书中指出:胚芽鞘产生向光弯曲是由于幼苗在单侧光照下产生某种影响,并将这种影响从上部传到下部,造成背光面和向光面生长速度不同。在几代科学家们的共同努力下,最终发现,造成向光性生长的主要原因是生长素的影响。

由于植物激素提炼困难,科学家逐渐发现一些人工合成的化学物质,具有类似的作用,这类物质被命名为植物生长调节剂。这是一个目前还在不断发展、不断有新发现的领域。

一、实验目的

(1)认识植物生长调节剂对植物生长发育的影响。

(2)通过植物生长调节剂(2,4-D)实验验证其对生长发育影响的双重性假设。

(3)应用区组实验设计思想进行分组设计。

(4)引导学生进行植物生长调节剂实验的科学探究,加深对相关生长调节剂功能双重性的认识,并在此基础上领悟科学、技术、社会及环境关系的复杂性,形成科学态度和社会责任感。

二、预习要点

(1)植物生长调节剂的类型和作用特点。

(2)观察与定量分析植物生长发育的方法。

三、实验原理

植物生长调节剂是人们在了解了植物天然激素的结构和作用机制后,通过人工合成的具有与植物天然激素类似生理和生物学效应的物质,在农业生产上使用,以有效调节作物的生长与发育过程,达到稳产增产、改善品质、增强作物抗逆性等目的。现已发现的具有调控植物生长和发育功能的物质有胺鲜酯(DA-6)、氯吡脲、复硝酚钠、生长素、赤霉素、乙烯、细胞分裂素、脱落酸、油菜素内酯、水杨酸、茉莉酸、多效唑和多胺等,而作为植物生长调节剂被应用在农业生产中的主要是前9大类。

按照登记批准标签上标明的使用剂量、时期和方法,使用植物生长调节剂对人体健康一般不会产生危害。如果使用上出现不规范,可能会使作物过快生长,或者使其生长受到抑制,甚至导致死亡,对农产品的品质会有一定影响,并且对人体健康产生危害。我国法律禁止销售、使用未经国家或省级有关部门批准的植物生长调节剂。

生长素类似物2,4-D又名二氯苯氧乙酸。这是一种具有代表性的合成植物生长素,易溶于乙醇、乙醚、丙酮、苯等有机溶剂,对水溶解度为540 mg/L(20 ℃),溶液稳定。紫外线照射会引起部分分解,具较强的酸性,对金属有腐蚀作用。可与各类碱作用生成相应的盐,与醇在硫酸催化下作用生成相应的酯,其钠盐、铵盐均易溶于水,酯类不溶于水。在普通的植物生长素定量测试中显示有很高的活性,但在采用植物生长素标准定量法的燕麦伸长试验中,其效颇低。生长素类似物2,4-D生理作用与生长素相同:能促进果实发育,获得无籽果实;能促进扦插的枝条生根;也具有双重性,即低浓度促进生长,高浓度抑制生长,从而可以作为除草剂。

四、实验器材

月季枝条若干、放大镜、小剪刀、量筒等;生长素类似物2,4-D、水培营养液(pH 5.6—6.0为宜)等;电子天平、大烧瓶若干、学生用钢直尺等。

五、实验步骤

植物生长调节剂对植物生长影响的受控实验,一般要求采用单一变量控制法,即一组实验只操作控制一个变量,并保持其他变量不变,这样可以观察到自变量与因变量的变化关系。具体设计时,可以采用加法原则或减法原则来设计实验区组。

(一)实验设计和实施

(1)通过小组头脑风暴,产生研究假设。

（2）自变量的操作。查阅文献，探讨2,4-D对月季插条生根产生显著影响的浓度区间；尝试设计预实验，寻找合适的实验浓度区间，并依据此结果设计分组实验。

（3）因变量的测量。探讨月季插条生根情况如何测量？下一个可让大家都能准确测量的定义。依据此定义，尝试操作测量，分析一下可能出现的测量困难与误差产生的原因，并在此基础上完善操作与定义。

（4）无关变量有哪些？ 如何控制？

（5）形成初步研究方案，根据教师批准后的实验方案，实施预实验。

（6）根据预实验结果，调整研究方案，正式实施研究。

（7）根据本组的正式实验设计，进行实验。定期观察并测量月季插条生根情况。

（二）实验结果和数据

（1）描述并记录观察到的月季插条生根情况。

（2）测量并记录月季插条生根情况（表6-9、表6-10）。

表6-9 植物生长调节剂2,4-D对月季插条生根的影响记录表（预实验）

月季插条	组别	观察时间	月季插条生根情况	生根数量/条	平均生根长度/mm	特例
随机选择6根	蒸馏水					
	2,4-D浓度a					
随机选择6根	2,4-D浓度b					
	2,4-D浓度c					
随机选择6根	2,4-D浓度d					
	2,4-D浓度e					
	2,4-D浓度f					

注：在2,4-D浓度区间内，根据文献研讨选择不同浓度值a—f。

表6-10 植物生长调节剂2,4-D对月季插条生根的影响记录表（正式实验）

月季插条	组别	观察时间	月季插条生根情况	生根数量/条	平均生根长度/mm	特例
随机选择6根	蒸馏水					
	2,4-D浓度A					
随机选择6根	2,4-D浓度B					
	2,4-D浓度C					
随机选择6根	2,4-D浓度D					
	2,4-D浓度E					
	2,4-D浓度F					

注：在2,4-D浓度区间内，根据预实验合理选择不同浓度值A—F。

（三）实验结果分析和讨论

（1）各组交流实验数据。分析小组和全班的数据，讨论实验数据是否支持假设。分析实验结果，得出科学结论，对实验中实验设计思路的创新、实验结果是否符合预期进行讨论，探讨实验实施过程中遇到的问题和心得、实验统计数据偏离的原因。

（2）向全班报告植物生长调节剂2,4-D对月季插条生根的影响研究结果，全班研讨交流。

实验完成后，鼓励感兴趣的同学或小组继续探讨相关课题。

六、开放实验建议

学生分成若干组，每组在课前研讨本组选择的研究对象，如柳树、桂花、茉莉、蔷薇、桑树等。既要考虑研究成本，又要考虑经济价值或社会效益——这将是一个非常有趣而热烈的决策过程。一般建议各合作学习小组选择容易生根的常见植物作为研究对象，减少研究成本。如柳树、月季、桑树、蔷薇等。至于植物生长调节剂，广泛应用于农业生产中的都可以选择。一般建议选择价格便宜、见效快且效果显著的植物生长调节剂。特别注意不同植物生长调节剂某种作用的效应差异，另外，即使同种植物，不同生长时期或不同植物器官，也可能效果不一样。在研讨过程中，需要充分查阅资料，掌握某种生长调节剂对特定作物的效果，做到心中有数，通过预实验获得具体的作用效应区间后，再设计正式实验的浓度区组。

七、注意事项

（1）植物生长调节剂2,4-D作为一种合成化学物质，使用必须符合国际农药残留量相关规定，其中柑橘为2 mg/kg，谷类为0.2 mg/kg，小麦为0.5 mg/kg。

（2）特别提醒，如果将2,4-D与消毒剂、被膜剂配合用于果蔬保鲜，要充分查阅资料，思考其可行性与副作用。

八、思考题

（1）植物生长调节剂对自然界的影响可能有哪些？如何发挥其有益之处，避免其不利之处？

（2）在日常生活中如何利用天然植物激素？（如利用成熟的苹果释放的乙烯，催熟未成熟的青香蕉等。）

九、参考文献

[1]潘瑞炽.植物生理学[M].5版.北京:高等教育出版社,2004.

[2]吴林,刘奕清,陈泽雄,等.2,4-D等植物生长调节剂对金银花叶片植株再生的影响[J].西南大学学报(自然科学版),2011,33(12):66-71.

[3]张国英,陆小平.不同浓度的2,4-D植物生长素对桑树生长的影响[J].江苏蚕业,2002(3):51-52.

十、推荐阅读

[1]袁赟,易懋升,周晓云,等.不同植物生长调节剂对绯花玉开花效应研究[J].广东农业科学,2022,49(6):36-42.

[2]李彦博,吕硕,李俊领,等.植物生长调节剂在巨峰葡萄上的应用[J].河北农业,2022(7):75-77.

实验四　水生动物胚胎发育的影响因子研究

胚胎发育通常是指从受精卵起到胚胎出离卵膜的一段过程。虽然动物的种类繁多，但是胚胎的发育依然拥有相似的过程，能够分成受精、卵裂、桑葚胚、囊胚、原肠胚与器官形成等阶段。此外脊椎动物的胚胎发育过程中，各种动物共同拥有的特征会首先出现(如色素)，之后才逐渐发展出特化的构造(如鱼鳞)，而且较复杂的物种与较原始的物种之间一开始相当类似，之后才随着发育而慢慢出现差异。

鱼类因具有繁殖力高、体外产卵、体外受精等特性成为胚胎试验的最主要材料。泥鳅(*Misgurnus anguillicaudatus*)是鳅科、泥鳅属鳅类，是常见的淡水鱼类。泥鳅一般2龄时开始性成熟，其繁殖季节是4—9月，6—7月为繁殖盛期。通常情况下，19 ℃以上开始产卵，24 ℃左右产卵量大，繁殖活动强烈。泥鳅是一年多次产卵的鱼类，体长10 cm的雌鳅怀卵量约为7 000粒。泥鳅的卵为圆形，米黄色，半透明，卵径0.8—1.0 mm，吸水后达1.2—1.5 mm。水温20 ℃以上时，孵化期为2—4 d。由于其分布较广、个体较小、取材方便、饲养容易、对环境因素反应灵敏等特点，因而在胚胎发育实验研究中，是理想的水生生物实验材料(表6-11)。一系列研究表明，金属离子、温度和盐度等是可以直接影响鱼类的胚胎发育、生长和繁殖的因素，这些环境因素在鱼类生长的每个阶段均发挥着至关重要的作用。因此，本实验以分组为主要形式，充分利用泥鳅的繁殖优势，结合各种科学探究方法，对泥鳅胚胎发育的影响因子开展探究。

表6-11　泥鳅胚胎发育时序表

阶段	图号	发育期	特征
受精	1	受精期	卵呈球形，透明，橙黄色，卵膜吸水膨大
	2	胚盘形成期	胚盘隆起高度达卵黄1/3左右，呈透明状
卵胚与囊胚期	3	2细胞期	纵裂为2个细胞
	4	4细胞期	纵裂为2排4个细胞
	5	8细胞期	分裂为2排8个细胞
	6	16细胞期	分裂为4排16个细胞
	7	32细胞期	4排32个细胞
	8	64细胞期	8排共64个细胞，大小不整齐
	9	桑葚胚期	动物极细胞呈桑葚状，细胞界限不清楚
	10	高囊胚期	囊胚层举起
	11	低囊胚期	囊胚层高度下降，细胞减小

阶段	图号	发育期	特征
原肠胚期和神经胚期	12	原肠早期	胚层下包1/3—2/3
	13	原肠中期	胚层下包2/3
	14	原肠晚期	胚层下包2/3–5/6
	15	神经胚期	胚层几乎全部包围卵黄,头部雏形可见
器官形成期	16	体节形成期	脑后向胚体后端形成体节
	17	视泡形成期	胚体头部两侧出现膨大的视泡,肌节增加
	18	嗅板形成期	眼的前方出现嗅板
	19	尾芽形成期	尾芽突出,脊索形成
	20	耳囊形成期	耳囊出现,呈小泡状
	21	肌肉效应期	胚胎出现肌肉收缩
	22	心原基期	出现心脏原基
	23	孵化前期	胚胎即将出膜,胎体在膜内滚动

一、实验目的

(1)了解泥鳅的生活习性和繁殖特点。

(2)掌握鱼类催青和人工受精技术。

(3)通过实验探究不同因子(重金属离子、盐度、温度等)对泥鳅胚胎发育不同时期的影响。

(4)运用设置对照组和控制变量的方法对实验数据进行分析。

二、预习要点

(1)受精作用的概念及原理。

(2)鱼类体外受精的技术。

(3)鱼类胚胎发育的形态建成和器官发生的特点。

三、实验原理

鱼类胚胎的孵化出膜主要靠两方面的作用:胚体的运动和孵化酶的作用。孵化酶的分泌和作用受温度的影响较明显,不同鱼类胚胎的孵化酶要求不同的温度。在孵化酶分泌过程中当温度降低时,不仅孵化显著延迟,而且胚胎的存活率也降低。

鱼类胚胎发育实际上都受渗透压梯度的调节。随着胚胎发育的进行,渗透调节的能力和机理都随之发生变化。在早期胚胎发育过程中,渗透调节主要靠细胞质膜的半渗透性和胚盘细胞的紧密连接。盐度主要影响鱼类胚胎内渗透压的稳定性,在适盐范围内胚胎内部渗透压可通过自身调节保持在相对稳定水平,故而提高孵化率和存活率。

硫酸铜的作用机理是与细胞蛋白结合,产生蛋白盐沉淀。铜在动物体内参与铁的吸收及新陈代谢,为血红蛋白合成及细胞成熟所必需,同时也是软体动物和节肢动物血蓝蛋白的组成成分,作为血液的氧载体参与氧的运输。铜也是细胞色素氧化酶、酪氨酸酶和抗坏血酸氧化酶的成分,具有影响体色素形成、骨骼发育和生殖系统及神经系统运作的功能。当体内或水体中的硫酸铜过量时,会损伤红细胞引起溶血和贫血。因此,当硫酸铜含量超过胚胎组织的处理水平时,会使新陈代谢减缓,影响其胚层的分化。

四、实验器材

挑选体形端正、体质健壮、无病无伤、体色正常、性腺成熟的泥鳅。雄鳅体长在10—13 cm,质量达12 g以上;雌鳅体长在15 cm左右,质量达18 g以上。催产药物(绒毛膜促性腺激素,HCG)、$CuSO_4$($CuSO_4 \cdot 5H_2O \geqslant 98.5\%$)、NaCl、9% 甲醛、曝气水等。培养皿、吸管和立体显微镜等。

五、实验步骤

(一)基本实验方法

(1)受精卵的制备:在生殖季节,选取性成熟的雌、雄泥鳅各10尾,第一天晚上取雌性泥鳅,在其腹部注射HCG(浓度为500 μL/mL),每条150 μL。第二天早上取雌性泥鳅,用手指由前向后挤压泥鳅的腹部,挤出鱼卵,置于培养皿中。取雄性泥鳅并剪掉其头部,从泄殖孔剪开腹部,用镊子取出背部的两条白色精巢,放在干净的培养皿中,用剪刀剪碎。再向培养皿中加水,激活精子,倒入装有卵的培养皿中进行受精,并不断轻微摇晃,使两者重复融合以获取充足数量的受精卵。

(2)实验分组:将学生分为3组,分别探究温度、盐度和重金属离子(铜)3个影响因子对泥鳅胚胎发育的影响。每两人为一小组共同完成一个实验组或对照组的操作与观察。

(3)实验方法:

①温度。

实验设4个实验组和1个对照组,各温度分别设3个重复,用恒温棒保持胚胎发育全程的温度。实验组温度分别为16 ℃、20 ℃、28 ℃、32 ℃,对照组为24 ℃。

②盐度(NaCl)。

实验设4个实验组和1个对照组,各盐度分别设3个重复。实验组盐度分别为5‰、10‰、20‰、40‰,对照组为曝气水。

③硫酸铜。

实验设4个实验组和1个对照组,各浓度分别设3个重复。实验组$CuSO_4$浓度依次为0.5 mg/L、1.0 mg/L、1.5 mg/L、2.0 mg/L,对照组为曝气水。

将受精后的泥鳅胚胎50粒置于350 mL玻璃培养皿中,采用不同控制条件对胚胎进行浸泡处理。对胚胎进行连续显微观察,从原肠期到出膜每隔30 min观察一次,若发现胚胎发育停止或有明显畸形(与空白组做比较)者立即用9%甲醛固定,贴上标签,在显微镜下观察形态结构变化。

(4)指标测定。

孵化率:孵化出膜个数/用于实验胚胎发育数×100%;

死亡率:死亡胚胎数/用于实验胚胎发育数×100%;

存活率:胚胎发育到鳔出现期个数/用于实验胚胎发育数×100%;

畸形率:畸形数/用于实验胚胎发育数×100%。

(二)实验设计和实施

(1)各小组根据实验要求自行设计实验因素及步骤,准备实验试剂,制作调查表、实验数据记录表备用。

(2)小组成员就实验开展步骤及方案进行讨论,并做出假设。

(3)收集成员的讨论意见,设计并完成实验方案交给老师审阅。

(4)运用所学知识配制实验所需浓度的硫酸铜溶液及所需盐度的NaCl溶液。

(5)将畸形胚胎取样置于培养皿中观察形态变化,及时统计记录实验数据。

(6)其间组织一次交流,交流解决实验中遇到的问题。

(7)最终各组交流实验数据,分析小组和全班的数据,撰写研究报告。

(三)实验结果和数据

计算各因素下泥鳅胚胎发育的死亡率、孵化率、存活率和畸形率,填写表6-12。

表6-12 实验结果记录表

项目	对照组	条件1	条件2	条件3	条件4
发育时长					
发育期					
死亡率/%					
孵化率/%					

续表

项目	对照组	条件1	条件2	条件3	条件4
存活率/%					
畸形率/%					

（四）实验结果分析和讨论

（1）各组交流实验数据。分析小组和全班的数据，讨论实验数据是否支持假设。分析实验结果，得出科学结论，对实验中实验设计思路的创新、实验结果是否符合预期进行讨论，探讨实验实施过程中遇到的问题和心得、实验统计数据偏离的原因。

（2）向全班报告水生动物胚胎发育的影响因子研究结果，全班研讨交流。

实验完成后，鼓励感兴趣的同学或小组继续探讨相关课题。

六、开放实验建议

学生分成若干组，每组在课前研讨本组选择的研究对象，如泥鳅、斑马鱼、金鱼和鲫鱼等。既要考虑研究成本，又要考虑经济价值或社会效益。

学生也可以根据研究兴趣与实验室条件，选择不同环境因素开展实验，如温度、盐度、酸碱度和重金属离子等。通过设置不同的实验条件（课前查阅相关文献确定浓度梯度）对胚胎进行处理，也可以很好地完成本实验的设计目标。

七、注意事项

（1）实验中需要使用到显微镜进行观察，因此要求学生对立体显微镜的使用有较为丰富的经验。多数生物显微镜观察的样品为切、压后的处理样品，而本实验观察的样品却为立体的、发育中的圆形胚胎。因此，学生需要掌握在镜下的操作方法，即在用目镜观察的同时，用毛细枪头的尖端对胚胎进行拨动和调整位置。

（2）在泥鳅完成受精之后，我们需用吸管吸出受精卵放入新的培养皿中进行分组实验。在取卵时注意不能将卵捅破，导致受精卵无法发育。

（3）在实验前一定要熟悉了解胚胎发育的各个阶段的特征，以免在胚胎发育过程中记录不及时影响实验的准确性。

八、思考题

(1)除了本实验涉及的3个影响泥鳅胚胎发育的因子,你认为还有哪些因素也可能会影响泥鳅胚胎发育的速度及质量?

(2)泥鳅胚胎的发育过程涉及哪些生物学原理?

(3)泥鳅胚胎发育过程所需的营养和能量由什么提供?

九、参考文献

[1]杨荣华,朱逸仁.泥鳅胚胎与鱼苗发育的研究[J].辽宁师范大学自然科学学报,1991,14(1):46-52.

[2]张明宇.泥鳅的胚胎发育与生长[J].生物学通报,1999,34(3):20-22.

[3]王杰,李冰,张成锋,等.盐度对鱼类胚胎及仔鱼发育影响的研究进展[J].江苏农业科学,2012,40(5):187-192.

[4]刘自然,潘淦.温度对泥鳅胚胎卵裂间隔时间影响研究[J].河南师范大学学报(自然科学版),2018,46(4):74-80.

[5]杨志艳,薛雅芳,徐永健.4种重金属离子对海水青鳉胚胎发育及仔鱼的急性毒性研究[J].宁波大学学报(理工版),2021,34(5):9-15.

[6]崔立娇.环境因子对鱼类胚胎发育影响的研究进展[J].齐鲁渔业,2010,27(11):47-50.

十、推荐阅读

[1]刘筠.中国养殖鱼类繁殖生理学[M].北京:农业出版社,1993.

[2]金万昆.淡水鱼类杂交种胚胎发育图谱[M].北京:中国农业科学技术出版社,2011.

实验五　生态瓶设计与制作

　　生态平衡(ecological equilibrium)是指在一定时间内生态系统中的生物和环境之间、生物各个种群之间,通过能量流动、物质循环和信息传递,达到高度适应、协调和统一的状态。对于生态平衡的追求,是维持地球可持续发展的必由之路。通过模拟地球环境的实验,研究维持生态平衡的可能性,也是研究者一直的追求。学生可以通过制作或观察一个小型生态系统来进行相关研究,如通过制作一个生态瓶等就可知道,一个小型生态系统中生态平衡的维持与破坏是怎么发生的。

一、实验目的

　　(1)掌握小型生态系统的设计与制作要领。
　　(2)通过自制小型生态系统的受控实验验证假设。
　　(3)运用实验结论,分析维持人类可持续发展的方法或策略。
　　(4)运用实验设计思想与结论,体悟地球对人类的重要性。

二、预习要点

　　(1)通过网络搜索与分析生物圈2号的实验情况。
　　(2)研讨小型生态系统的制作要领。
　　(3)研讨小型生态系统的受控实验方法。

三、实验原理

　　生物圈2号是美国建于亚利桑那州图森市以北沙漠中的一座微型人工生态循环系统,因把地球本身称作生物圈1号而得此名。这是目前最大的人工生态系统,这项研究获得的很多数据与结论,至今仍激励着科学家进一步探究。
　　生物圈2号是在模拟地球生态环境的条件下,在密闭状态中进行的生态与环境等相关研究,可以帮助人类了解地球是如何运作与维持平衡的。生物圈2号占地1.28 hm²,各个组成部分及结构参数如表6–13。

表6-13　生物圈2号内各个组成部分及结构参数一览表

区域	面积/m²	体积/m³	土壤/m³	水分/m³	大气/m³
集约农业区	2 000	38 000	2 720	60	35 220
居住区	1 000	11 000	2	1	10 997
热带雨林	2 000	35 000	6 000	100	28 900
热带草原/海洋/沼泽	2 500	49 000	4 000	3 400	41 600
沙漠	1 400	22 000	4 000	400	17 600
"西肺"	1 800	15 000	0	0	15 000
"南肺"	1 800	15 750	0	750	15 000

注：上述两"肺"的体积仅为其完全膨胀的50%。

实验结果。在1991年至1993年的实验中,研究人员发现:生物圈2号的氧气与二氧化碳的大气组成比例,无法自行达到平衡;生物圈2号内的水泥建筑物影响到正常的碳循环;生物圈2号因为物种多样性相对单一,缺少足够分解者作用,多数动植物无法正常生长或生殖,其灭绝的速度比预期的还要快。经广泛讨论,确认"生物圈2号"实验失败,未达到原先设计者的预定目标。

实验结论。这证明了在已知的科学技术条件下,人类离开了地球将难以永续生存。同时证明,地球目前仍是人类唯一能依赖与信赖的生存家园。

生物圈2号的实验规模太大,但我们可以通过分析其设计与研究要素,来制作或观察一个小型生态系统,并进行相关研究。

四、实验器材

10 L的透明桶装水瓶若干(去掉上部,只保留中下部作为生态瓶),或大型玻璃器皿;小金鱼若干尾;水生生态系统中生产者、消费者、还原者等若干;水最好采用合适的河水或池塘水,如采用自来水,至少曝气3 d以上。每一个生态瓶配备相应传感器一套(二氧化碳、溶解氧等传感器)。

五、实验步骤

学生分成若干组,以教师指定的校内某个池塘为模拟对象,每组在课前研讨形成设计与制作方案。

(一)实验设计和实施

(1)通过小组头脑风暴,产生项目的主要驱动性问题;

(2)根据主要驱动性问题,设计项目目标;

(3)讨论确定水生生态系统中各组成部分的设计;

(4)确定如何监测生态瓶中的生态系统状态;

(5)形成项目方案,在教师审阅通过后,实施项目;

(6)组装一个合适的生态瓶(要考虑如何密封);

(7)对设计与制作好的生态瓶,进行相关科学研究;

(8)定期观察并测量水生生态系统生态瓶的情况。

(二)实验结果和数据

(1)描述并记录观察到的生态瓶情况。

(2)填写表6-14、表6-15。

表6-14　水生生态系统的生态瓶(密闭式)观察记录表

生态瓶	水体情况	生产者	消费者	还原者	水体溶氧量	空间内二氧化碳量
生态瓶A						
生态瓶B						
生态瓶C						
……						
生态瓶Z						

注:教师可以要求各设计小组控制生产者、消费者、还原者及使用的水体等相关要素,形成各组间对照设计。

表6-15　水生生态系统的生态瓶(开放式)观察记录表

生态瓶	水体情况	生产者	消费者	还原者	水体溶氧量	空间内二氧化碳量
生态瓶A						
生态瓶B						
生态瓶C						
……						
生态瓶Z						

注:教师可以要求各设计小组控制生产者、消费者、还原者及使用的水体等相关要素,形成各组间对照设计。

（三）实验结果分析和讨论

（1）各组交流实验数据。分析小组和全班的数据,讨论实验数据是否支持假设。分析实验结果,得出科学结论,对实验中实验设计思路的创新、实验结果是否符合预期进行讨论,探讨实验实施过程中遇到的问题和心得、实验统计数据偏离的原因。

（2）向全班报告研究结果,全班研讨交流。

活动完成后,鼓励感兴趣的同学或小组继续探讨相关课题。

六、开放实验建议

学生分成若干组,每组在课前研讨本组选择的研究对象,如水生生态系统或湿地生态系统等。建议设计与制作的生态瓶为全封闭式,这样这个系统作为模拟地球的生态系统,更有研究价值。

七、注意事项

（1）生产者、消费者和还原者的比例设置要合理,不是越多越好,对于小动物的使用必须符合实验动物伦理规范。

（2）生态瓶不能长久放在强烈的直射阳光下,否则升温太快。

八、思考题

（1）哪些因素导致生物圈2号的实验失败? 类似的因素会导致生物圈1号生态平衡崩溃吗? 为什么?

（2）比较开放式与密闭式生态瓶,分析它们的结果差异及原因。

（3）生态瓶设计与制作,这一项目的研究对于促进人类的可持续发展有什么启示?

九、参考文献

[1] 范嘉敏.生态平衡背景下城市公园水体设计和植物配置策略探讨[J].南方农业,2022,16(2):61-63.

[2] 孙子日哈,尚福强,吴得卿,等.基于水生态系统平衡的郓城南湖水体生态净化方案[J].水资源保护,2021,37(5):169-176.

[3] 李晓曼,丁廷发.种植水生植物对园林植物和生态系统的影响——评《水生植物与水体生态修复》[J].人民长江,2019,50(5):217.

十、推荐阅读

[1] 闫新霞,柳忠烈.微型生态系统的制作和稳定性观察——"生态系统及其稳定性"单元实践性作业设计[J].生物学通报,2022,57(6):51-54.

[2] 何宇,雷永杰.创意移动微景观生态瓶——半密封空间植物根系运动特征[J].科学技术创新,2020(25):28-29.

[3] 邵永刚.生态瓶制作的改进[J].生物学教学,2011,36(4):31.

[4] 蒋美琼,杨义.模拟"温室效应"的实验装置[J].生物学教学,2009,34(8):29-30.

实验六　外来入侵植物对土壤微生物群落的影响

入侵植物是指出现在其过去和现在的自然分布范围以外的,在本地的自然或半自然生态系统或生境中形成了自我再生能力,给本地的生态系统或景观造成明显损害或影响的物种,它能影响生物群落的组成及生态系统的进程。国内外大量研究表明,化感作用是多种外来植物的重要入侵机制。化感作用是指供体植物通过茎叶挥发、淋溶、凋落物分解、根系分泌等途径向环境中释放化学物质,从而影响周围植物的生长与发育。在我国危害严重的多种入侵植物,如薇甘菊(*Mikania micrantha* Kunth)、意大利苍耳(*Xanthium italicum* Moretti)、蟛蜞菊[*Wedelia chinensis*(Osb.) Merr.]、紫茎泽兰(*Ageratina adenophorum*)、加拿大一枝黄花(*Solidago canadensis* L.)等均被认为具有化感作用,有些已经鉴定出了主要的化感物质。化感作用通常对入侵植物迅速占据生态优势起到了重要甚至是决定性的作用。

加拿大一枝黄花是桔梗目菊科的植物,又名黄莺、麒麟草。多年生草本植物,有长根状茎,茎直立,高可达 2.5 m,花形色泽亮丽,常用于插花中的配花。1935 年作为观赏植物引入中国,属于外来生物。引种后逸生成杂草,并且是恶性杂草,主要生长在河滩、荒地、公路两旁、农田边、农村住宅四周,根状茎发达,繁殖力极强,传播速度快,生长优势明显,生态适应性广阔,与周围植物争阳光、争肥料,直至其他植物死亡,从而对生物多样性构成严重威胁,被列入《国家重点管理外来入侵物种名录(第一批)》。研究发现,加拿大一枝黄花根部分泌物具有一定的化感作用,这种物质不仅可以抑制其他植物幼苗生长,而且还会影响入侵地土壤的理化性质和营养循环过程,以及土壤微生物群落结构和功能,从而形成对土壤微生态环境的长期影响,进而影响其他植物的生长。

一、实验目的

(1)了解入侵植物对土壤微生物种群的影响。

(2)掌握稀释涂布平板法接种技术和从土壤中分离培养微生物的方法。

(3)运用生物统计的方法对实验数据进行分析。

(4)了解入侵植物通过改变生态系统功能,对原本生态环境造成的影响,树立基本的科学态度,具有正确的价值观和社会责任感。

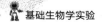

二、预习要点

(1)土壤微生物的分离和培养。

(2)入侵植物对土壤微生物群落影响的机制。

三、实验原理

在土壤、水、空气中或动植物体内,不同种类的微生物大都是混杂生活在一起的,为了获得某一种微生物,就必须对混杂的微生物类群进行分离,以得到某一种微生物(纯培养)。为了获得某种微生物的纯培养,一般是根据该微生物的营养、酸碱度、氧等条件要求,供给它适宜的培养条件,或加入某种抑制剂创造只利于此菌生长,而抑制其他菌生长的环境,从而淘汰其他不需要的微生物,再用稀释涂布平板法或平板划线分离法等分离、纯化该微生物。

由于植物可通过根系分泌物及地上凋落物等向土壤环境提供微生物所需的营养,故不同植物会有不同的土壤微生物群落。外来植物入侵本地植物群落时,可明显改变入侵地土壤的理化性质,如湿度、温度、pH、有机质含量,进而直接或者间接影响土壤微生物的群落结构和代谢;入侵植物会强化其根际土壤微生物群落的演替,为其进一步入侵创造更有利的土壤微环境。

四、实验器材

加拿大一枝黄花(入侵植物)、酒精灯、移液器、0.22 μm滤膜、漏斗、烧杯、注射器、培养皿、锥形瓶、接种环、玻璃试管等。孟加拉红培养基、改良高氏一号培养基、牛肉膏蛋白胨培养基等。粉碎机、超净工作台、高压灭菌锅、烘箱、培养箱等。

五、实验步骤

(一)基本实验方法

1. 前期准备

采集加拿大一枝黄花,在实验室内阴干后,取其根部用粉碎机打碎后备用。在加拿大一枝黄花入侵地附近选择基本无加拿大一枝黄花生长的同性质土壤,采集其表层土壤(10—20 cm),以对角线布点法采集10处土壤样本,混合后过2 mm的筛子,将过筛的土壤用封口袋装好后于4 ℃保存备用。

2. 加拿大一枝黄花根部水提液的制备

称取 400 g 粉碎后的植物根部样品,加入 3 L 无菌蒸馏水混匀后在常温下静止浸提 24 h。浸提液先以滤纸过滤后,经 0.22 μm 滤膜过滤除菌,得 0.1 g/mL 水提液。将此水提液经梯度稀释后得到 0.025 g/mL、0.05 g/mL 的溶液备用。

3. 土壤微生物培养

(1)土壤分组处理。

将过筛后的土壤除去杂质后分装在 12 个花盆中(上口直径约为 15 cm,下口直径约为 9 cm,高度约为 11 cm)。将配制好的 3 个浓度(0.025 g/mL、0.05 g/mL、0.1 g/mL)的溶液(实验组)和无菌蒸馏水(对照组)分别喷洒在花盆的土壤表面,每个花盆喷洒 100 mL,一共 3 个处理浓度,每个处理 3 个重复。一个月后进行同样的处理(其间适时喷洒蒸馏水,使土壤保持含水量在 20%—30% 之间),再过一个月后采集土壤样本,放入 4 ℃ 冰箱,用于培养微生物。

(2)土壤微生物培养与计数。

采用稀释平板计数法。具体操作参考第五章实验四,真菌培养 48 h 以后进行计数,放线菌培养 5 d 以后进行计数,细菌培养 24 h 以后进行计数。真菌采用孟加拉红培养基,放线菌采用改良高氏一号培养基,细菌采用牛肉膏蛋白胨培养基。

(二)实验设计和实施

(1)根据《国家重点管理外来入侵物种名录(第一批)》选择适合开展实验的入侵植物,学生分组讨论确定实验方案。

(2)确定好的方案由教师审阅,提出意见。

(3)学生制备入侵植物水提物、配制培养基,实施实验方案,及时统计记录实验数据。

(4)其间组织一次交流,分析实验结果,交流解决实验中遇到的问题。

(5)最终各组交流实验数据,分析小组和全班的数据,讨论实验数据是否支持假设,撰写研究报告。

(三)实验结果和数据

土壤微生物数量的变化率通过以下公式计算:变化率=(处理−对照)/对照×100%。变化率>0 表示"促进",变化率<0 表示"抑制"。将计算结果填入表 6-16 中。

表 6-16　实验结果记录表

类别	项目	浓度/(g/mL)			
		0	0.025	0.05	0.1
细菌	数量×10⁶ CFU/g 变化率%				
真菌	数量×10⁴ CFU/g 变化率%				
放线菌	数量×10⁵ CFU/g 变化率%				

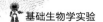

(四)实验结果分析和讨论

(1)各组交流实验数据。分析小组和全班的数据,讨论实验数据是否支持假设。分析实验结果,得出科学结论,对实验中实验设计思路的创新、实验结果是否符合预期进行讨论,探讨实验实施过程中遇到的问题和心得、实验统计数据偏离的原因。

(2)向全班报告研究结果,全班研讨交流。

实验完成后,鼓励感兴趣的同学或小组继续探讨相关课题。

六、开放实验建议

学生分成若干组,每组在课前研讨本组选择的研究对象,如薇甘菊、空心莲子草、加拿大一枝黄花等。既要考虑能比较容易获得实验材料,又要考虑实验材料是否通过化感作用影响环境微生物种群多样性。

学生可以根据研究兴趣与实验室条件,除了通过平板观察微生物数量变化以外,还可以选择通过 Biolog 生态板法(Biolog Eco Plate™)对土壤微生物群落功能多样性进行检测,可通过观察脲酶(靛酚蓝比色法)、蔗糖酶(3,5-二硝基水杨酸比色法)、过氧化氢酶(高锰酸钾滴定法)和蛋白酶(茚三酮比色法)等土壤中各种酶的活性变化来监测外来入侵植物对土壤酶活性的影响。

七、注意事项

(1)涉及微生物培养的实验仪器均需要灭菌干燥处理。

(2)微生物接种实验过程须无菌操作。

(3)各浓度溶液必须充分摇匀,否则可能出现较大的偏差。

(4)配制培养基时倒平板不能太多或者太少,且温度不能太低。

八、思考题

(1)入侵植物还可以通过哪些途径影响土壤微生物种群数量?

(2)微生物接种为什么要从低浓度开始?

(3)微生物培养过程中为什么先正置培养,然后要倒置培养?

九、参考文献

[1]石凯,邵华,韩彩霞,等.外来入侵植物刺萼龙葵(*Solanum rostratum* Dunal)根际土壤真菌多样性及其次生代谢产物的化感作用研究[J].土壤通报,2022,53(3):548-557.

[2]杨海君,王巧,万自学,等.入侵地加拿大一枝黄花根际和非根际土壤微生物群落结构及多样性[J].生物安全学报,2021,30(4):235-243.

[3]唐金琦,郭小城,鲁新瑜,等.外来入侵植物对本地植物菌根真菌的影响及其机制[J].植物生态学报,2020,44(11):1095-1112.

[4]邰凤姣,朱珣之,韩彩霞,等.外来入侵植物意大利苍耳对土壤微生物群落、土壤酶活性和土壤养分的影响[J].生态科学,2016,35(1):71-78.

[5]刘雪艳,王从彦,王磊,等.入侵植物对土壤酶活性及土壤微生物群落影响的研究进展[J].江苏农业科学,2013,41(4):304-306.

十、推荐阅读

[1]李宏,许惠.外来物种入侵科学导论[M].北京:科学出版社,2016.

[2]徐海根,强胜.中国外来入侵生物:全2册[M].修订版.北京:科学出版社,2018.

实验七　酶的作用条件探究

　　对细胞来说,能量的获得和利用都必须通过化学反应。细胞中每时每刻都进行着许多化学反应,统称为细胞代谢(cellular metabolism)。细胞代谢是一个高度有序的过程,这与细胞内酶的催化作用密不可分,细胞内绝大多数生物化学反应是在酶的催化下进行的。酶是一类极为重要的生物催化剂。由于酶的作用,生物体内的化学反应在极为温和的条件下也能高效和特异地进行。酶主要是由活细胞产生的、对其底物具有高度特异性和高度催化效能的蛋白质或RNA。酶的催化作用有赖于酶分子的一级结构及空间结构的完整。若酶分子变性或亚基解聚均可导致酶活性丧失。生物体的酶多数属于生物大分子,分子质量至少在10 kDa以上,大的可达4 600 kDa。

　　具有催化效能的蛋白质或RNA,它们的空间结构复杂而多样。当一种物质需要转化为另一种物质时,有时需要先达到一个很高的能量级别,有的化学反应因为需要越过一个像高山一样的能级,遂"望而却步"或"缓缓而行";而大自然会使用酶来削低这座山的高度,加速转化过程,科学家们称它为"生物催化"。目前已知的酶可以催化超过数千种生化反应。正因为有酶的存在,生物才能进行生长、代谢、发育、繁殖等生命活动。

　　酶是生命功能的执行者。随着研究的深入,大家发现,酶对于生命体是如此重要——不要以为"催化"只是一个化工上的名词,生命就是一场盛大的化学事件,人体是一个极其复杂的"生物化学反应器",由酶驱动的生化反应网络奠定了生命活动的核心基础。在生命体中,每分每秒都在发生催化反应。

　　酶与现代医学密不可分。医生可以通过检测人体特定的酶的含量,来判断疾病的状况。例如,血液中转氨酶异常升高时,指示肝脏可能受了损。测定一组酶,比较不同酶的变化,为临床诊断提供依据,称为酶谱检测。

　　对现代工业而言,酶,也是绿色生物制造的核心"芯片"。由于酶具有高催化效率、高度的专一性、作用条件温和、可生物降解等优点,在工业制造中可减少原料和能源的消耗,降低废弃物的排放,实现绿色制造和可持续发展。

一、实验目的

　　(1)通过比较过氧化氢在不同条件下分解的快慢,了解过氧化氢酶的作用和意义。

　　(2)培养学生实验操作能力,通过探究影响酶活性的因素发展学生的科学探究能力。

　　(3)激发学生对生物科学的学习兴趣、培养学生理论联系实际的能力。

二、预习要点

(1)酶的化学本质。

(2)酶的作用机制。

(3)酶的主要特征。

三、实验原理

(1)蛋白质或RNA酶,具有一级、二级、三级、四级结构。蛋白酶按其分子组成的不同,可分为单纯酶和结合酶。仅含有蛋白质的称为单纯酶;结合酶则由酶蛋白和辅助因子组成。结合酶中的酶蛋白为蛋白质部分,辅助因子为非蛋白质部分,只有两者结合成全酶才具有催化活性。

(2)酶的活性可受酶浓度和底物浓度的影响,也受温度、pH、激活剂和抑制剂的影响。对酶促反应的抑制可分为竞争性抑制和非竞争性抑制。与底物结构类似的物质争先与酶的活性中心结合,从而降低酶促反应速度,这种作用称为竞争性抑制。竞争性抑制是可逆性抑制,通过增加底物浓度最终可解除抑制,恢复酶的活性。与底物结构类似的物质称为竞争性抑制剂。抑制剂与酶活性中心以外的位点结合后,底物仍可与酶活性中心结合,但酶不显示活性,这种作用称为非竞争性抑制。非竞争性抑制是不可逆的,增加底物浓度并不能解除对酶活性的抑制。与酶活性中心以外的位点结合的抑制剂,称为非竞争性抑制剂。有的物质既可作为一种酶的抑制剂,又可作为另一种酶的激活剂。

(3)新鲜的肝脏中含有过氧化氢酶,Fe^{3+}是一种无机催化剂,它们都可以催化过氧化氢分解成水和氧。

(4)分别用一定数量的过氧化氢酶和Fe^{3+}催化过氧化氢分解成水和氧,可以比较两者的催化效率。经计算,3.5% $FeCl_3$溶液和20%肝脏研磨液相比,每滴$FeCl_3$溶液中的Fe^{3+}数,大约是每滴肝脏研磨液中过氧化氢酶分子数的25万倍。

四、实验器材

新鲜的20%肝脏(如猪肝、鸡肝等)研磨液。新配制的3%过氧化氢溶液,新配制的pH分别为3、7和11的缓冲溶液,3.5% $FeCl_3$溶液,蒸馏水和冰块等。量筒/移液器、烧杯、试管及试管架、试管夹、滴管、温度计、石棉网、三脚架、酒精灯、火柴、卫生香等。

五、实验步骤

（一）基本实验方法

1. 探究酶的活性与温度的关系

①取6支洁净的试管编上序号，向1—6号各试管内分别加入2 mL过氧化氢溶液，按序号依次放置在试管架上。

②向1号和2号试管中加入两滴蒸馏水，向3号试管中加入两滴3.5% $FeCl_3$溶液，向4—6号试管中分别加入两滴新鲜的20%肝脏研磨液。

③将1、3、4号试管置于室温下；取出一个烧杯，往烧杯中倒入1/3的水，把石棉网放在三脚架上再放烧杯，然后点燃酒精灯，将酒精灯移至三脚架下，待烧杯中的水沸腾时，将2号和5号试管在沸水中水浴加热；6号试管置于冰浴中，仔细观察各试管气泡冒出情况，并与1号和2号试管进行比较。

④2—3 min后，将点燃的卫生香分别放到1—6号试管内液面的上方，观察哪只试管的卫生香燃烧更猛烈。

2. 探究酶的活性与pH的关系

①取6支洁净的试管编上号，向1—6号各试管内分别加入2 mL过氧化氢溶液，按序号依次放置在试管架上。

②向1号试管中加入两滴蒸馏水，向2号试管中加入两滴3.5% $FeCl_3$溶液，向3—6号试管中分别加入两滴新鲜的20%肝脏研磨液。

③分别往4、5、6号试管中加入两滴pH为3、7、11的缓冲液，仔细观察各试管气泡冒出情况，并分别与1号、2号和3号试管进行比较。

④2—3 min后，将点燃的卫生香分别放到1—6号试管内液面的上方，观察哪只试管的卫生香燃烧更猛烈。

（二）实验设计和实施

（1）各小组根据实验要求自行设计实验因素及步骤，准备实验试剂，制作实验数据记录表（表6-17、表6-18）备用。

（2）小组成员就实验开展步骤及方案进行讨论，并做出假设。

（3）收集成员的讨论意见，设计并完成实验方案交给老师审阅。

（4）运用所学知识配制实验所需的不同pH溶液。

（5）认真观察各试管中的变化及卫生香燃烧情况，及时统计记录实验数据。

（6）其间组织一次交流，交流解决实验中遇到的问题。

（7）最终各组交流实验数据，分析小组和全班的数据，撰写研究报告。

（三）实验结果和数据

1. 探究酶活性与温度的关系

表6-17　温度影响酶活性实验结果记录表

记录项	1	2	3	4	5	6
新配制的3%过氧化氢溶液	2 mL	2 mL	2 mL	2 mL	2 mL	2 mL
温度	室温	沸水	室温	室温	沸水	冰浴
添加物	两滴蒸馏水	两滴蒸馏水	两滴3.5% FeCl₃溶液	两滴20%肝脏研磨液	两滴20%肝脏研磨液	两滴20%肝脏研磨液
预期结果（气泡数目多少,卫生香的燃烧情况）						
实验结果						

2. 探究酶活性与pH的关系

表6-18　pH影响酶活性实验结果记录表

记录项	1	2	3	4	5	6
新配制的3%过氧化氢溶液	2 mL	2 mL	2 mL	2 mL	2 mL	2 mL
添加物	两滴蒸馏水	两滴3.5% FeCl₃溶液	两滴20%肝脏研磨液	两滴20%肝脏研磨液、两滴pH=3的缓冲液	两滴20%肝脏研磨液、两滴pH=7的缓冲液	两滴20%肝脏研磨液、两滴pH=11的缓冲液
温度	室温	室温	室温	室温	室温	室温
预期结果（气泡数目多少,卫生香的燃烧情况）						
实验结果						

（四）实验结果分析和讨论

（1）各组交流实验数据。分析小组和全班的数据,讨论实验数据是否支持假设。分析实验结果,得出科学结论,对实验中实验设计思路的创新、实验结果是否符合预期进行讨论,探讨实验实施过程中遇到的问题和心得、实验统计数据偏离的原因。

（2）向全班报告研究结果,研讨和总结"影响酶作用的条件"。

实验完成后,鼓励感兴趣的同学或小组继续探讨相关课题。

六、开放实验建议

学生分成若干组,每组在课前研讨本组实验自变量的选择,学生也可以根据研究兴趣与实验室条件,选择影响酶活性的相关因素,如酶浓度、底物浓度、温度和酸碱度等。酶促反应速度与酶分子的浓度成正比。当底物分子浓度足够时,酶分子越多,底物转化的速度越快。但事实上,当酶浓度很高时,并不保持这种关系,曲线逐渐趋向平缓。在酶促反应中,底物浓度也是重要的影响因素。若酶的浓度为定值,底物的起始浓度较低时,酶促反应速度与底物浓度成正比,即随底物浓度的增加而增加。当所有的酶与底物结合生成中间产物后,即使再增加底物浓度,中间产物浓度也不会增加,酶促反应速度也不会提高。另外,可以选择使用唾液淀粉酶、淀粉以及碘液作为实验材料,以温度、pH等作为自变量,也可以很好地完成本实验的设计目标。

七、注意事项

(1)肝脏研磨液一定要新鲜,不新鲜的肝脏细胞中的酶可能被破坏而失活。

(2)高温本身也能促进过氧化氢的分解,所以在探究温度对酶活性的影响时,应把沸水处理组(2号试管)的实验现象放入表6-17中做比较。

(3)着重观察各个试管前几分钟的反应,随着反应时间的延长,过氧化氢含量越来越低,反应速率也逐渐降低。

(4)试管等应绝对清洁,不应含有酶的抑制剂,如蛋白沉淀剂等。

八、思考题

(1)在研究酶性质的过程中,科学家通过整理大量的实验数据,发现酶的催化效率大约是无机催化剂的10^7—10^{13}倍。说明了酶具有什么特性?

(2)我们为什么要去探究酶?除了过氧化氢酶以外,我们还可以探究不同条件对哪些酶活性的影响?

九、参考文献

[1]毛喜生."探究温度对过氧化氢酶活性影响"的实验改进[J].中小学实验与装备,2021,31(4):33-34.

[2]陈加敏,钟能政.在"温度影响酶活性"的实验教学中培养科学探究能力[J].生物学教学,2016,41(9):45-46.

[3]孙旭红,赵玥."探究 pH 对酶活性影响"的探究实验设计[J].生物学教学,2022,47（2）:50-52.

[4]祝燕飞."探究 pH 对过氧化氢酶活性的影响"定量实验装置创新与应用[J].中学生物教学,2021(11):54-57.

[5]王晨."探究 pH 对酶活性的影响"的创新设计[J].生物学通报,2016,51(7):52-53.

十、推荐阅读

[1]郭勇.酶工程[M].4 版.北京:科学出版社,2015.

[2]邹国林,刘德立,周海燕,等.酶学与酶工程导论[M].北京:清华大学出版社,2021.

实验八　酸雨对生物生长发育的影响探究

　　酸雨是指pH小于5.6的雨雪或其他形式的降水。雨、雪等在形成和降落过程中,吸收并溶解了空气中的二氧化硫、氮氧化合物等物质,形成了pH低于5.6的酸性降水。酸雨主要是人为地向大气中排放大量酸性物质所造成的。中国的酸雨主要是因大量燃烧含硫量高的煤而形成的,多为硫酸雨,少为硝酸雨,此外,各种机动车排放的尾气也是形成酸雨的重要原因。我国一些地区已经成为酸雨多发区,酸雨污染的范围和程度已经引起人们的密切关注。

　　酸雨不但导致土壤酸化,还能加速土壤矿物质营养元素的流失,造成土壤中营养元素的严重不足,从而使土壤变得贫瘠。酸雨还能诱发植物病虫害,使农作物大幅度减产,特别是小麦,在酸雨影响下,可减产13%—34%。大豆、蔬菜也容易受酸雨危害,导致蛋白质含量和产量下降。酸雨还可抑制某些土壤微生物的繁殖,降低酶活性,土壤中的细菌和放线菌生长均会明显受到酸雨的抑制。

一、实验目的

　　(1)掌握酸雨对植物生长发育的影响。
　　(2)通过模拟酸雨受控实验验证其对植物生长发育影响的假设。
　　(3)应用区组实验设计思想进行分组设计。

二、预习要点

　　(1)通过网络搜集酸雨形成原因、类型及危害情况等信息。
　　(2)掌握模拟酸雨受控实验的验证方法。

三、实验原理

　　目前已建立的高等植物毒理实验方法主要有3种,即根伸长实验、种子发芽实验和植物幼苗早期生长实验。另外,还可以通过测量抗氧化防御系统酶的活性,如SOD(过氧化物歧化酶)、CAT(过氧化氢酶)、GPX(谷胱甘肽过氧化物酶)等生物体内各种酶的活性变化来监测植物生长发育的状态。植物体内能产生活性氧,植物为保护自身免受活性氧的伤害,形成了内源保护系统,包括抗氧化酶类和非酶抗氧化剂。抗氧化酶主要是过氧化物歧化酶、过氧化氢酶、抗坏血酸过氧化物酶、谷胱甘肽还原酶等,抗氧化剂则包括还原型谷胱甘肽、抗坏血酸、类胡萝卜素、维生素E、类黄酮、生物碱、半胱氨酸、氢醌及甘露醇等。在正常条件下,植物体内活性氧的产生与清除处于动态平衡,不会积累过多活性氧影响植物正常生长、发育。但当植物遭受干旱、低温、高温、盐渍、高光强、O_3和SO_2等逆境,以及植物衰老时(目前有人认为衰老也是一种逆境),体内活性氧产生与清除的代谢系统发生变化,严重时会失调,导致活性氧在体内的过量积累,从而对植物造成伤害。

1. 蚕豆初生根尖细胞微核监测技术

利用蚕豆初生根尖细胞微核(micronucleus,MN)技术监测水环境,是国内外一种生物学测试系统。该监测法的理论依据是,细胞经致突变物处理后都有增加微核的趋势,并且它们的定性反应一致性可达99%以上。此项技术简便、易行、费用低,适用于河流湖泊、水库、池塘以及各种工矿企业废水、生活污水中所含致突变物的监测。

2. 镜检及微核识别标准

将制片先置低倍显微镜下,找到分生组织区细胞分散均匀、膨大、分裂相较多的部位,再转到高倍镜(40×物镜)下进行观察。微核识别的标准:

(1)凡是主核大小的1/3以下,并与主核分离的小核;

(2)小核着色与主核相当或稍浅:

(3)小核形态可为圆形、椭圆形、不规则形等。

凡符合以上3条的小核就是微核。具体可参照图6-7。每一处理观察3—5个根尖,每个根尖计数1 000个细胞中的微核数。

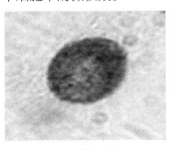
A 正常细胞核

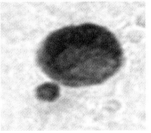
B 有一个微核的细胞核

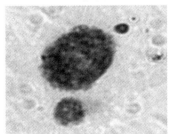
C 有2个微核的细胞核

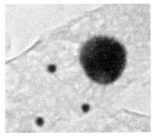
D 有3个微核的细胞核

图6-7　细胞核及微核

3. 实验数据的统计处理和污染程度的划分

将微核观察记录表上所得数据,按如下步骤进行统计学处理。

(1)各测试样品(包括对照组)微核千分率(MN‰)的计算为:

MN‰＝［某测试样点(或对照)观察到的 MN 数／某测试样点(或对照)观察的细胞数］×1 000‰

(2)如果被监测的样品不多,可直接用各样品 MN 千分率平均值与对照比较(t 检验),从差异的显著性判断水质污染与否。

(3)如被监测的样品较多,可先用方差分析(F 检验)看各采样点(或各样品)所出现的 MN 千分率平均值和对照组差异的显著性。如差异显著,还可进行各采样点微核差异显著性的多重比较,看被检测样品的 MN 千分率平均值差异显著性的分组情况,以归纳划分这些不同采样点不同级别的污染程度。

(4)如采用已筛选出的、专门隔离栽培的、无污染的松滋青皮蚕豆作实验材料,并按规范标准实验条件(其对照本底 MN‰ 为 10‰ 以下),其监测样品污染程度的划分,可不用上述(2)、(3)两种统计处理方法,而直接采用如下标准:

①MN‰ 在 10‰ 以下为基本无污染;10‰—18‰(不含)区间为轻度污染;18‰—30‰ 区间为中度污染;30‰ 以上为严重污染。

②污染指数(pollution index)判别。此方法可避免实验条件等因素带来的 MN‰ 本底的波动,故较适用。

污染指数(PI)=样品实测 MN‰ 平均值÷标准水(对照组)MN‰ 平均值

污染指数在 0—1.5(不含)区间为基本无污染;1.5—2.0(不含)区间为轻度污染;2.0—3.5(不含)区间为中度污染;3.5 及以上为严重污染。凡数值在上、下限值时,定为上一级污染。

四、实验器材

1. 实验材料

松滋青皮蚕豆若干。蚕豆根尖细胞的染色体大,DNA 含量多,因而对诱变物反应敏感。松滋青皮蚕豆是从蚕豆不同品种中筛选出来的微核实验敏感品种。此品种栽培繁殖时要注意不和其他蚕豆品种种在一起,不喷农药,以保持该品种较低的本底微核值。如果只需对水环境的监测起警报系统作用,也可用其他当地蚕豆品种,但要注意设好对照组。种子成熟晒干后,为保证其发芽率,要贮于干燥器内,或用牛皮纸袋装好放入 4 ℃冰箱内保存备用。

2. 实验试剂

(1)5 mol/L HCl,模拟酸雨药品,也可用食用白醋,水培营养液(pH 模拟酸雨)。

(2)卡诺氏固定液:无水乙醇(或95%乙醇)3份加冰醋酸1份配成。固定根尖时随用随配。

(3)席夫氏(Schiff)试剂:称0.5 g碱性品红加蒸馏水100 mL置三角烧瓶中煮沸5 min,并不断搅拌使之溶解。冷却到58 ℃时过滤于深棕色试剂瓶中,待滤液冷至25 ℃时再加入10 mL 1 mol/L HCl和1 g偏重亚硫酸钠($Na_2S_2O_5$)或偏重亚硫酸钾($K_2S_2O_5$),充分振荡使其溶解。塞紧瓶口,用黑纸包好,置于暗处至少24 h,染色液如果透明无色即可使用。此染色液在4 ℃冰箱中可保存6个月左右,如出现沉淀就不能再用。

(4)SO_2洗涤液。

贮存液:10% $Na_2S_2O_5$(或10% $K_2S_2O_5$)溶液,1 mol/L HCl。

使用液:取上述10% $Na_2S_2O_5$(或10% $K_2S_2O_5$)溶液5 mL,加1 mol/L HCl 5 mL,再加蒸馏水100 mL配成。现用现配。

3. 实验仪器

显微镜、生化培养箱、恒温水浴锅、冰箱、手按计数器、解剖盘、镊子、解剖针、载玻片、盖玻片、试剂瓶、烧杯、pH仪、电子天平等。

五、实验步骤

(一)基本实验方法

1. 蚕豆浸种催芽

(1)浸种 将当年或前一年的松滋青皮蚕豆种子按需要量放入盛有自来水(或蒸馏水)的烧杯中,置25 ℃的生化培养箱内浸泡24—36 h,此期间至少换水2次,换用的水最好事先置于25 ℃温箱中预温。如室温超过25 ℃,即可在室温下进行浸种催芽。

(2)催芽 待种子吸胀后,用纱布包裹置解剖盘(或烧杯)内,保持湿度,在25 ℃的生化培养箱中催芽12—24 h。待种子初生根露出2—3 mm时,选取发芽良好的种子,放入铺有薄薄一层的湿脱脂棉的培养皿(或解剖盘)内,仍置入25 ℃的生化培养箱中继续催芽,注意保持湿度。再经36—48 h,根毛发育良好,这时就可用于监测水源样品或检测药物溶液诱变效应。

2. 被测液处理根尖

每一处理选取6—8粒初生根尖生长良好、根长较一致的种子,放入盛有被测液的培养皿中,让被测液浸泡住根尖即可。处理时间为4—6 h,具体视实验要求和被测液的浓度等情况而定。用自来水(或蒸馏水)处理作对照,方法相同。

3. 根尖细胞修复培养

(1)将处理后的种子,用自来水(或蒸馏水)浸洗3次,每次2—3 min。

(2)洗净后的种子再放入新铺好湿脱脂棉的培养皿(或解剖盘)内,按前述培养条件使根尖细胞修复22—24 h,亦可在培养皿中用自来水浸住根尖修复培养。

4. 固定根尖细胞

(1)将修复培养后的种子,从根尖顶端切下1 cm长的幼根放入小试管中,加卡诺氏固定液固定24—48 h。

(2)固定后的幼根如不及时制片,可换入70%乙醇中,置4 ℃的冰箱内保存备用。

5. 孚尔根(Feulgen)染色

(1)固定好的幼根,在小试管中用蒸馏水浸洗2次,每次5 min。

(2)吸净蒸馏水,再加入5 mol/L HCl将幼根泡住,与小试管一起放入28 ℃水浴锅中水解25 min左右,视根软化的程度可适当增减时间,当幼根被软化即可。

(3)用蒸馏水浸洗幼根2次,每次5 min。

(4)在暗室或遮光的条件下加席夫氏试剂,每管用量以淹住幼根且液面高出2 mm为好。在遮光条件下染色4—6 h。

(5)除去染液,用SO₂洗涤液浸洗幼根2次,每次5 min。

(6)用蒸馏水浸洗一次,5 min。

(7)将幼根放入新换的蒸馏水中,置4 ℃的冰箱内保存,可供随时制片之用。

6. 制片

(1)将幼根放在擦净的载玻片上,用解剖针截下1 mm左右的根尖。

(2)滴上少许蒸馏水或45%醋酸溶液,用解剖针将根尖捣碎。

(3)加盖一清洁的盖玻片,注意不要有气泡。

(4)在盖玻片上加一小块滤纸,用左手食指压住盖玻片一角,右手用铅笔上的橡皮头一端敲打压片,切勿让盖玻片与载玻片之间滑动。

(二)实验设计和实施

(1)通过小组头脑风暴,产生研究假设。

(2)自变量的设置。查阅文献,根据2022年中国生态环境状况公报的酸雨pH区间,尝试设计预实验,寻找合适的实验浓度区间,并依据此结果设计分组实验。

(3)因变量的测量。下一个可让大家都能准确测量的定义。依据此定义,尝试操作测量,分析一下可能出现的测量困难与误差产生的原因,并在此基础上完善操作与定义。

(4)无关变量有哪些?如何控制?

(5)形成初步研究方案,实施预实验。

(6)根据预实验结果,调整研究方案,正式实施研究。

(7)根据本组的正式实验设计,进行实验。

(三)实验结果和数据

(1)描述并记录观察到的蚕豆生根情况。

(2)测量并记录蚕豆初生根尖分生区细胞微核数(表6-19)。

表6-19　探究模拟酸雨对蚕豆生长发育的影响记录表

数目	组别	观察时间	初生根数量/个	平均初生根长度/mm	蚕豆初生根尖分生区		
					细胞数/个	微核数/个	MN‰
随机选择6颗	蒸馏水						
	模拟酸雨浓度A						
随机选择6颗	模拟酸雨浓度B						
	模拟酸雨浓度C						
随机选择6颗	模拟酸雨浓度D						
	模拟酸雨浓度E						
	模拟酸雨浓度F						

注:微核数镜检原则,参照上述镜检及微核识别标准;微核千分率(MN‰)的计算及污染程度的判断参见文中相关说明。

(四)实验结果分析和讨论

(1)各组交流实验数据。分析小组和全班的数据,讨论实验数据是否支持假设。分析实验结果,得出科学结论,对实验中实验设计思路的创新、实验结果是否符合预期进行讨论,探讨实验实施过程中遇到的问题和心得、实验统计数据偏离的原因。

(2)向全班报告研究结果,研讨"酸雨对植物生长发育的影响"。

实验完成后,鼓励感兴趣的同学或小组继续探讨相关课题。

六、开放实验建议

学生分成若干组,每组在课前研讨本组选择的研究对象,如蚕豆、黄豆、绿豆、洋葱、大蒜等。既要考虑研究成本,又要考虑经济价值或社会效益。

学生也可以根据研究兴趣与实验室条件,选择通过测量抗氧化防御系统酶的活性,如SOD、CAT等的活性变化来监测植物生长发育的状态。SOD酶目前常用的测定方法有3种,包括NBT光化还原法、邻苯三酚自氧化法、邻苯三酚自氧化法-化学发光法。CAT酶则通过测定H_2O_2的减少量来确定活性。这类实验一般涉及化学滴定法及标准曲线的绘制等,比较复杂。选择较为简单的根伸长实验、种子发芽实验和植物幼苗早期生长实验等进行检测,也可以很好地完成本实验的设计目标。

七、实验注意事项

(1)如使用本法监测严重污染的水环境,监测处理时造成根尖死亡,应稀释后再作测试。

(2)在没有空调等恒温设备的条件下,如室温超过35 ℃,MN‰本底可能有升高现象,可用污染指数法进行数据处理,不会影响监测结果。

八、思考题

(1)细胞微核生成的原因有哪些?

(2)细胞微核监测技术与生物体内抗氧化防御系统酶的活性监测技术,各有哪些优点与缺陷?

(3)在没有空调等恒温设备的条件下,如室温超过35 ℃,MN‰本底可能有升高现象。请解释其原因。

九、参考文献

[1]白雨濛,关彦俊,童晶晶,等.蚕豆根尖微核技术[J].吉林农业,2019(4):47.

[2]李爱玲,贾盼.应用蚕豆微核技术监测渭河宝鸡段水质污染状况[J].湖北农业科学,2017,56(24):4727-4730.

[3]王五香,高丹,廖芬,等.蚕豆根尖微核技术的方法学新论[J].生态毒理学报,2016,11(3):86-91.

[4]邓冰,穆龙,周银行.采用蚕豆根尖细胞微核技术检测核设施周围水域的遗传毒性[J].癌变·畸变·突变,2016,28(2):141-144.

[5]邓琳琼,聂霞,李娟,等.应用蚕豆根尖细胞微核技术分析倒天河水库水质状况[J].贵州科学,2015,33(6):62-66.

十、推荐阅读

[1]王晓莉,陈灿,李键,等.不同光环境下模拟酸雨对木荷幼苗生长的影响[J].森林与环境学报,2022,42(5):449-455.

[2]刘丰彩,杨燕华,江军,等.酸雨对中国陆地生态系统土壤呼吸影响的整合分析[J].生态学报,2022,42(24):10191-10200.

[3]周燕,吕惠飞,高海力,等.镉和模拟酸雨胁迫对桑幼苗根系特性的影响[J].浙江林业科技,2022,42(3):42-48.

[4]林妙君,林敏丹,许展颖,等.酸雨胁迫对水稻萌芽及幼苗生长的影响[J].广东农业科学,2022,49(4):1-7.

实验九　切花保鲜探究

鲜切花作为一种家庭陈设,既能体现主人的艺术品位,又能展示对美好生活的向往。但切花艺术强调的是"鲜活"。如何保持鲜花的持久生命力,使一瓶切花保持得更持久、更耐看? 这需要探究切花保鲜问题。

一、实验目的

(1)掌握切花保鲜的一般方法,理解其主要原理。
(2)通过常用切花保鲜剂受控实验验证其对切花保鲜效果的假设。
(3)应用生物统计学分析切花保鲜效果。
(4)比较常见切花保鲜的一般方法,掌握创新性科学思维的一般方法。

二、预习要点

(1)切花保鲜的一般方法及其主要原理。
(2)应用生物统计学分析切花保鲜效果的方法。

三、实验原理

可采用物理或化学方法对切花进行生理调节以达到保鲜的效果。从使用目的分类,主要分为两类:一种是生产、运输及销售环节,贮藏保鲜常通过低温、低压,调节湿度和含氧量或充二氧化碳等手段,调整贮藏条件,以降低切花呼吸与代谢速率,达到保鲜目的,增加淡季切花供应或为节日消费作贮备,并有利于长途运输。另一种是家庭消费者,一般采用瓶插保鲜,需要用点保鲜剂(更多的家庭只是加点水),可抑制切口病菌滋生、补充营养、延缓衰老和延长瓶插时间。上述两类方法,所用的保鲜策略有所不同。对于探究实验,各学习小组可以根据兴趣,选择一个特定的情境来设计,或生产、运输及销售环节,或家庭瓶插保鲜等。

想要延长鲜切花的保鲜时间,可从3个方面考虑:一是水分供应,二是杀菌灭菌,三是温度控制。具体可以参考以下5点做法。

（1）修剪切口扩大枝条吸水面积。切花买回来后，第一时间泡水醒花。醒花的时候要注意，重新修剪一个新的切口，切口斜剪，可以增大吸水面积，然后把花枝浸泡在水里，让鲜切花通过新的切口充分吸水。

（2）修剪口杀菌。在瓶插鲜切花的时候，为了延长花期，需要做好杀菌，以防吸水切面感染病菌，导致鲜花腐败加速。杀菌可以用150—200倍的醋液浸泡切口，也可以用打火机，把剪切口烧一下，利用火的高温杀菌（类似于在紧急情况下做手术时，火烧手术器具）。在瓶插鲜切花的水中，也可以加一点醋，对延迟花期有帮助。

（3）水中加花卉保鲜剂。使用花卉保鲜剂，可以给鲜切花提供一些养分，维持水质相对稳定，是延长鲜切花花期的有效方法之一。

（4）避免阳光直射。鲜切花应摆放在没有阳光直射的位置，如果阳光直接晒到鲜切花上，容易造成花朵萎蔫，会缩短鲜切花的花期。

（5）定期换水。维持水质良好是延长鲜切花花期的重要条件，所以定期换水很重要，保证水质干净，没有病菌和绿藻，鲜切花就能保持得更持久些。

四、实验器材

1. 实验材料

新鲜程度、开放花径大小相当，长25 cm康乃馨花枝若干。

2. 实验试剂

保鲜剂配方A［50 mL 150×10^{-6} 8-羟基喹啉（8-HQ）+20 mL 2%蔗糖+30 mL 蒸馏水，柠檬酸调pH至4.5］、保鲜剂配方B［50 mL 150×10^{-6} 8-HQ+20 mL 2%蔗糖+5 mL 50×10^{-6}多效唑（PP$_{333}$）+1 mL 10×10^{-6} KCl+1 mL 10×10^{-6} 硼酸（H$_3$BO$_3$）+23 mL 蒸馏水，柠檬酸调 pH 至4.5］、对照液（100 mL蒸馏水）等。

3. 实验仪器

大烧杯、钢直尺、电子天平等。

五、实验步骤

花卉保鲜剂对花卉保鲜影响的受控实验，一般要求采用单一变量控制法，即一组实验只操作控制一个变量，并保持其他变量不变，这样可以观察到自变量与因变量的变化关系。具体设计时，可以采用加法原则或减法原则来设计实验区组。

(一)实验设计和实施

(1)通过小组头脑风暴,产生研究假设。

(2)自变量的设置。查阅文献,探讨多种保鲜剂的保鲜效果。尝试设计预实验,寻找合适的实验浓度区间,并依据此结果设计分组实验。

(3)因变量的测量。探讨康乃馨保鲜效果如何测量。下一个可让大家都能准确测量的定义。依据此定义,尝试操作测量,分析一下可能出现的测量困难与误差产生的原因,并在此基础上完善操作与定义。

(4)无关变量有哪些?如何控制?

(5)形成初步研究方案,报教师审核批准后,实施预实验。

(6)根据预实验结果,调整研究方案,正式实施研究。

(7)根据本组的正式实验设计,进行实验。定期观察并测量康乃馨花朵和花枝变化情况。

(二)实验结果和数据

(1)描述并记录康乃馨花朵和花枝变化情况。

(2)测量并记录脱离花苞中心的外层花瓣数(表6-20)。

表6-20 探究两种混合配方的保鲜剂对康乃馨的保鲜效果记录表

数目	组别	观察时间	花枝状态	切花直径/mm	脱离花苞中心的外层花瓣数/片
每组随机选择6枝	蒸馏水				
	配方A				
	配方B				

注:康乃馨鲜切花的起始状态必须尽可能控制均一;确定脱离花苞中心的外层花瓣的定义;切花直径的测量方法统一。

(三)实验结果分析和讨论

(1)各组交流实验数据。分析小组和全班的数据,讨论实验数据是否支持假设。分析实验结果,得出科学结论,对实验中实验设计思路的创新、实验结果是否符合预期进行讨论,探讨实验实施过程中遇到的问题和心得、实验统计数据偏离的原因。

(2)向全班报告实验结果,研讨"保鲜剂对切花的保鲜效果"。

实验完成后,鼓励感兴趣的同学或小组继续探讨相关课题。

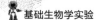

六、开放实验建议

学生可以根据需要分成若干组,每组在课前研讨本组选择研究哪一类保鲜问题。并在此基础上,选择各自的研究对象,如康乃馨、月季、玫瑰、马蹄莲、荷花、睡莲花等。在选材时,尽可能选择花朵相对较大,花瓣离生的花卉,便于计数和测量花瓣变化情况,不要选择如山茶这类整朵脱落的花卉。在选择何种保鲜剂或保鲜剂混合配方时,尽可能小组研讨,确定一致的研究对象和保鲜方法。既要考虑研究成本,又要考虑经济价值或社会效益。

七、注意事项

(1)配方A和配方B,都是化学保鲜剂,必须严格按实验室规范使用。
(2)特别提醒,对不同类型的化学保鲜剂,要充分查阅资料,思考其可行性与副作用。

八、思考题

(1)化学切花保鲜剂对自然界的影响可能有哪些? 如何发挥其有益之处,避免其不利之处?
(2)在日常生活中如何利用天然保鲜剂,延长切花的保鲜期?

九、参考文献

[1]徐心诚.不同保鲜剂对康乃馨切花保鲜效果的影响[J].湖北农业科学,2016,55(11):2872-2875.

[2]李芬,祝剑峰.切花保鲜技术研究[J].农村经济与科技,2020,31(13):70-71.

[3]赵智明,贾爱平,金徽,等.不同配方保鲜液对康乃馨鲜切花保鲜效果的影响[J].黑龙江农业科学,2016(8):68-71.

[4]刘季平,何生根,吕培涛,等.二氯异氰脲酸钠处理对香石竹切花的保鲜效应[J].园艺学报,2009,36(1):121-126.

[5]马丽.几种试剂组合对菊花切花保鲜效果的影响[J].北方园艺,2013(4):135-138.

十、推荐阅读

[1]角兴云,李金芳,吴远双.不同物质在鲜切花保鲜中的应用研究进展[J].农业科技与信息,2022(19):85-88.

[2]陈和敏,李佐,马男,等.兰花切花保鲜及盆花品质保持技术研究进展[J].园艺学报,2022,49(12):2743-2760.

[3]方萍,蒋劢博,吴海峰,等.食用色素对鲜切单头菊染色及保鲜效果的影响[J].安徽农业科学,2022,50(15):159-162.

[4]王育瑶,张通,王彩云.荷花插花中的保鲜技术[J].花木盆景(花卉园艺),2022(8):50-51.

[5]姜跃丽,师进霖,杜秀虹,等.不同保鲜剂对洋桔梗切花的保鲜效果[J].现代农业科技,2022(13):80-84.

实验十　食物防腐的探究

食物防腐是一个古老的课题。古人在渔猎时期,如渔猎物有一定剩余,就会想方设法让其保存长久一点。这方面积累的经验与教训足够多后,就形成了一系列防止食物腐败的方法。用今天的科学知识来说,防腐就是防微生物,要么杀死,要么抑制其生长。常见的食物防腐方法包括:

高盐:高盐防腐,比如咸菜、咸鸭蛋、咸鱼、咸肉等,由于太咸(有时还很干),微生物难以生存,一般不需要另外再加防腐剂(盐本身就是防腐剂)。

高糖:高糖防腐,最典型的是蜂蜜(蜂蜜能够长久防腐,还有其他因素,这个大家可以尝试探究),由于含糖量特别高,微生物很难生存,因此一般不需要再加其他防腐剂。

烟熏:烟熏防腐,比如常见的熏制腌肉、火腿、熏鱼等,也不需要防腐剂,当然一般烟熏工艺是和盐渍一起实现防腐的,而且熏制过程也会脱水,进一步加强了防腐效果。

用酒:酒精能杀菌,比如腐乳里面常常放食用酒精,可以抑制微生物的生长。高度白酒,只要密封完好,可以存放很多年。如著名的绍兴女儿红。

干燥:干燥防腐,比如薯片、锅巴、方便面等,它们水分很少,微生物难以生长。

香料:许多天然香料都具有一定的防腐保鲜作用,比如肉蔻、丁香、桂皮等。如制作木乃伊时,就加了很多不同香料。

发酵:发酵食品中的有益微生物很多,这样别的微生物很难长起来。

灭菌:灭菌的方式五花八门,有高温高压、微波、辐照等,其中高温最常见。比如常温奶经过超高温灭菌,细菌杀死了,一般不需要加防腐剂。

低温:冷冻条件下,微生物很难生长繁殖。

随着食品工业的发展,我们发展了巴氏灭菌、真空包装、低温灌装、速冻冷藏等一系列有效的食品防腐工艺,还探索出了一系列食品防腐剂,如山梨酸钾等。

一、实验目的

(1)掌握食物防腐的一般方法,理解其主要原理。

(2)通过常用食物防腐剂受控实验验证其对食物防腐效果的假设。

(3)应用生物统计学分析某种特定的防腐技术或防腐剂的防腐效果。

(4)通过研究食物防腐技术的一般历史脉络,认识科学、技术、社会与环境的复杂关系,形成科学态度与社会责任感。

二、预习要点

(1)食物防腐的一般方法及其主要原理。
(2)应用生物统计学分析食物防腐效果。

三、实验原理

1. 巴氏灭菌法

巴氏灭菌法(pasteurization)亦称低温消毒法(巴氏消毒),采用较低温度(一般在68—70 ℃),在规定的时间内,对食品进行加热处理,达到杀死微生物营养体的目的,是一种既能达到消毒目的又不损害食品品质的方法,因由法国微生物学家巴斯德(L. Pasteur,1822—1895)发明而得名。巴氏灭菌热处理程度比较低,一般在低于水沸点温度下进行加热,加热的介质为水。

巴氏灭菌的主要过程是将混合原料加热至68—70 ℃,并保持此温度30 min以后急速冷却到4—5 ℃。因为一般细菌的致死点为温度68 ℃与保温时间30 min,所以将混合原料经此法处理后,一般可杀灭其中的致病性细菌和绝大多数非致病性细菌。混合原料加热后突然冷却,急剧的热与冷变化也可以促使细菌的死亡。巴氏消毒其实就是利用病原体不是很耐热的特点,用适当的温度和保温时间处理,将其全部杀灭。但经巴氏消毒后,仍保留了小部分无害或有益、较耐热的细菌或细菌芽孢,因此巴氏消毒牛奶要在4 ℃左右的温度下保存,且只能保存3—10 d,最多16 d。

2. 超高温灭菌法

随着技术的进步,人们还使用超高温灭菌法(UHT,超高温瞬间灭菌,135—150 ℃,2 s,对营养成分破坏小)对牛奶进行处理。经过这样处理的牛奶保质期会更长。我们看到的那种纸盒包装的牛奶大多数是采用这种方法。

3. 交流电杀菌

交流电杀菌一般是指果蔬汁类的液体物料内通过数百赫兹以下的低频交流电杀死微生物细菌的方法,其中有一种扩展使用方法——电阻加热技术,它是利用连续流动的导电液体的电阻热效应来进行加热,以达到杀菌目的。

4. 超声波杀菌

利用超声波在固体、液体和气体中传播时的空化效应、力学效应、化学效应、热效应、弥散效应、声流效应、毛细效应、触变效应的一系列反应来达到杀菌目的。

5. 添加食品防腐剂

食品防腐剂对代谢底物为腐败物的微生物的生长具有持续的抑制作用,基本上没有杀菌作用,只有抑制微生物生长的作用;毒性较低,对食品的风味基本没有损伤;使用方法比较容易掌握。我国规定使用的防腐剂有苯甲酸、苯甲酸钠、山梨酸、山梨酸钾等。

四、实验器材

面粉。茶多酚、蒸馏水等。电子天平、大烧杯等。

五、实验步骤

食品防腐剂对食品防腐影响的受控实验,一般要求采用单一变量控制法,即一组实验只操作控制一个变量,并保持其他变量不变,这样可以观察到自变量与因变量的变化关系。具体设计时,可以采用加法原则或减法原则来设计实验区组。

(一)实验设计和实施

(1)通过小组头脑风暴,产生研究假设。

(2)自变量的设置。查阅文献,探讨天然食品防腐剂茶多酚对湿面团产生显著防腐影响的浓度区间;尝试设计预实验,寻找合适的实验浓度区间,并依据此结果设计分组实验。

(3)因变量的测量。探讨湿面团防腐效果如何测量?下一个可让大家都能准确测量的定义。依据此定义,尝试操作测量,分析一下可能出现的测量困难与误差产生原因,并在此基础上完善操作与定义。

(4)无关变量有哪些?如何控制?

(5)形成初步研究方案,报教师审批后实施预实验。

(6)根据预实验结果,调整研究方案,正式实施研究。

(7)根据本组的正式实验设计,进行实验。定期观察并测量湿面团防腐情况。

(二)实验结果和数据

测量并记录湿面团防腐情况(表6-21)。

表6-21 天然食品防腐剂茶多酚对湿面团防腐效果记录表

湿面团	组别	观察时间	湿面团表面状态描述	霉点数/个	霉斑平均面积/mm²	特例
随机选择6团	蒸馏水					
	茶多酚A					
随机选择6团	茶多酚B					
	茶多酚C					
随机选择6团	茶多酚D					
	茶多酚E					
	茶多酚F					

注:在茶多酚浓度区间内,合理选择不同浓度值,形成A—F;注意不同茶多酚浓度湿面团的制作与大小控制、实验环境控制等。

(三)实验结果分析和讨论

(1)各组交流实验数据。分析小组和全班的数据,讨论实验数据是否支持假设。分析实验结果,得出科学结论,对实验中实验设计思路的创新、实验结果是否符合预期进行讨论,探讨实验实施过程中遇到的问题和心得、实验统计数据偏离的原因。

(2)向全班报告实验结果,研讨食品防腐问题。

实验完成后,鼓励感兴趣的同学或小组继续探讨相关课题。

六、开放实验建议

鉴于化学合成食品防腐剂的安全性问题和相关缺陷,人类正在探索更安全、更方便使用的天然食品防腐剂,这已经成为食品工业发展的一种趋势。因此,建议选择天然食品防腐剂作为研究对象。

建议各合作学习小组选择容易腐败的常见食品或食材,最好是比较经济、容易获得、易控制者作为研究对象,减少研究成本。如湿面团、米粥、米饭、面条汤、猪肉汤等。一般不选择商品类食物,如面包等,这些商品在制作中,必然采用某种防腐措施,甚至多种方法混合使用,以达到更佳的防腐效果,这会严重影响实验的控制。

本实验选择的湿面团,其特点是容易统计霉点数量和测量霉斑的面积等。如果选择液体类食物,则可以通过血细胞计数板,统计细菌数量,也可以通过比浊计或分光光度计等手段测量液体中生成的微生物数量。

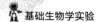

七、注意事项

(1)茶多酚是一种天然食品防腐剂,使用时,必须严格按国家相关规定添加,不能超标使用。

(2)特别提醒,不同类型的食品防腐方法或防腐剂,选择使用时要充分查阅资料,思考其可行性与副作用。

八、思考题

(1)有人设想将天然食品防腐保鲜剂,添加到化妆品中,认为这样也可以使人"保鲜"。你认为如何?

(2)巴氏消毒为什么还在使用?其优点是什么?存在什么缺点?你有优化巴氏消毒法的建议吗?

(3)真空包装、低温灌装、速冻冷藏等食品防腐方法优点是什么?存在什么缺点?分别适用于哪些食品防腐?可以优化吗?如何优化?

九、参考文献

[1]李莹莹,李平,韦胜,等.天然食品防腐保鲜剂在生鲜湿面中的研究进展[J].食品研究与开发,2022,43(1):194-201.

[2]郝利平,聂乾忠,周爱梅,等.食品添加剂[M].4版.北京:中国农业大学出版社,2021.

[3]韩金龙,董梅,王琴,等.天然食品防腐剂研究进展[J].中国食品,2021(23):104-105.

[4]于君娜,罗崇辉.食品防腐剂在食品中应用研究[J].食品安全导刊,2021(30):125-126.

[5]张海霞.天然食品防腐保鲜剂的发展现状及前景[J].现代食品,2015(23):26-28.

[6]李妍琳.天然食品防腐保鲜剂的发展现状及前景[J].生物技术世界,2015(3):40.

十、推荐阅读

[1]王富.乳酸菌在食品防腐中的应用探析[J].食品安全导刊,2022(10):145-147.

[2]李莹莹,李平,韦胜,等.天然食品防腐保鲜剂在生鲜湿面中的研究进展[J].食品研究与开发,2022,43(1):194-201.

[3]刘维兵,杨林,包晓玮.天然植物提取物工艺优化及防腐抑菌效果研究[J].肉类工业,2021(11):47-51.

[4]尹佳,刘得鹏,谢富忠,等.葡萄籽提取物作为食品防腐保鲜剂[J].食品工业,2021,42(11):297-301.

[5]于君娜,罗崇辉.食品防腐剂在食品中应用研究[J].食品安全导刊,2021(30):125-126.

附录一 常用生物实验试剂的配制

一、常用生物实验试剂配制

(一)70%乙醇的配制

乙醇为生物实验室所常用的杀菌消毒剂,可用于清洁双手、擦拭台面或器械的局部灭菌等。在提取纯化DNA、RNA和蛋白质等生物大分子的过程中,也会使用到乙醇。生物实验室常用的70%乙醇一般由市售无水乙醇配制而成。这里的70%指乙醇的体积分数,故1 L的70%乙醇由700 mL分析纯无水乙醇与300 mL双蒸水混匀得到。

(二)高锰酸钾消毒液的配制

常用高锰酸钾消毒液浓度为0.1%。配制方法为称取1 g高锰酸钾晶体,装入量器内,加水1 000 mL使其充分溶解即得。0.1%高锰酸钾溶液可用于冲洗溃疡、创面、脓肿及饮水、食物的消毒。

(三)次氯酸钠消毒液的配制

次氯酸钠溶液是实验室最广为使用的消毒剂之一,可用于清洁地面、清洗玻璃、浸泡废弃物等。次氯酸钠的消毒能力常用有效氯来评估,1 mol次氯酸钠含有的有效氯约为95.4 g。实验室不同用途的次氯酸钠消毒液具有不同的有效氯浓度。比如,桌面、地面用消毒液有效氯含量需为0.5 g/L;玻璃器皿用消毒液有效氯含量需为2 g/L;其他非金属器皿用消毒液有效氯含量也需为2 g/L;废弃样品浸泡用消毒液有效氯含量需为10 g/L。所以,在使用次氯酸钠消毒液时,需根据实际需求配制。例如,配制清洗玻璃器皿的次氯酸钠消毒液,需在1 L水中加入约0.021 mol次氯酸钠,约为1.56 g。

(四)碘酒的配制

碘酒又名碘酊(注意不是碘伏,碘伏是有机碘,为单质碘和聚乙烯咯烷酮组成的不定型结合物),是一种外科用消毒杀菌剂。常用的碘酒为含碘量2%—3%的酒精溶液。由于碘在酒精中溶解度低且溶解慢,故碘酒配制时还须加入适量的碘化钾助溶,碘酒的配制方法如下:

(1)称取结晶碘25 g、碘化钾10 g,量取乙醇500 mL;

(2)将碘化钾溶解于少量水之中(约10 mL),再将结晶碘加入碘化钾溶液;

(3)加入乙醇,搅拌溶解后,添加双蒸水定容至1 000 mL,即为常用的皮肤消毒剂碘酒。

(五)碘液的配制

配制碘液全部操作应在棕色瓶中进行,碘微溶于水,易溶于碘化钾溶液,故在配制碘液时需用到碘化钾。配制100 mL原碘液:

(1)称取5.5 g碘化钾和1.1 g结晶碘;

(2)用少量双蒸水(约10 mL)溶解碘化钾,再加入碘,充分搅拌使其完全溶解;

(3)加水定容至100 mL,摇匀,储存于棕色试剂瓶中。

在使用碘液进行染色或者利用碘液鉴定淀粉时,使用到的碘液为稀碘液。配制方法为取原碘液0.5 mL,加入碘化钾5 g,再加双蒸水定容至100 mL。

(六)氢氧化钠溶液的配制(10 mol/L)

(1)称取200 g氢氧化钠颗粒;

(2)烧杯中盛入400 mL双蒸水,往烧杯中缓慢加入氢氧化钠颗粒,该过程剧烈放热,须不断搅拌,为防液体喷溅、灼伤皮肤或损坏衣物等,可将烧杯置于冰上;

(3)待颗粒完全溶解后,加双蒸水定容至500 mL;将溶液转移至塑料瓶中,室温保存,不需要高压蒸汽灭菌。

(七)SDS溶液配制(20%质量分数)

(1)称取200 g十二烷基磺酸钠(SDS)颗粒,转移至烧杯中;

(2)在烧杯中盛入900 mL双蒸水,将烧杯置于磁力搅拌器上,加热至68 ℃,磁力搅拌助溶;

(3)加入少许盐酸(约1 mL),调节pH至7.2;

(4)加双蒸水定容至1 L,不要高压蒸汽灭菌,转移至玻璃瓶中室温储存。

(八)EDTA溶液的配制(0.5 mol/L)

(1)称取186.1 g二水合乙二胺四乙酸二钠($Na_2EDTA \cdot 2H_2O$),转移至烧杯中;

(2)加入800 mL双蒸水中,在磁力搅拌器上高速剧烈搅拌;

(3)逐渐缓慢加入氢氧化钠颗粒(需要约20 g氢氧化钠),直到pH调节为8.0,此pH下EDTA二钠盐才会彻底溶解;

(4)加双蒸水定容至1 L(浓度为0.5 mol/L),分装,高压蒸汽灭菌保存。

(九)PBS缓冲液的配制(0.01 mol/L)

PBS是磷酸盐缓冲溶液(phosphate buffer saline)的简称,是生物实验室中使用最为广泛的缓冲液,可缓冲pH的变化,当受到稀释或向其中添加有限量的酸或碱时,其pH变化不大。PBS缓冲液的主要成分为磷酸氢二钠、磷酸二氢钾、氯化钠和氯化钾。PBS缓冲液pH为7.4,人体的pH介于7.35至7.45之间,平均值为7.4。PBS缓冲液还模拟了人体渗透压和离子浓度。由于它对细胞无毒,因此被广泛用于洗涤细胞、组织运输和溶液稀释。实验室常用的0.01 mol/L PBS缓冲液(1×)的配制方法如下:

(1)称取8 g氯化钠、0.2 g氯化钾、1.44 g磷酸氢二钠和0.24 g磷酸二氢钾,转移至烧杯中;

(2)在烧杯中盛入800 mL双蒸水,搅拌使其溶解;

(3)加入盐酸调节溶液的pH至7.4;

(4)加双蒸水定容至1 L;高压蒸汽灭菌,密封保存于室温或4 ℃冰箱中。

(十)Tris-HCl缓冲液的配制(1 mol/L)

(1)称取121.1 g Tris碱(三羟甲基氨基甲烷),转移至烧杯中;

(2)加入约800 mL双蒸水,搅拌使其溶解;

(3)加入42 mL左右的浓盐酸(37%),在室温下(约25 ℃)调节pH至8.0,注意在调节pH至最终值前,需要让溶液冷却至室温;

(4)加双蒸水定容至1L,分装,高压蒸汽灭菌保存。

(十一)裂解缓冲液的配制

裂解缓冲液是在进行从哺乳动物细胞中分离DNA实验时常用到的一种细胞裂解液,主要由Tris-HCl(1 mol/L,pH 8.0)、EDTA溶液(0.5 mol/L)、SDS溶液(20%质量分数),以及RNA酶构成。配制时先将10 mL Tris-HCl、200 mL EDTA溶液和25 mL SDS溶液混合,然后加双蒸水定容至1 L,并在室温下储存。在使用前,加入适量RNA酶,使RNA酶终浓度为20 μg/mL。

(十二)酚-氯仿-异戊醇的配制

提取核酸(DNA/RNA)时常用到等体积的平衡酚:氯仿:异戊醇(25∶24∶1)的混合物。其中,苯酚可使蛋白质变性,氯仿有助于水相和有机相的分离,异戊醇可减少抽提过程中泡沫的产生。在使用前,氯仿和异戊醇都不需要进行处理。但苯酚需要平衡pH至7.8,因为酸性环境下DNA会进入有机相当中,苯酚平衡方法如下:

(1)将苯酚从−20 ℃冰箱中取出,让其升温至室温,再加热到68 ℃熔化,添加羟基喹啉(一种抗氧化剂)至终浓度为0.1%。

(2)在熔化的苯酚中加入等体积的0.5 mol/L Tris-HCl缓冲液(pH 8.0),在磁力搅拌器上将混合液搅拌15 min。关闭搅拌器,当两相分离后,使用与装有抽滤瓶的真空装置相连的玻璃管尽可能地将上层水相去除。

(3)往苯酚中再加入等体积的0.1 mol/L Tris-HCl缓冲液(pH 8.0),在磁力搅拌器上将混合液搅拌15 min。关闭搅拌器,按步骤2所述去除上层水相。重复抽提过程,直至苯酚相的pH大于7.8。

(4)平衡完成,并且最后的水相去除之后,加入0.1倍体积的含有0.2% β-巯基乙醇的0.1 mol/L Tris-HCl缓冲液(pH 8.0)。这种形式的酚溶液可装在不透光的瓶中,于4 ℃可保存1个月。

(十三)生理盐水的配制

动物生理实验中常用到生理盐水,两栖类动物生理盐水为0.65%氯化钠溶液,鸟类为0.75%氯化钠溶液,哺乳类和人类为0.9%氯化钠溶液。常用的生理盐水有任氏生理盐水和乐氏生理盐水。这些生理盐水的配方中还加入了钙盐、钾盐用于模仿细胞外液的离子成分;加入缓冲盐用于模仿细胞外液的pH。

任氏生理盐水常用于蛙类生理实验,配制方法如下:

(1)称取6.5 g氯化钠、0.14 g氯化钾、0.2 g碳酸氢钠和0.01 g磷酸二氢钠,转移至烧杯中;

(2)加入少量双蒸水(约20 mL),搅拌使其溶解;

(3)加入双蒸水定容至980 mL;

(4)再称取0.12 g氯化钙溶解于20 mL双蒸水中,将氯化钙溶液逐滴加入上述溶液,边滴入边搅拌,以免产生不溶性磷酸钙沉淀。

乐氏生理盐水常用于哺乳类生理实验,配制方法如下:

(1)称取9 g氯化钠、0.42 g氯化钾、0.2 g碳酸氢钠,转移至烧杯中;

(2)加入少量双蒸水(约20 mL),搅拌使其溶解;

(3)加入双蒸水定容至980 mL;

(4)再称取0.24g氯化钙溶解于20 mL双蒸水中,将氯化钙溶液逐滴加入上述溶液。

(十四)10% 福尔马林固定液的配制

人体及动植物组织、器官标本的固定、浸制与保存一般会用福尔马林固定液。福尔马林固定液是蛋白质凝固剂,可使得体内的酶失活,进而阻止内源性溶酶体对自身组织和细胞的自溶,还能抑制细菌和霉菌的生长。福尔马林固定液处理之后的标本可以长期保存。

固定用福尔马林溶液浓度一般为10%,以市售的饱和甲醛溶液(浓度约40%)为原料,与双蒸水按1∶9的比例进行混合,例如配制100 mL福尔马林溶液,需取90 mL双蒸水放入烧杯中,加入40%的饱和甲醛溶液混合搅拌均匀,即可得到10%福尔马林固定液,故10%福尔马林溶液的实际甲醛含量只有4%左右。福尔马林中的甲醛易氧化形成甲酸,使得溶液呈酸性,会破坏某些组织的结构。因此需要用缓冲液调节pH,这时,需要将90 mL水调换为90 mL 0.01 mol/L PBS缓冲液(pH 7.4),PBS缓冲液的配制方法见上文。

(十五)卡诺氏(Carnoy)固定液的配制

卡诺氏固定液能够固定细胞质和细胞核,尤其适用于固定染色体,所以多用于细胞遗传学的制片,也用来固定腺体、淋巴组织等。卡诺氏固定液由乙醇、氯仿和乙酸按照6∶3∶1的体积比混合得到,使用的3种有机成分皆为分析纯。乙酸凝固点较高,一般先混合乙醇与氯仿,再加入乙酸。混合后避光保存,有效期约一年。

（十六）醋酸洋红染液的配制

（1）量取 100 mL 的 45% 乙酸，倒入锥形瓶中煮沸，熄灭酒精灯；

（2）在乙酸冷却前，缓慢分批加入约 1 g 洋红粉末；

（3）待洋红粉末全部加入后，再煮沸 1—2 min，并悬入一小根生锈铁钉 1 min，使得染色剂略含铁离子，可增强染色效果；

（4）静置 12 h 后过滤，然后转移至棕色瓶中保存备用。

（十七）改良苯酚品红染液的配制

（1）称取 2 g 碱性品红，用 100 mL 70% 乙醇溶解，制成原液 A，可长期保存；

（2）将 10 mL 原液 A 加入 90 mL 5% 苯酚水溶液当中，制成原液 B；

（3）在 55 mL 原液 B 中加入 6 mL 乙酸和 6 mL 饱和甲醛溶液，充分混匀，制成原液 C；

（4）取原液 C 10 mL 加入 1 g 山梨醇和 90 mL 45% 乙酸，置于棕色试剂瓶中，放置 14 d 后制成改良苯酚品红染液，可长期使用。

（十八）苏木精-伊红(HE)染液的配制

HE 染色是使用最为广泛的动物组织染色方法，普遍用于临床病理诊断。伊红为酸性染料，可将细胞质与细胞间质染为粉红色；苏木精为碱性染料，可将细胞核染为蓝紫色。两者配合可对组织进行对比染色。

苏木精染液的配制方法为：

（1）将 1 g 苏木精溶于 6 mL 无水乙醇，制成原液 A；

（2）将 10 g 硫酸铝铵(铵矾)溶于 100 mL 双蒸水制成原液 B；

（3）将 25 mL 甘油与 25 mL 甲醇混合制成原液 C；

（4）将原液 A 一滴滴地加入原液 B 中，充分搅拌后，放入广口瓶中用纱布蒙住瓶口，置于温暖和光线充足处 7—10 d，再加入原液 C，混匀后静置 1—2 个月，至颜色变为深紫色后，过滤备用，可长期使用。

伊红染液的配制方法为将 0.5 g 伊红溶解于 25 mL 95% 乙醇中，再加入双蒸水定容至 100 mL。

二、参考文献

［1］格林，萨姆布鲁克.分子克隆实验指南:第四版［M］.贺福初，主译.北京:科学出版社,2017.

［2］王英典，刘宁.植物生物学实验指导［M］.北京:高等教育出版社,2001.

［3］解景田，刘燕强，崔庚寅.生理学实验［M］.3 版.北京:高等教育出版社,2009.

附录二　实验室常用器皿的清洗与消毒

一、清洗

(一)玻璃器皿的清洗

实验室中常用的烧杯、锥形瓶、量筒等玻璃器皿洗涤前先由实验人员倒掉里面的内容物,加入洗涤剂,简单冲洗,再放到洗涤专用水槽内或指定位置。然后,将使用后的玻璃器皿浸泡在75%乙醇溶液中2 h以上,最好能过夜,浸泡时,注意让水能完全进入玻璃器皿中,不应留有气泡。浸泡后,用自来水冲洗2—3次(每次冲洗后尽量倾去管内残留液体,再冲洗下一遍)。然后将玻璃器皿用软质毛刷蘸洗涤剂刷洗,禁止使用含有沙粒的去污粉,洗刷时注意刷洗瓶角部位。洗刷完成后再用去离子水冲洗2—3次,使之不残留任何痕迹,冲洗后尽量倾去管内残留液体。洗干净的玻璃器皿倒置时,玻璃器皿中存留的水可以完全流尽而内壁不留水珠或油花,出现水珠或油花的器皿应重新洗涤。洗涤干净的器皿不能用纸或抹布擦干,以免将脏物或纤维留在器壁上而污染器皿。器皿倒置时应放在干净的仪器架上自然晾干(不能倒置于实验台上)。晾干后的玻璃器皿应及时整理,分门别类地存放在指定位置,以便实验人员取用。

(二)塑料器皿的清洗

目前实验室常用到出厂时已经消毒、灭菌并密封包装的商品化塑料器皿。使用时,只需打开包装即可,一般为一次性使用物品。必要时,用后经无菌处理后,尚可反复使用2—3次,但不宜过多。再用时仍然需要清洗和灭菌处理。塑料器皿质地软,不宜用毛刷刷洗,以免造成清洗困难。使用中一要防止出现划痕,二是用后要立即浸入水中。如果残留有附着物,可用脱脂棉拭掉,用流水冲洗干净,晾干,再用2%氢氧化钠液浸泡过夜后,用自来水充分冲洗,然后用5%盐酸溶液浸泡30 min,最后用自来水冲洗,用蒸馏水漂洗干净,晾干后备用。

(三)橡胶塞的清洗

橡胶塞在使用完毕后需用清水冲洗干净,然后在清水中加入洗涤剂,放入橡胶塞浸泡过夜。将浸泡后的橡胶塞放入1%氢氧化钠溶液中煮沸10—20 min,再用自来水冲洗干净。冲洗完成后,用1%盐酸浸泡30 min,再用自来水冲洗干净。再次冲洗完成后,用蒸馏水清洗2—3次,最后晾干,晾干后及时整理,分门别类地存放在指定位置,以便实验人员取用。

二、消毒

(一)紫外线消毒

紫外线直接照射消毒法方便、效果好,是目前各实验室及医疗机构常用的消毒法,适用于空气、操作台表面和一些不能使用其他方法进行消毒的培养器皿(如塑料培养皿、培养板等)。细胞/组织培养室的紫外线灯应距地面2.5 m,使每平方厘米有0.06 μW能量的照射,这样才能发挥有效的消毒作用。紫外消毒一般至少照射30 min。由于各种细菌对紫外线的敏感性不同,所需照射时间和剂量不同,需相应地调节照射时间与照射强度。紫外线照射不到的部位无法消毒,故消毒时,物品不宜相互遮挡。紫外线消毒会产生臭氧,污染空气,对身体有害;故消毒后,最好机械通风或自然通风一段时间。在紫外线照射时严禁进行实验操作,一是因为紫外线对细胞、试剂和培养液都有不良影响,二是紫外线对人体皮肤和眼睛也有强烈伤害。

(二)高压蒸汽灭菌(湿热灭菌法)

玻璃器皿、金属器械以及布质制品均可用湿热灭菌法。半自动灭菌锅使用方法如下:灭菌前,用牛皮纸、报纸、纱布或锡箔纸把玻璃器皿和金属器械分别包扎好。在高压灭菌锅内装入一定量的水(水要淹没机器内的指示水位线,切忌干烧!),然后在灭菌锅内放入含培养基的培养瓶或三角瓶、装蒸馏水的玻璃瓶,以及包扎好的玻璃器皿和金属器械等。关闭锅盖,打开电源,灭菌锅开始工作;灭菌锅压强指针首次升至0.05 MPa时,打开放气阀放冷气,待压强降至零后关闭放气阀,使压强继续上升;压强升至0.15 MPa(121 ℃)时,开始计时,一般培养基灭菌20 min,蒸馏水灭菌30 min即可达到灭菌目的。达到规定的灭菌时间后,关闭电源,让灭菌锅自然冷却;当压强指针降至0.05 MPa时,打开放气阀,蒸汽放尽后,方可开启锅盖。待冷却后取出已灭菌物品,放入烘箱干燥后放回指定位置。

(三)滤膜消毒

对于不能高温处理的试剂,如细胞培养基、血清、酶溶液等,可采用滤过法除菌。常用的滤器如 Zeiss 滤器、玻璃滤器和微孔滤器的滤膜孔径一般为 0.22 μm,大多数细菌、支原体、衣原体的直径都大于 0.22 μm,故不能通过滤器。滤膜使用后丢弃,滤器清洗后可循环利用,先用毛刷蘸洗涤剂刷洗干净,用自来水冲洗后,再用蒸馏水冲洗,晾干即可。用前再装上一张新的滤膜,注意滤过消毒时旋钮不要扭太紧,凡与空气接触部位都用纸包装好,以保证消毒时的效果;消毒后,在无菌环境中立即将旋钮扭紧。当滤过少量液体时,可用一种能安装在注射器上的小滤器,使用相同的滤膜,滤过时把滤过物装入注射器针管内,压出过滤物注入无菌容器中即可。

（四）实验室的日常消毒及污染处理

实验过程中产生的一次性吸管、枪头等浸泡在有效氯浓度为2 000 mg/L的消毒液中，或高压蒸汽灭菌处理后，统一放置在专门暂储生物垃圾的房间内相应位置，按照医疗废弃物进行处理。将使用完毕的移液器用75%乙醇擦拭，并将移液器调节到最大量程。实验过程中如使用了防护眼罩，使用完毕后浸泡在有效氯浓度为500 mg/L的消毒液中超过1 h后，用清水反复冲洗，晾干。

操作台面可用75%乙醇或有效氯浓度为500 mg/L的含氯消毒液喷洒或擦拭，作用5—10 min后及时用清水擦洗，以除去残留的消毒液。实验室地面由实验室人员用有效氯浓度为500 mg/L的消毒液消毒，再用清水拖2次。每个房间的拖把应专用，不得混用。拖把使用后，用上述消毒液浸泡15 min，再用水清洗干净，悬挂晾干后备用。

当样本或者试剂溅出、泼洒时，若发生在生物安全柜内，须使生物安全柜保持开启状态，在溢出物上覆盖吸水纸，用碘伏擦拭（碘伏腐蚀性弱，生物安全柜的金属表面可使用碘伏消毒），然后开启生物安全柜内紫外线灯照射30 min。若发生在生物安全柜外，应立即用吸水纸吸干液体，用有效氯浓度为2 000 mg/L的消毒液覆盖，等实验完毕后用紫外线灯照射30 min，再用75%乙醇擦洗2遍。如果污染范围较大，须停止实验，隔离未被污染的物品，用有效氯浓度为2 000 mg/L的消毒液擦拭，再用75%乙醇擦洗2遍，紫外线灯照射。

离心期间如果发生污染，应关闭离心机电源，将离心机转子浸泡在有效氯浓度为2 000 mg/L的消毒液中1 h，用清水反复冲洗。用镊子小心地将破碎的试管取出，丢弃至利器盒，并用有效氯浓度为2 000 mg/L的消毒液擦拭离心机内部，再用75%乙醇擦洗2遍，紫外线灯照射至少30 min。